やさしい Python

高橋麻奈
Mana Takahashi

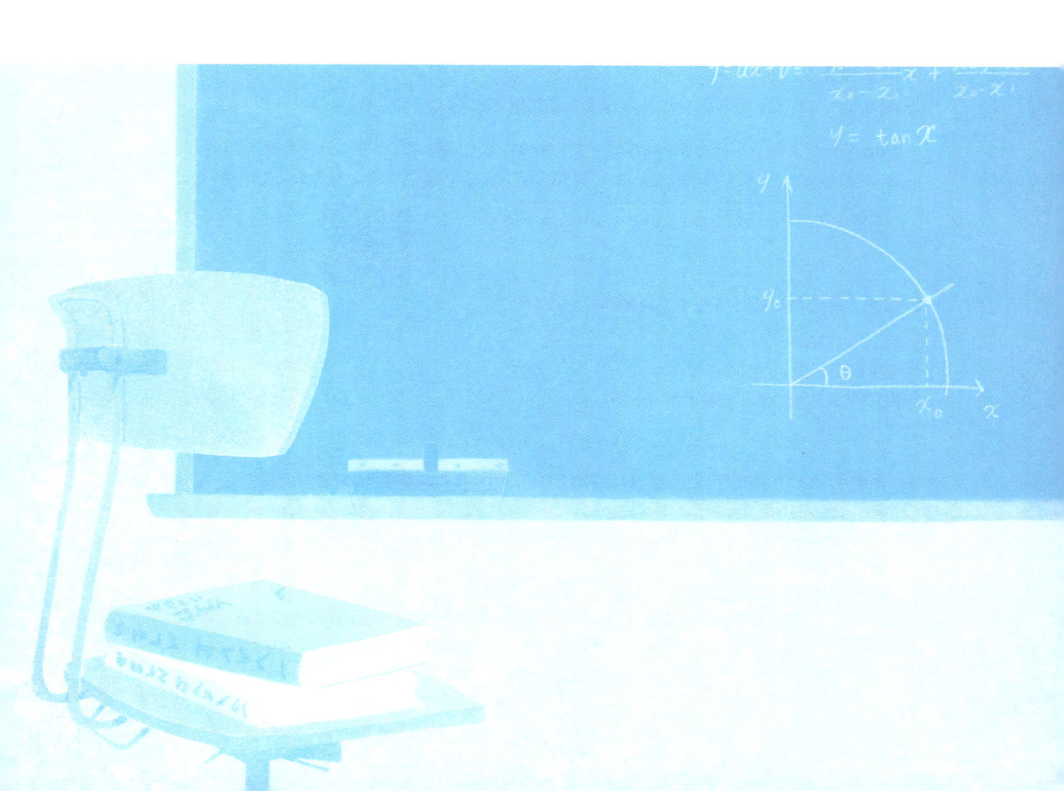

本書に関するお問い合わせ

この度は小社書籍をご購入いただき誠にありがとうございます。本書のお問い合わせに関しましては以下のガイドラインを設けております。恐れ入りますが、ご質問の際は最初に下記ガイドラインをご確認ください。

ご質問の前に

本書サポートページで「正誤情報」をご確認ください。正誤情報は、下記のサポートページに掲載しております。また、サポートページでは、本書掲載のサンプルコードのダウンロードファイルも用意しております。

本書のサポートページ　http://mana.on.coocan.jp/yasapy.html

ご質問の際の注意点

- ご質問はメール、または郵便など、必ず文書にてお願いいたします。お電話では承っておりません。
- ご質問は本書の記述に関することのみとさせていただいております。従いまして、○○ページの○○行目というように記述箇所をはっきりお書き沿えください。記述箇所が明記されていない場合、ご質問を承れないことがございます。
- ご質問の内容によっては、回答に数日ないしそれ以上の期間を要する場合もありますので、あらかじめご了承ください。なお、本書の記載内容と関係のない一般的なご質問、本書の記載内容以上の詳細なご質問、お客様固有の環境に起因する問題についてのご質問、具体的な内容を特定できないご質問など、そのお問い合わせへの対応が、他のお客様ならびに関係各位の権益を減損しかねないと判断される場合には、ご対応をお断りせざるをえないこともあります。

ご質問送付先

ご質問については下記のいずれかの方法をご利用ください。

- **Webページより**：小社の本書の商品ページ内にある「問い合わせ」→「書籍の内容について」からお願いいたします。要綱に従ってご質問を記入の上、送信ボタンを押してください。

本書の商品ページ　https://isbn.sbcr.jp/96027/

- **郵送**：郵送の場合は下記までお願いいたします。

〒105-0001
東京都港区虎ノ門2-2-1
SBクリエイティブ　読者サポート係

まえがき

近年、コンピュータの発展により、膨大なデータから人間にとって有用な情報を得るための各種の手法が注目されています。

Pythonはこうしたデータを取り扱い、機械学習などを行う際に使われるプログラミング言語として活躍しています。Pythonを学ぶことで、現在も発展し続ける最新分野の技術を獲得することができるでしょう。

本書は、Pythonをわかりやすく解説するように心がけました。プログラミングの初心者でも、高度な技術を学習していくことができるように構成されています。

本書にはたくさんのサンプルプログラムが掲載されています。プログラミング上達の近道は、実際にプログラムを入力し、実行してみることです。ひとつずつたしかめながら、一歩一歩学習を進めていってください。

本書が読者のみなさまのお役にたつことを願っております。

著者

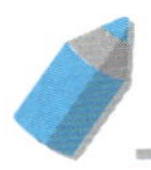

Anacondaをダウンロードする

Python開発環境を構築するツールとして「Anaconda」があります。ここでは、Anacondaの入手方法と、開発環境の構築のしかたを紹介しておきましょう。なお、本書ではPython 3.6バージョンを使用しています。

次のURLにアクセスして、「Download」ボタンをクリックし、インストーラーファイルをダウンロードしてください。

- Anaconda
  https://www.anaconda.com/download/

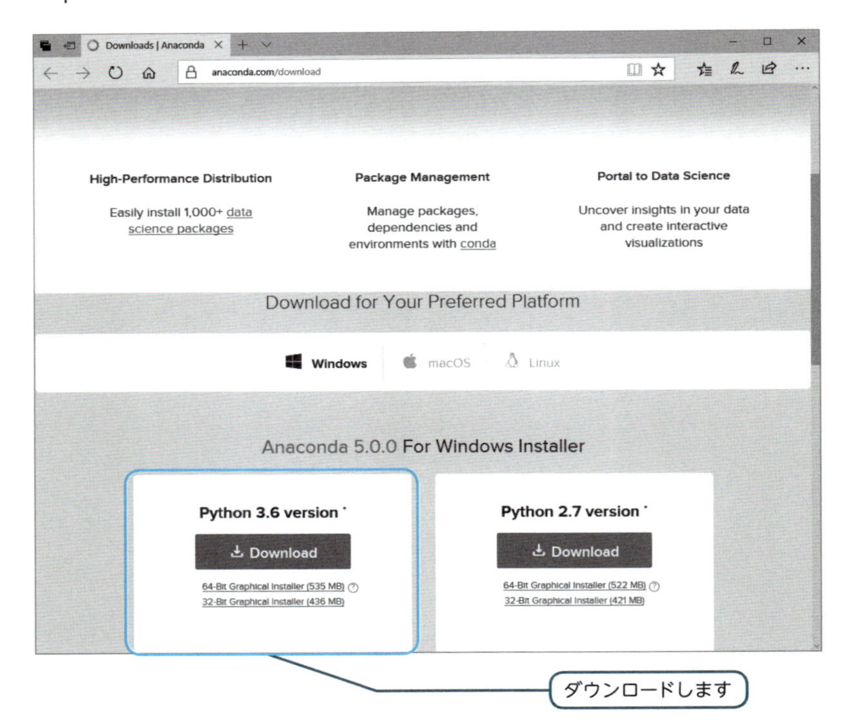

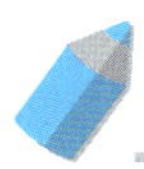

Anacondaをインストールする

Anacondaのインストーラーファイルは、実行形式（拡張子「.exe」）になっています。ダブルクリックするとインストーラーが起動します。

1. Anacondaのインストールウィザードが起動するので、ウィザードにしたがってインストールを進めます。最初の画面で「Next」ボタンをクリックすると同意書の画面が表示されるので、内容を確認し、「I Agree」ボタンをクリックして進めます。

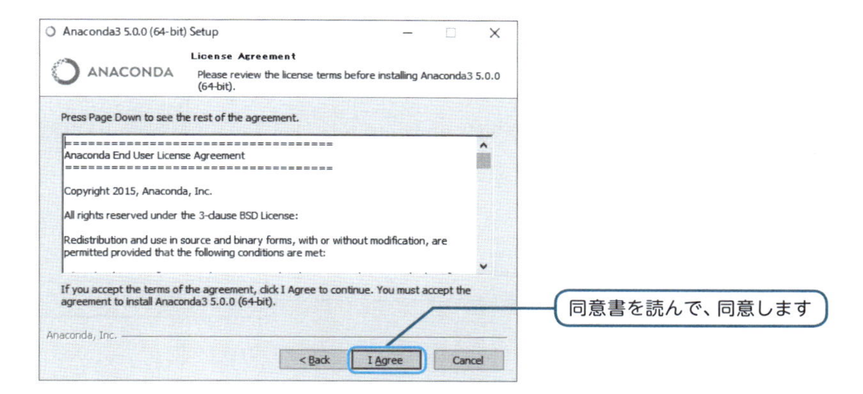

2. インストールの方法を選択します。通常、「Just Me」（自分のみ）を選択したままで、「Next」ボタンをクリックしてかまいません。

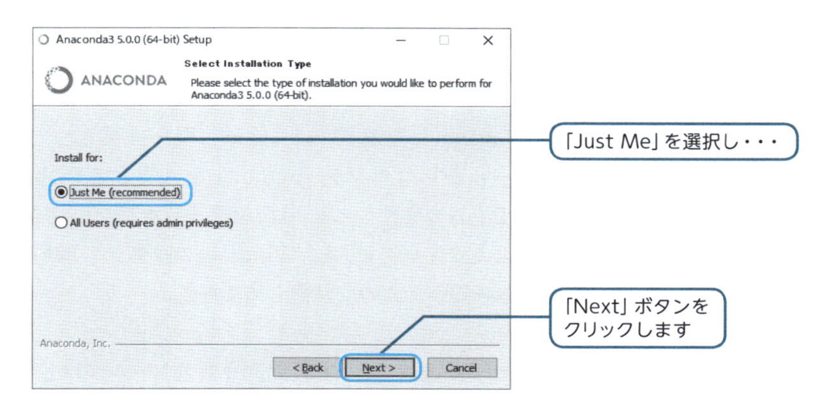

3. インストールするディレクトリを指定します。通常、表示されたディレクトリでかまいません。保存先を確認して「Next」ボタンをクリックします。

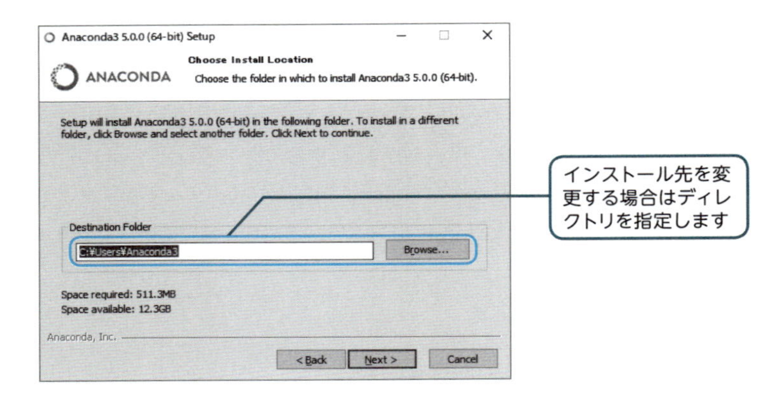

4.「Add Anaconda to my PATH environment variable」（Anacondaを環境変数PATHに追加する）にチェックします。

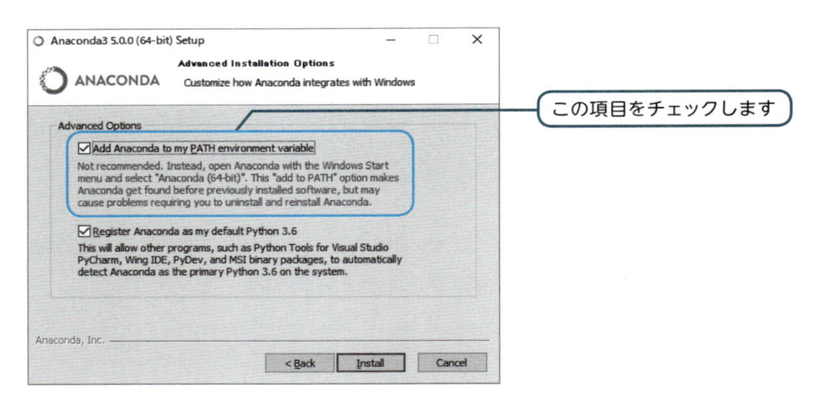

なお、環境変数PATHにAnacondaを追加することは、現在推奨されていませんが、コマンド入力ツールからコマンド「python」を入力してPythonのコードを実行する際に必要となります。この項目をチェックしない場合は、Anacondaをインストールしたディレクトリを、Windowsのシステム環境変数「PATH」に手動で追加する必要があるので注意してください。

5. チェックしたら、「Install」ボタンをクリックします。インストールがはじまり、「Complete」と表示されたら「Next」ボタンでウィザードを進め、最後の画面で「Finish」ボタンをクリックしてウィザードを閉じます。

CPython

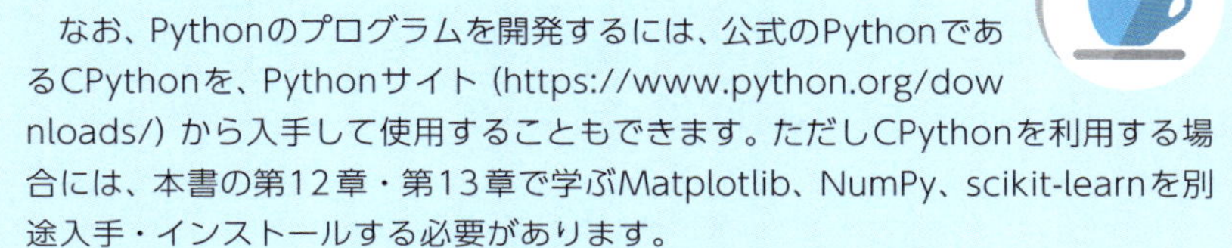

なお、Pythonのプログラムを開発するには、公式のPythonであるCPythonを、Pythonサイト（https://www.python.org/downloads/）から入手して使用することもできます。ただしCPythonを利用する場合には、本書の第12章・第13章で学ぶMatplotlib、NumPy、scikit-learnを別途入手・インストールする必要があります。

Anacondaをインストールすると、Python開発環境と同時に、これらのよく使用されるデータサイエンス関連モジュールがインストールされるようになっています。

コードを作成するエディタを準備する

Pythonでは、テキストエディタにコードを入力して、プログラムを作成することができます。この際には、プログラムを入力するためのテキストエディタを準備することが必要となります。

準備するエディタの注意としては、文字コードを「UTF-8（BOMなし）」として保存できるものを使用してください。たとえば、次に紹介している、日本語エディタの「サクラエディタ」では、文字コードとして「UTF-8（BOMなし）」を指定できます。

- サクラエディタのページ
  https://sourceforge.net/projects/sakura-editor/

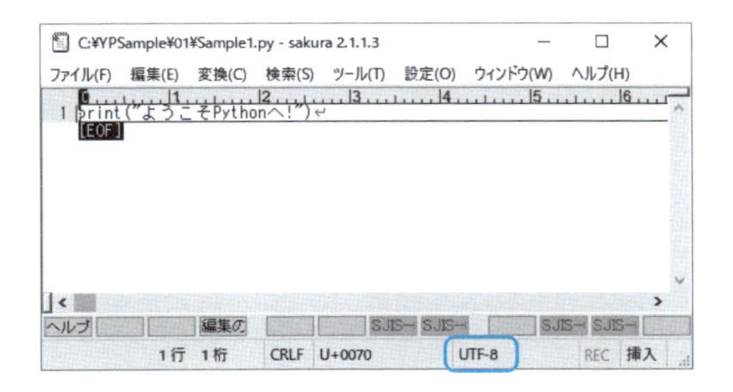

Windowsのメモ帳

Pythonのプログラムを作成する際には、Windows付属のテキストエディタである「メモ帳」を使用することもできます。この場合には保存するときに「UTF-8」を指定して保存する必要があります。

ただし、Windowsのメモ帳でUTF-8形式の保存を行う際には、BOMあり形式となります。一般的には、BOMなし形式で保存できるエディタを使用してください。

コマンド入力ツールを起動する

Pythonのプログラムを実行するには、コマンドを入力するツールが必要です。Windowsでは、Windowsに付属のツール（「Windows PowerShell」または「コマンドプロンプト」）を利用することができます。

Windows 10でWindows PowerShell（バージョンによっては「コマンドプロンプト」）は、次の手順で実行します。

1. 「スタート」ボタンを右クリックして、「Windows PowerShell」を選択します。

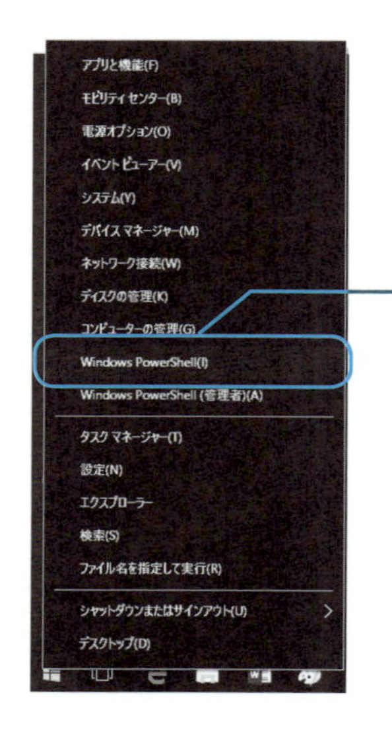

2. Windows PowerShellが起動します。

本書のサンプルプログラムは、Windows PowerShellとコマンドプロンプトのどちらでも実行できます。

Pythonプログラムの実行方法（インタラクティブモード）

Pythonのプログラムの実行方法には、「インタラクティブモード」と「スクリプトモード」があります。それぞれの操作を紹介しておきます。

インタラクティブモードを起動する

コマンド入力ツールから「python」を入力して、Enterキーを押します。「>>>」と表示されれば、起動が完了しています。この状態でPythonのプログラム（コード）を入力することができるようになります。

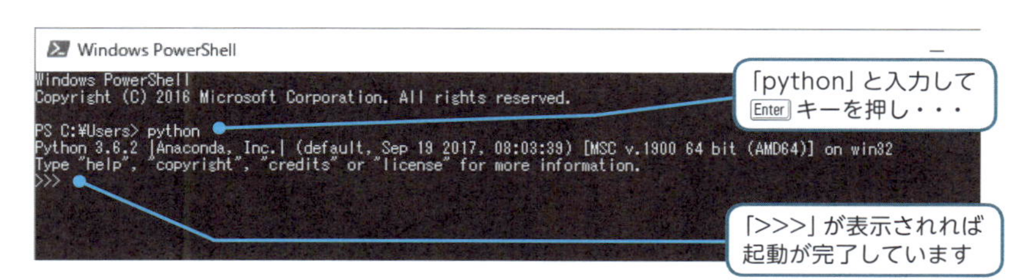

コードを入力・実行する

コマンド入力ツールに直接コードを入力します。1行入力したら Enter キーを押してください。実行結果が表示されます。

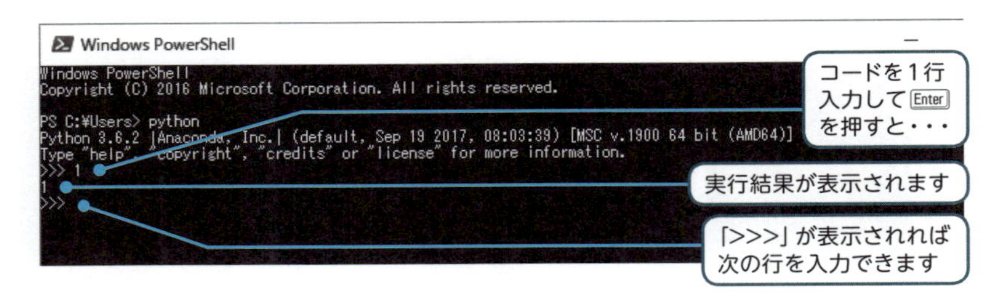

たとえば、「1」と入力してから Enter キーを押すと、次の行に実行結果が表示されます。

「>>>」が表示されれば、次の行の入力を行うことができます。

インタラクティブモードを終了する

キーボードから Ctrl + Z キーを同時に押し、Enter キーを入力すると、インタラクティブモードを終了します。

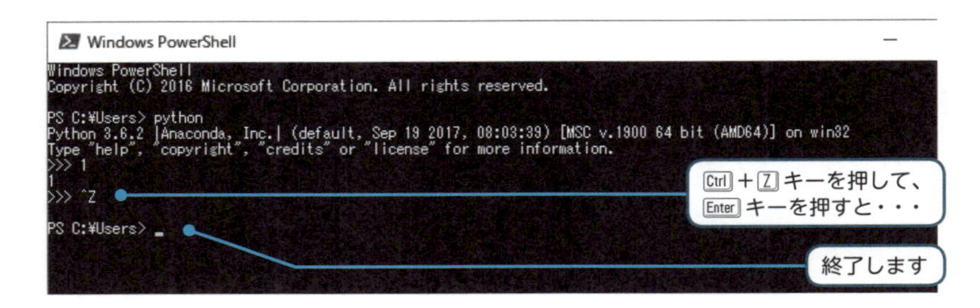

Pythonプログラムの実行方法（スクリプトモード）

1行ずつコードを入力・実行していくインタラクティブモードに対して、コードをあらかじめ入力したファイル（スクリプト）を実行するのがスクリプトモードです。

現在のディレクトリを移動する

コマンド入力ツール上で、コードを入力したファイル（スクリプト）を保存したディレクトリに移動します。

このためには「cd ファイルを保存したディレクトリ」と入力し、Enterキーを押します。たとえば、cドライブの下のYPSampleフォルダの下の01フォルダのなかにコードのファイルを保存している場合には、次のように入力します。

```
cd c:¥YPSample¥01 ↵
```

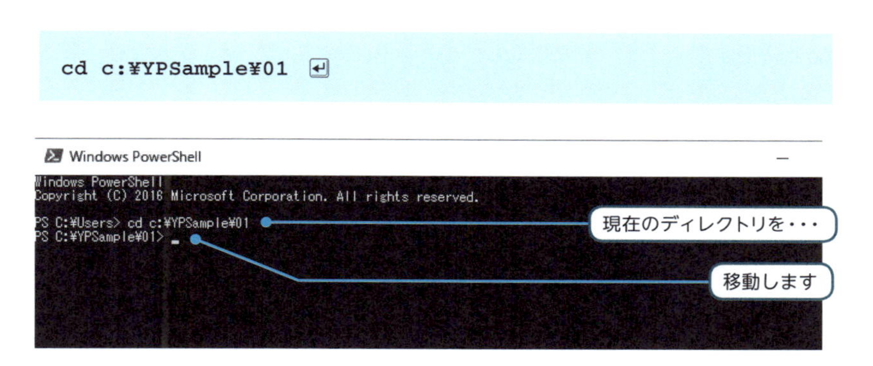

コードを実行する

現在のディレクトリをファイルが保存されている場所に移動したら、「python ファイル名」を入力し、Enterキーを押します。これで、指定したファイルのコードが実行されます。

たとえば、ファイル名を「Sample1.py」として保存しているのであれば、次のように入力して実行します。

```
python Sample1.py ↵
```

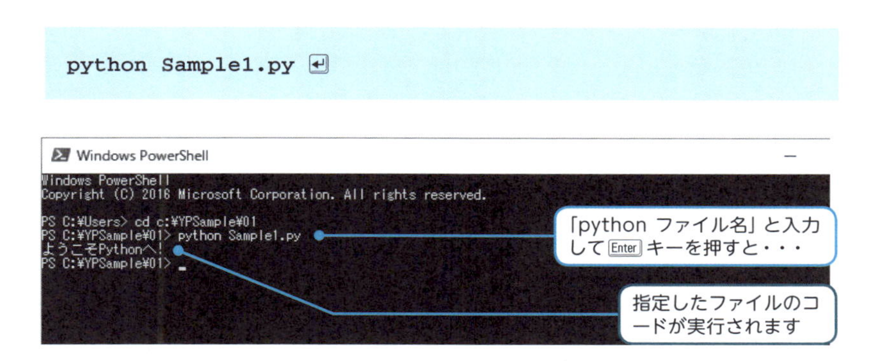

ここで実行したファイル「Sample1.py」は、第1章で解説しているサンプルコードです。本書のサンプルは、基本的にはスクリプトモードで実行します。

Jupyter Notebookを使う

Anacondaには、Jupyter Notebookと呼ばれる環境が付属しています。この環境を利用すると、ここまで紹介してきたコードの作成から実行までを一貫して行うことができるようになっています。

本書ではPythonのしくみを学ぶため、コードの作成から実行までを、テキストエディタ・コマンド入力ツールによって作成しています。ただし、より手軽にPythonを利用する際には、Jupyter Notebookを利用するとよいでしょう。

Jupyter Notebookについても、かんたんに紹介しておきましょう。

1. ［スタート］メニューで、［Anaconda3］→［Jupyter Notebook］を選択して起動します。Jupyter Notebookが起動し、Webブラウザで表示されます。なお、起動には時間がかかる場合もあります。

2. Webブラウザの画面が起動したら、「Files」タブを開いた画面の右側にある「New」ボタンをクリックしてメニューを開き、［Python3］を選択します。なお、Jupyter Notebookのバージョンによっては表示が異なる場合があります。

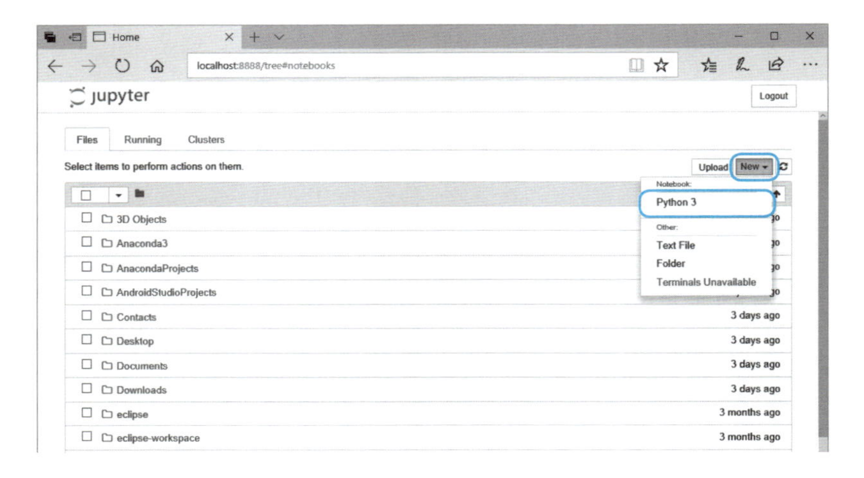

3. Webブラウザに、コードの入力画面が表示されるので、コードを入力します。ツールバーにある実行ボタンを押すと、コードが実行されます。

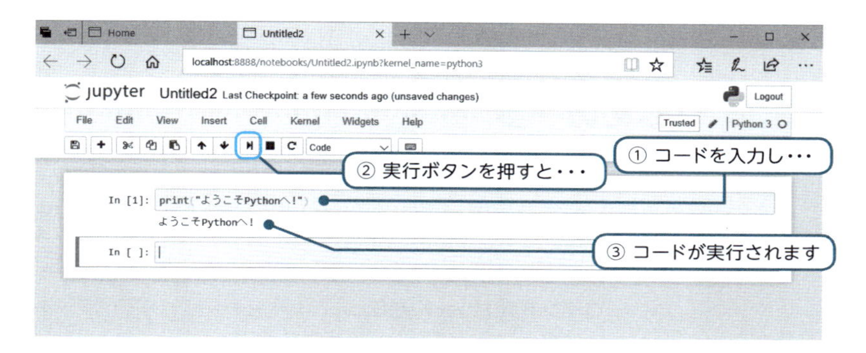

Contents

コラム

Lesson 1

はじめの一歩

この章では、Pythonを使ってプログラムを作成する手順について学びます。Pythonの勉強をはじめたばかりの頃は、耳慣れないプログラムの言葉に苦労することもあるかもしれません。しかし、この章でとりあげるキーワードがわかるようになれば、Pythonの理解も楽になるはずです。ひとつずつしっかりと身につけていきましょう。

Check Point!

- Python
- コード
- プログラムの実行
- インタラクティブモード
- スクリプトモード

1.1 Pythonのプログラム

プログラムのしくみ

本書を読みはじめている皆さんは、これからPythonで「プログラム」を作成しようと考えていることでしょう。私たちは毎日、コンピュータにインストールされたワープロ、表計算ソフトのようなさまざまな「プログラム」を使っています。たとえば、ワープロのような「プログラム」を使うということは、

文字を表示し、書式を整え、印刷する

といった特定の「仕事」をコンピュータに指示し、処理させていると考えることもできます。コンピュータは、さまざまな「仕事」を正確に、速く処理できる機械です。「プログラム」は、コンピュータに対してなんらかの「仕事」を指示します。

私たちはこれから、Pythonを使って、コンピュータに処理を行わせるためのプログラムを作成していくことにします。

図1-1 プログラム
私たちはコンピュータに仕事を指示するために「プログラム」を作成します。

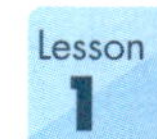

プログラミング言語Python

コンピュータになんらかの「仕事」を処理させるためには、いま自分が使っているコンピュータが、その仕事の「内容」を理解できなければなりません。このため、コンピュータが理解できる**機械語**（machine code）と呼ばれる言語で指示されたプログラムを作成することが必要になります。

しかし困ったことに、この機械語という言語は、「0」と「1」という数字の羅列からできています。コンピュータは、この数字の羅列（＝機械語）を理解することはできるのですが、人間にはとうてい理解できる内容ではありません。

そこで、機械語よりも「人間の言葉に近い水準のプログラム言語」というものが、これまでにいくつも考案されてきました。本書で学ぶPythonも、このようなプログラミング言語のうちの1つです。

Pythonは、入力されたプログラムを1行ずつ機械語に翻訳するプログラムによって実行されます。このようなプログラムは**インタプリタ**（interpreter）と呼ばれます。

私たちは、これからPythonのインタプリタを使って、プログラムを実行していくことになるわけです。

現在Pythonは、コンピュータの発展とともに重要性を増しているデータ分析や、機械学習を行う際などによく使われています。Pythonには、データを扱うための各種のしくみをはじめ、データ分析・機械学習をかんたんに行うための機能が充実しています。この本では、こうした機能を学び、さまざまなPythonプログラムを作成していけるようになりましょう。それでは、さっそくPythonを学んでいくことにしましょう。

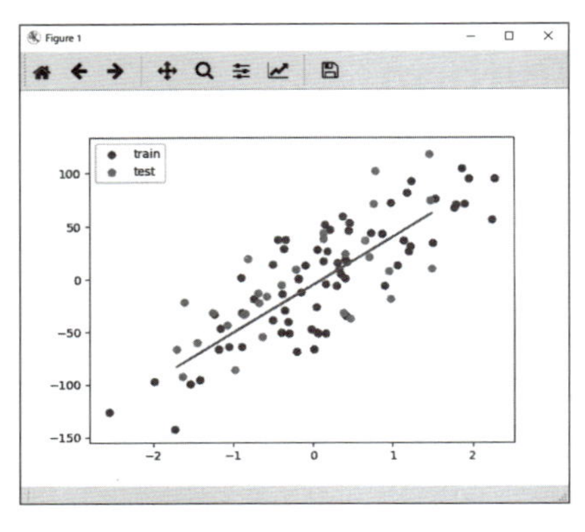

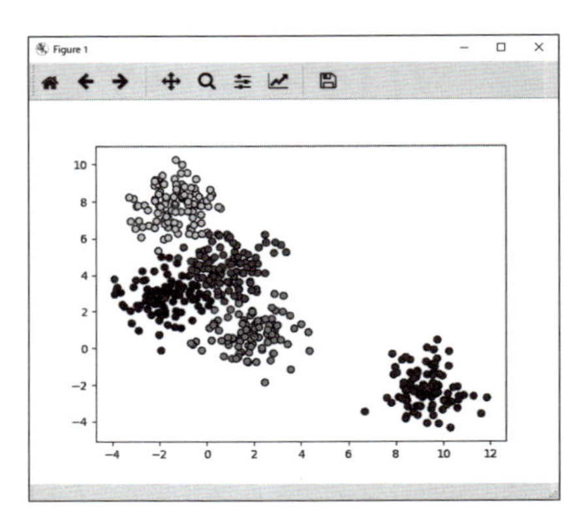

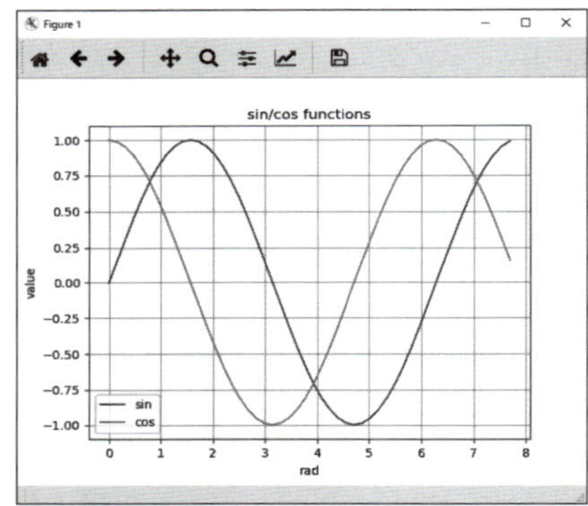

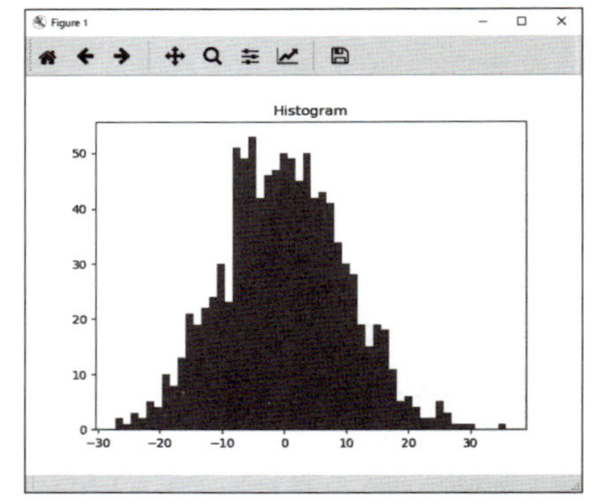

図1-2 **Pythonの活用**
Pythonはデータ分析・機械学習などの分野で活用されています。

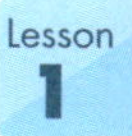

1.2 コードの入力と実行

コマンド入力ツールを使う

Pythonでプログラムを作成・実行するには、どのような作業が必要となるのでしょうか？ ここでは、Pythonプログラムの作成・実行方法をみていくことにしましょう。

まずは、最もシンプルな方法であるコマンド入力ツールを使って、Pythonのプログラムを実行する方法をみていきましょう。コマンド入力ツールの起動方法については本書冒頭で解説しています。本書冒頭の手順をみながら起動してみてください。

図1-3 コマンド入力ツール（Windows PowerShellの場合）

インタラクティブモードで起動する

さて、Pythonのプログラムを実行する方法には、大別して2つの方法があります。

まず1つは、

Pythonのプログラムを1行ずつ対話的に入力する

という方法です。この方法は

　インタラクティブモード（interactive mode）

と呼ばれています。

　そこでまず、Pythonのプログラムを、インタラクティブモードで実行してみましょう。このためには、コマンド入力ツール上で次のように入力し、Pythonインタプリタを起動します。「python」と入力して、最後に Enter キーを押してください。このキーはコンピュータの種類によっては、実行キーや［Return］キーなどと呼ぶ場合もあります。

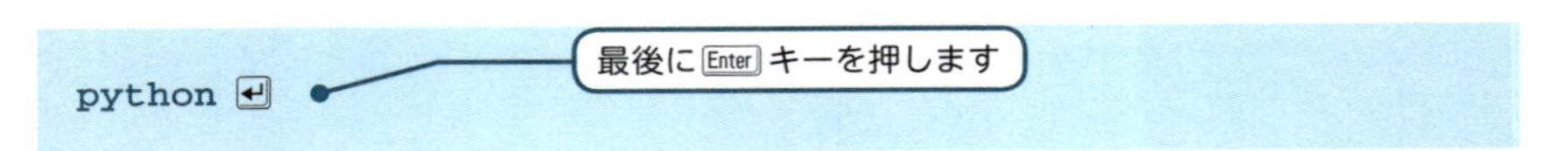

　すると、次のように「>>>」という記号が表示されます。

```
>>>
```

　これは対話的にPythonのプログラムを入力するための状態です。「>>>」が表示されない場合は、Pythonのインストール・設定が行われていない可能性がありますので、冒頭に戻って確認してみてください。

　さて、「>>>」のあとにはPythonプログラムを1行ずつ入力できます。Pythonではプログラムを1行ずつ実行します。このため、インタラクティブモードでは、1行ずつプログラムを入力しながら実行していくことができるのです。

　ここでは数値の「1」を入力してみてください。なお、Pythonの数値は半角で入力します。

　入力したら、末尾で Enter キーを押します。すると、次のように数値がそのまま表示されます。

これが、「1」というPythonのプログラムの行を入力したことによる実行結果です。Pythonではこのように、1行の入力に対する実行結果を対話的（インタラクティブ）に表示していくことができるのです。

インタラクティブモードで実行する

ほかのプログラムも入力してみましょう。今度は次のように「2+3」という計算式を入力してみてください。計算を行うプログラムを入力するのです。数値と「+」も、半角英数字で入力してください。

今度は次のように表示されるでしょう。計算結果が表示されています。

Pythonでは、文字によるメッセージを入力し、表示することもできます。メッセージは「" "」でくくって入力します。メッセージは日本語で入力できますが、「" "」は半角英数字で入力してください。Enterキーを押すと、今度は「' '」のついたメッセージが表示されます。

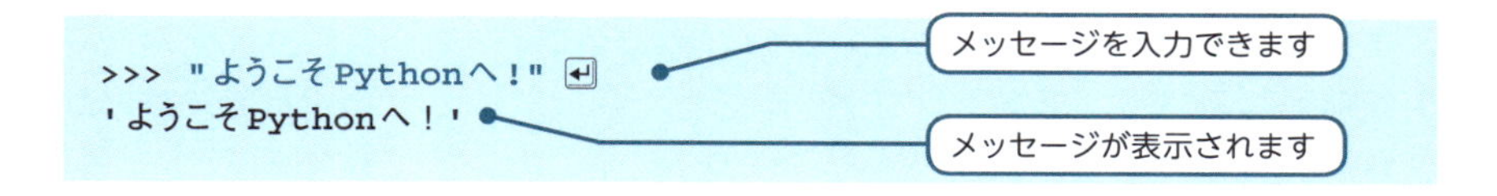

数値や計算式、文字列と、さまざまなかんたんなプログラムの入力に対して、その実行結果を表示することができました。

このようにインタラクティブモードでは、かんたんにPythonのプログラムを入力・実行することができるようになっているのです。

Windows PowerShell

```
Windows PowerShell
Copyright (C) 2016 Microsoft Corporation. All rights reserved.

PS C:¥Users> python
Python 3.6.2 |Anaconda, Inc.| (default, Sep 19 2017, 08:03:39) [MSC v.1900 64 bit (AMD64)] on win32
Type "help", "copyright", "credits" or "license" for more information.
>>> 1
1
>>> 2+3
5
>>> "ようこそPythonへ!"
'ようこそPythonへ!'
>>> _
```

図1-4 インタラクティブモードでの実行
Pythonのプログラムを入力すると、数値や文字、計算結果が表示されます。

インタラクティブモードの終了

Windowsでは Ctrl + Z キーを同時に押して、Enter キーを押すと、インタラクティブモードを終了できます。次のプログラムは別のモードで実行しますので、いったんインタラクティブモードは終了しておきましょう。

スクリプトモードのコードを作成する

プログラムを対話的に入力していくインタラクティブモードは、とてもかんたんで便利です。しかし、複雑なプログラムを入力する際には、この実行方法だけではむずかしいことがあります。

そこでPythonでは、

プログラムをファイルに入力してあらかじめ作成しておき、
ファイル上のプログラムを読み込んで実行する

ということができるようになっています。この方法は、

スクリプトモード（script mode）

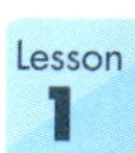

と呼ばれています。今度は、プログラムをスクリプトモードで実行してみることにしましょう。

まずプログラムを入力するためのテキストエディタを開き、プログラムを作成しておきます。テキストエディタについては本書冒頭を参照して準備してみてください。

エディタを開いたら、次のように入力します。英数字は必ず半角で入力してください。

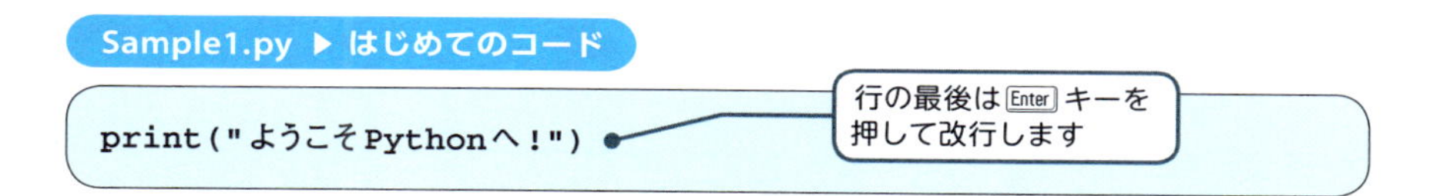


```
print("ようこそPythonへ!")
```

プログラムを作成できたら、ファイル名を「Sample1.py」として保存します。通常、Pythonのプログラムは拡張子「.py」をつけて保存するようになっています。保存する際には、文字コードをBOMなしの「UTF-8」に指定するのを忘れないようにしましょう。

このようなテキスト形式のプログラムは、スクリプト（script）やコード（code）と呼ばれています。そこで本書では、このプログラムのことを「コード」と呼ぶことにしましょう。コードの作成方法になれてみてください。

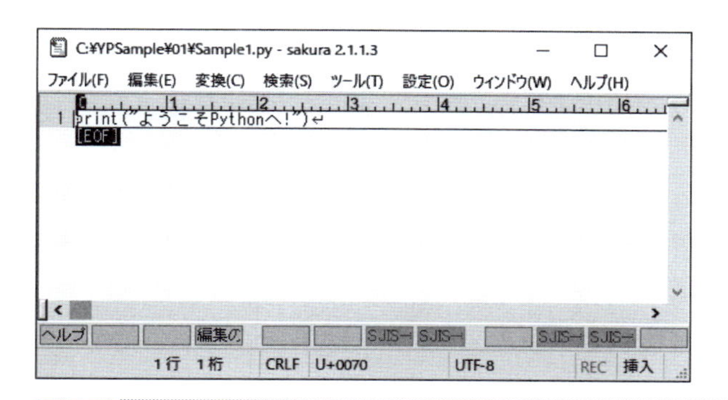

図1-5 コード
スクリプトモードで実行するには、最初にテキストエディタでコードを作成しておきます。

スクリプトモードで実行する

コードを作成したら、再びコマンド入力ツールを使います。今度は、コードを保存したフォルダ（ディレクトリ）に作業位置を移動します。さきほどのインタラクティブモードが終了していることを確認して、作業位置を移動します。

ここでは「Sample1.py」を、cドライブ内のYPSampleフォルダ内の01フォルダ内に保存したものとしましょう。このときには、次のように入力して移動します。作業フォルダの移動については本書冒頭でも解説しているので、参照してみてください。

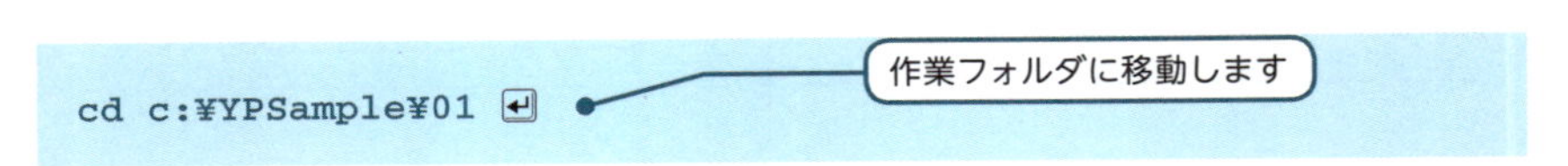

さて、作業位置の移動ができたらさっそくコードを実行しましょう。コマンド入力ツール上で、次のように作成したファイル名を指定して実行します。

Sample1の実行方法

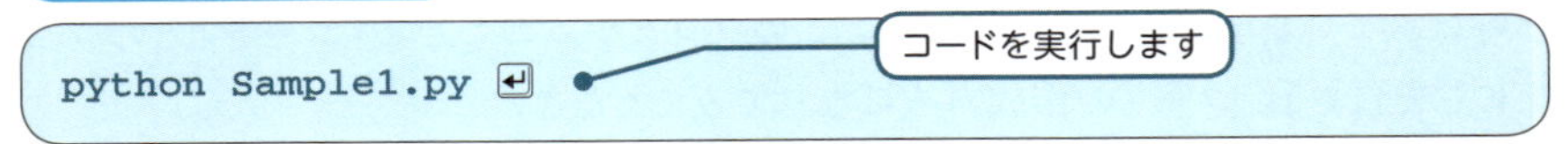

すると、コマンド入力ツール上の画面に、次のようにメッセージが表示されるでしょう。

Sample1の実行画面

```
ようこそPythonへ！
```

エラーが出る場合には、実行方法が誤っていないか確認してみてください。また、コードも正しく入力されているかどうか確認してみてください。

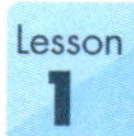


```
Windows PowerShell
Windows PowerShell
Copyright (C) 2016 Microsoft Corporation. All rights reserved.

PS C:¥Users> cd c:¥YPSample¥01
PS C:¥YPSample¥01> python Sample1.py
ようこそPythonへ!
PS C:¥YPSample¥01> _
```

図1-6 スクリプトモードでの実行
スクリプトモードで「Sample1.py」のコードを実行すると、「ようこそPythonへ!」という文字が表示されます。

インタラクティブモードとスクリプトモードという2つの実行方法を身につけることができたでしょうか。

本書ではこれからさまざまなプログラムを作成していきます。本書では、コードをファイルに記述し、スクリプトモードでPythonプログラムを実行することにします。スクリプトモードの実行方法をしっかりと身につけておいてください。また、かんたんな実行方法であるインタラクティブモードも使いこなせると便利です。2つの方法をふりかえって確認してみてください。

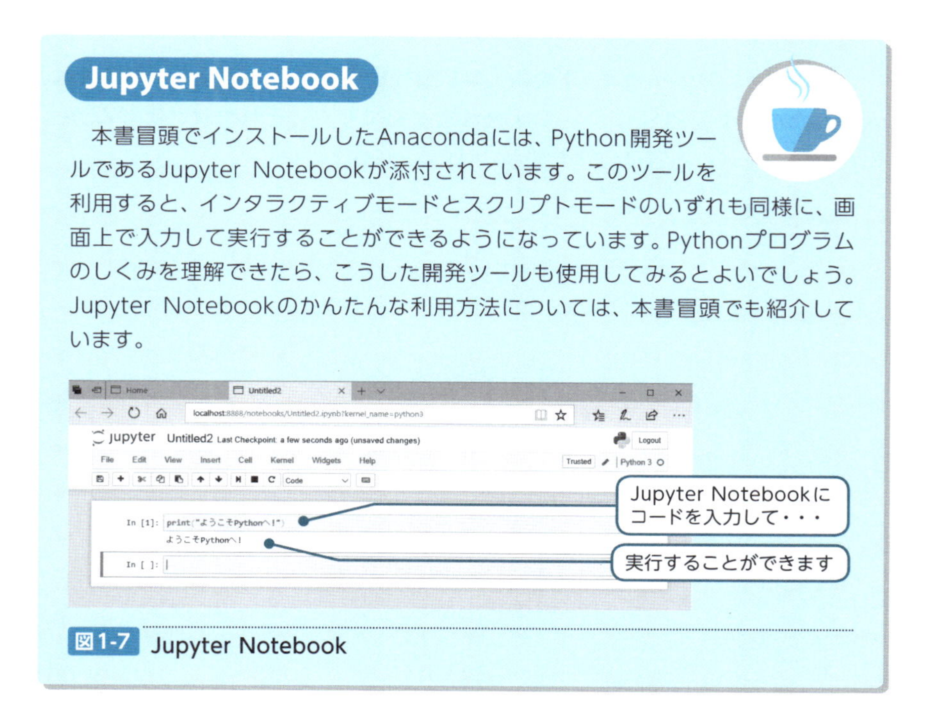

Jupyter Notebook

本書冒頭でインストールしたAnacondaには、Python開発ツールであるJupyter Notebookが添付されています。このツールを利用すると、インタラクティブモードとスクリプトモードのいずれも同様に、画面上で入力して実行することができるようになっています。Pythonプログラムのしくみを理解できたら、こうした開発ツールも使用してみるとよいでしょう。Jupyter Notebookのかんたんな利用方法については、本書冒頭でも紹介しています。

図1-7 Jupyter Notebook

1.3 レッスンのまとめ

レッスンのしめくくりとして、この章で学んだことをまとめておきましょう。この章では、次のようなことを学びました。

- プログラムは、コンピュータに特定の「仕事」を与えます。
- Pythonのプログラムはインタプリタによって実行されます。
- Pythonのコードを、インタラクティブモードで入力し、実行することができます。
- Pythonのコードを、ファイルとして作成し、スクリプトモードで実行することができます。

この章では、Pythonのコードを入力し、実行してみました。しかしこの章では、入力したコードの内容については触れませんでした。それでは、次の章からPythonのコードの内容について学んでいくことにしましょう。

練習

1. 次の項目について○か×で答えてください。

①インタラクティブモードでは、ファイル名を指定してコードを実行する。
②スクリプトモードでは、半角英字を全角英字でも入力できる。

2. インタラクティブモードでほかの数値やメッセージを入力してみてください。

```
>>> 10 ↵
10
>>> "こんにちは！" ↵
'こんにちは！'
```

3. 「Sample1.py」を「Sample2.py」として保存し、スクリプトモードで実行してください。

Pythonの基本

第1章では、Pythonのコードを入力し、実行する方法を学びました。それではこれから私たちは、どのような内容のコードを入力していったらよいのでしょうか？
この章では、Pythonのプログラムの基本を学ぶことにしましょう。

Check Point!

- コードの入力
- コメント
- 文字列
- 数値
- エスケープシーケンス

2.1 コードの内容

新しいコードを入力する

第1章では、画面にメッセージを表示するプログラムを作成しました。Pythonのコードを記述し、無事、処理を行うことができたでしょうか？

この章ではさらに新しいコードを入力してみましょう。

Sample1.py ▶ 画面に文字列を出力する

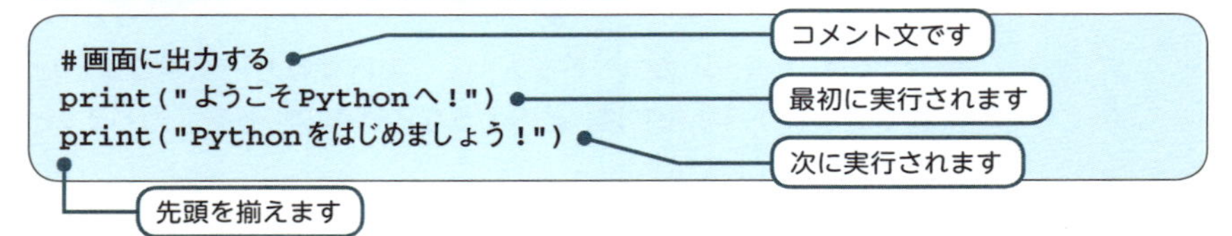


```
#画面に出力する
print("ようこそPythonへ！")
print("Pythonをはじめましょう！")
```

記号や英数字は半角で入力します。また、Pythonでは各行の先頭を揃えて入力してください。行の先頭に空白などを入れないようにします。

入力が終わったらファイルに保存し、第1章で説明したスクリプトモードの手順にしたがって実行してみてください。実行した画面には、次のような文字列が2行表示されるはずです。

Sample1の実行画面

```
ようこそPythonへ！
Pythonをはじめましょう！
```

画面に表示をすることを、画面に**出力する**ともいいます。画面に出力するには、print(・・・)というコードを記述します。( ) の部分に出力する対象を指定するのです。画面に出力するためのコードをおぼえておくと便利です。

画面に出力する

```
print(･･･)
```

```
Windows PowerShell
Windows PowerShell
Copyright (C) 2016 Microsoft Corporation. All rights reserved.

PS C:¥Users> cd c:¥YPSample¥02
PS C:¥YPSample¥02> python Sample1.py
ようこそPythonへ!
Pythonをはじめましょう!
PS C:¥YPSample¥02>
```

図2-1 画面への出力

print()を使って画面に出力することができます。

画面に表示する

Pythonでは、画面への表示（出力）をprint()を使って行います。出力処理されたメッセージは、" "でくくられていないことに注意してください。

なお、第1章でみたように、インタラクティブモードでメッセージのみを入力したときにも、画面にメッセージが表示されています。しかし、print()で指定しない場合は、入力したメッセージを単純にもう一度表示するだけの処理となります。このようなメッセージは、' '（シングルクォーテーション）でくくられたものとなります。

コメントを記述する

それではコードをくわしくみていくことにしましょう。まず、コードの1行目はどんな内容になっているのでしょうか。

実は、Pythonでは、

#という記号からその行の終わりまでの文字を無視して処理する

ことになっています。そのため、#のあとには、プログラムの実行とは直接関係のない、自分の言葉をメモとして入力しておくことができます。これを**コメント**(comment)といいます。通常は、処理のはじめや終わりに、その部分がどのような処理をしているのかをメモしておくと便利です。

Sample1では、次のように「コメント」を記述しています。

```
#画面に出力する
```

#からあとの部分は無視して処理されます

Pythonだけでなく、多くのプログラミング言語は、人間にとって決して読みやすい言語ではありません。このようなコメントを書いておくことによって、わかりやすいコードを作成することができるのです。

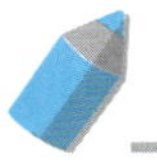

1文ずつ処理する

それでは、続けてこのPythonのコードの内容をのぞいてみることにしましょう。

まず、Pythonの原則をおぼえてください。Pythonでは、1つの小さな処理（「仕事」）の単位を**文**（statement）と呼びます。そして、この「文」が、

先頭から順番に1文ずつ処理される

ということになっています。

Pythonでは原則として、1つの文は1行に書かれます。つまり、コードが実行されると、#ではじまる1行目はコメントとして無視されたあと、2つの「文」が、次の順序で処理されるのです。

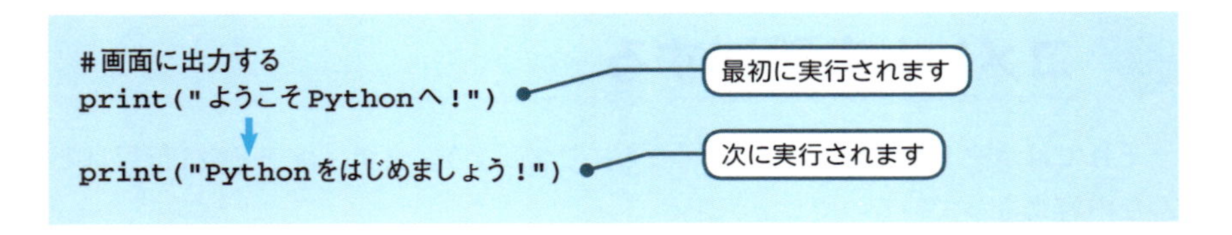

print(・・・)という文は、画面に文字を出力するためのコードでした。そこで、この文が実行されると、画面に2行の文字列が出力されるのです。

文は原則として記述した順番に処理される。

図2-2 処理の順序

プログラムを実行すると、原則として処理が1文ずつ順番に行われます。

複数行で入力するには

Pythonでは、原則として1つの文を1行で入力します。長い1つの文を複数行にわたって入力しなければならない場合には、**行の末尾に¥**（円記号）をつけ、次の行に続けて入力します。ただし、コード上意味のある言葉の途中などでは改行できないので注意してください。

また、インタラクティブモードでも、¥を入力すると、次の行に続けて入力することができるようになっています。

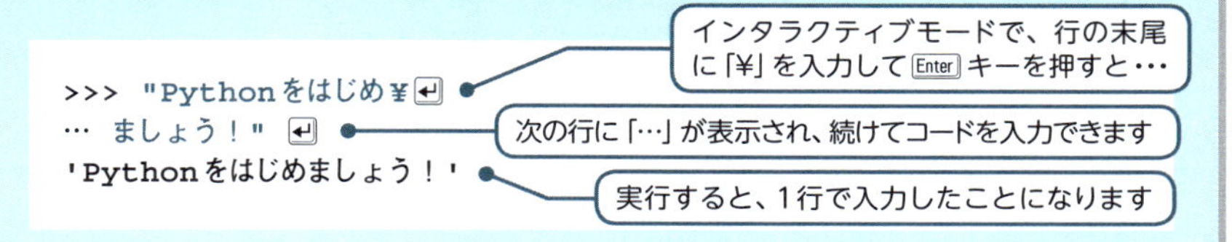

¥を入力すると、「>>>」のかわりに次の行に続くことを意味する「…」が表示されて入力を続けることができます。ただし、いずれの場合も、Pythonでは1つの文を1行で入力することが基本となっているので注意が必要です。

2.2 文字列と数値

文字列リテラル

ここまでに私たちは、いくつかの数値や、文字列からなるメッセージを入力しました。この節では、こうした文字列や数値について学んでおきましょう。

文字の並びを**文字列リテラル**（string literal）といいます。文字列は「' '」（シングルクォーテーション）または「" "」（ダブルクォーテーション）でくくって記述します。たとえば、下のような表記が文字列です。

```
'Hello'
"こんにちは"
"ようこそPythonへ！"
```


どちらのクォーテーションで区切っても、Pythonの文字列となります。

また、Pythonでは、次のように3つの「'」または「"」でくくると、改行を含めた文字列をつくることができるようになっています。

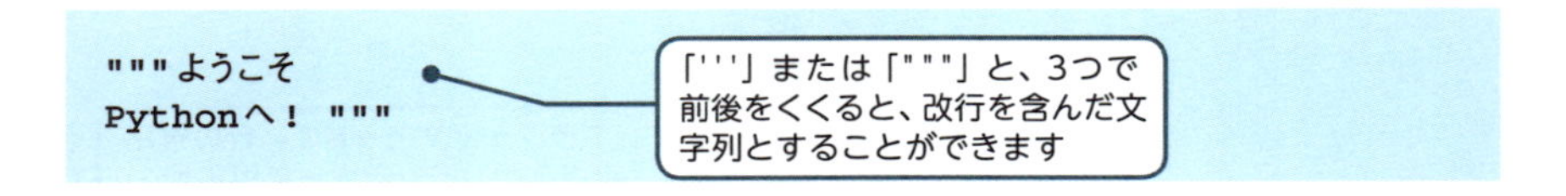

```
"""ようこそ
Pythonへ！ """
```

文字列は「' '」または「" "」でくくって表記する。
「'''」または「"""」で前後をくくって改行を含めることができる。

```
'Hello' ←── 文字列
"Hello" ←── 文字列
```

図2-3 文字列
文字列をあらわすときには「' '」または「" "」でくくります。

数値リテラル

数値を表記することもできます。数値には、次のような種類があります。

- 整数リテラル(integer literal) ……………………… 1、3、100など
- 浮動小数点数リテラル(floating literal) ……… 2.1、3.14、5.0など
- 虚数リテラル(imaginary literal) ………………… 数値の末尾にjをつけたもの

数値のリテラルは「' '」や「" "」ではくくらないで記述することに注意してください。

ためしに、print()によって数値を出力してみましょう。次のコードをスクリプトモードで実行してみましょう。数値が表示されることを確認してみてください。

Sample2.py ▶ 数値を表示する

```
print(1)
print(3.14)
```

数値はそのまま記述します

Sample2の実行画面

```
1
3.14
```

数値が表示されます

2進数・8進数・16進数を使う

整数リテラルにはほかにも表記方法があります。私たちは日頃、0から9の数字を使って数をあらわしています。この表記法を**10進数**といいます。一方、プログラムの世界では、10進数のほかにも**2進数**・**8進数**・**16進数**がよく使われています。Pythonでこれらの数値をあらわす場合には、数値の先頭に次の表記をつけてあらわします。

- 2進数（0～1の数字を使う表記）……… 数値の先頭に0bをつける
- 8進数（0～7の数字を使う表記）……… 数値の先頭に0oをつける
- 16進数（0～9、A～Fを使う表記）…… 数値の先頭に0xをつける

つまり、Pythonでは次の方法で数値を表記できるのです。

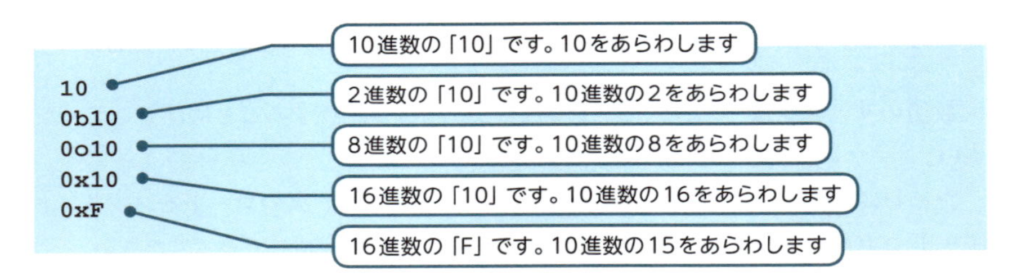

たとえば、2進数では0～1の数字を使って「0、1、10、11、100・・・」とあらわすため、「2進数の10」は「10進数の2」をあらわします。また、8進数では0～7の数字を使って「0、1・・・7、10、11・・・」とあらわすため、「8進数の10」は「10進数の8」をあらわします。16進数は「0、1・・・9、A・・・F、10、11・・・」とあらわすため、「16進数のF」は「10進数の15」をあらわします。

これらのいろいろな表記方法を使って数値を表示してみましょう。

Sample3.py ▶ 10進数以外で表記する

```
print("10進数の10は", 10, "です。")
print("2進数の10は", 0b10, "です。")
print("8進数の10は", 0o10, "です。")
print("16進数の10は", 0x10, "です。")
print("16進数のFは", 0xF, "です。")
```

2行目からは10進数以外の表記を使っています

カンマで区切っています

Sample3の実行画面

```
10進数の10は 10 です。
2進数の10は 2 です。
8進数の10は 8 です。
16進数の10は 16 です。
16進数のFは 15 です。
```

数値は「" "」でくくらずに記述し、文字列は「" "」でくくって記述していることに注意してください。数値の表記として扱うには、このように数字と文字列を分けて記述することが必要です。

Pythonでは、数値と文字列を「,」（カンマ）で区切って出力すると、続けて表示できるようになっています。

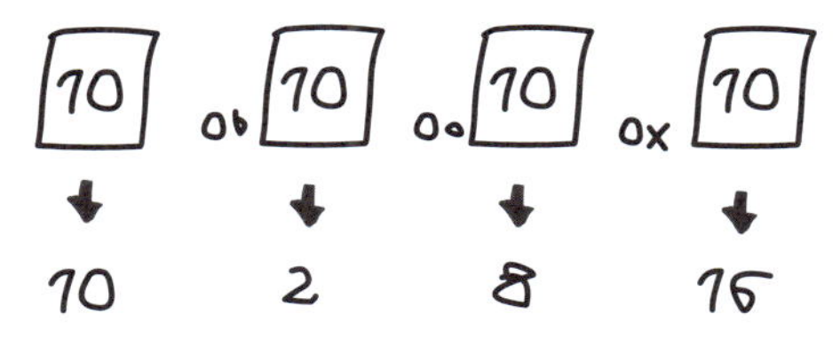

図2-4 10進数以外の表記
2進数・8進数・16進数で整数をあらわすことができます。

エスケープシーケンスを使う

なお、文字のなかには1文字であらわせない特殊な文字があります。このような文字をprint()によって画面に出力しようとする際には、¥を最初につけた2つの文字の組み合わせで1文字をあらわすことになっています。これをエスケープシーケンス（escape sequence）といいます。

エスケープシーケンスを表2-1に示しました。なお、お使いの環境によっては¥が\（バックスラッシュ）として表示される場合もあるので注意してください。

表2-1：エスケープシーケンス

エスケープシーケンス	意味している文字
¥t	水平タブ
¥v	垂直タブ
¥n	改行
¥r	復帰
¥a	警告音
¥b	バックスペース
¥f	改ページ
¥'	'
¥"	"
¥¥	¥
¥ooo	8進数oooの文字コードをもつ文字（oは0～7の数字）
¥xhh	16進数hhの文字コードをもつ文字（hは0～9の数字とA～Fの英字）

ためしに、エスケープシーケンスを画面に出力するコードを記述してみましょう。次のコードを入力してください。

Sample4.py ▶ エスケープシーケンスの例

```
print("円記号を表示します。:¥¥")
print("アポストロフィを表示します。:¥'")
```

Sample4の実行画面

```
円記号を表示します。:¥
アポストロフィを表示します。:'
```

「¥¥」や「¥'」と記述した部分が、「¥」や「'」として出力されています。

なお、文字列の前にrまたはRをつけると、¥をエスケープシーケンスとして扱わない文字列を作成することができます。これをraw文字列といいます。

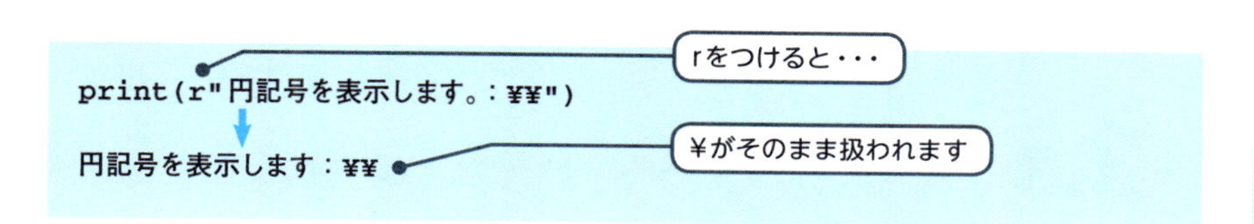

たとえば、「C:¥YPSample¥01」のように、ファイルの保存場所などをあらわす¥が多い文字列には、rをつけてraw文字列とすることがあります。

エスケープシーケンスを使うと、特殊な文字をあらわすことができる。

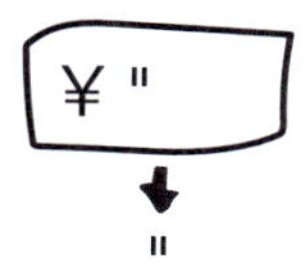

図2-5 エスケープシーケンス

特殊な文字をあらわすには、エスケープシーケンスを使います。

なお、この節の冒頭では、3つの「'」または「"」でくくることで、文字列に改行を含める方法を紹介しました。こうした改行は、エスケープシーケンスの改行文字「¥n」を使うことでもあらわすことができます。

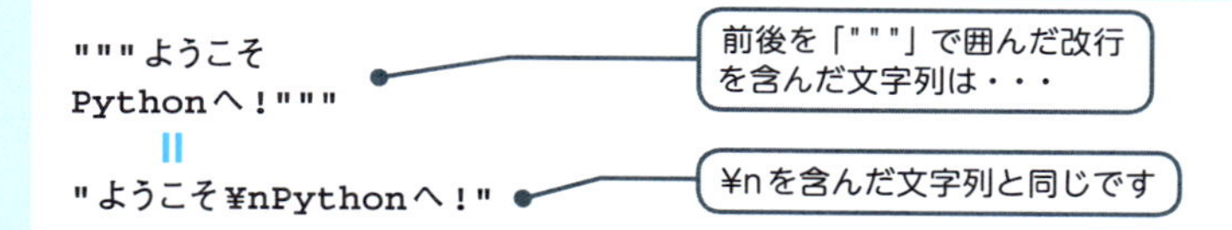

2.3 レッスンのまとめ

この章で学んだことをまとめておきましょう。この章では、次のようなことを学びました。

- 画面に出力をするにはprint()を使います。
- 文は、処理の小さな単位となります。
- 1つの文は原則として1行に記述します。
- コメントとして、コード中にメモを書いておくことができます。
- Pythonのリテラルには、文字列や数値などがあります。
- 文字列は「' '」または「" "」でくくります。
- 特殊な文字はエスケープシーケンスであらわします。
- 3つの「'」または「"」や、改行文字「¥n」で、改行をあらわすことができます。

この章で学んだことを使って、文字や数値を画面に表示するコードを書くことができます。さまざまな書き方を知っておきましょう。エスケープシーケンスを使った書き方も使いこなすことができれば便利です。

練習

1. 次のコードの適切な部分に、「数値を出力する」というコメントを入れてください。

```
print(1)
print(3.14)
```

2. 次のように画面に出力するコードを記述してください。

```
123
¥ 100 もらった
またあした
```

3. 「タブ」をあらわすエスケープシーケンスを使って、次のように画面に出力するコードを記述してください。

```
1	2	3	4	5	6
```

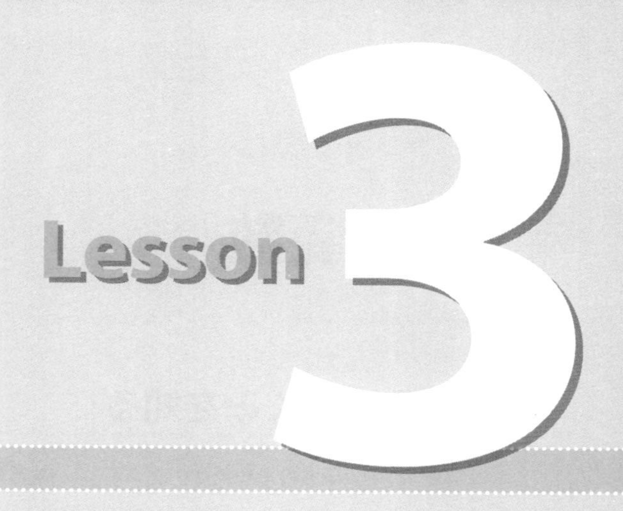

変数と式

第2章では、文字や数値を出力する方法を学びました。これからは、Pythonのよりプログラムらしい機能を学んでいくことになります。この章では、最も基本となる「変数」についてみていくことにしましょう。また、計算を行うための「式」と「演算子」も学びます。

Check Point!

- 変数
- 代入
- 式
- 型
- 演算子
- 代入演算子
- 演算子の優先順位

3.1 変数

変数のしくみを知る

この章から、Pythonのよりプログラムらしい機能を学んでいくことにしましょう。

Pythonでは、さまざまなデータやその処理結果などを記憶するためのしくみとして、変数（variable）という機能をもっています。

コンピュータは、いろいろな値を記憶しておくために、内部に**メモリ**（memory）という装置をもっています。「変数」は、コンピュータのメモリを利用して値を記憶するしくみです。Pythonを使うときには、さまざまなデータを分析・処理する場合があります。Pythonでもこうした変数のしくみを利用して、データの値を記憶して取り扱っていくのです。

変数のイメージをつかむために、図3-1をみてください。変数はこの図のハコのようなものと考えることができます。変数を使うと、あたかも

変数というハコのなかに値を入れる

ように、特定の値を記憶させることができます。

これから、変数についてくわしくみていくことにしましょう。

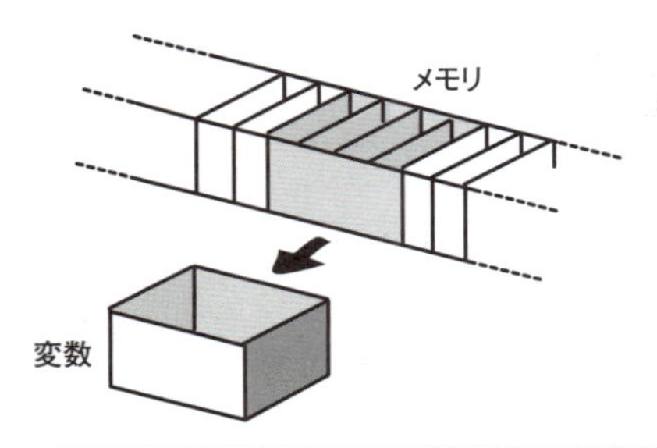

図3-1 変数

変数にはいろいろな値を記憶させることができます。

変数の名前を決める

変数を使うには、ハコに名前をつけることにします。変数の名前は、わかりやすい名前をつけることになります。このとき、次の規則にしたがっていれば自由につけてかまいません。

- 英字・数字・アンダースコア（_）のいずれかを用います。特殊な記号を含めることはできません。
- 数字ではじめることはできません。
- 大文字と小文字を区別します。
- コード上意味をもつ言葉を使うことはできません。

このような規則にしたがう名前は、**識別子**（identifier）と呼ばれています。識別子にあてはまる、正しい変数名の例をいくつかあげておきましょう。次のような名前をもつ変数を使うことができます。

```
a
abc
ab_c
F1
```

一方、次のものは変数の名前として正しくありません。つまり、これらは変数の名前として使うことはできません。どこが間違っているのかを確認してみてください。

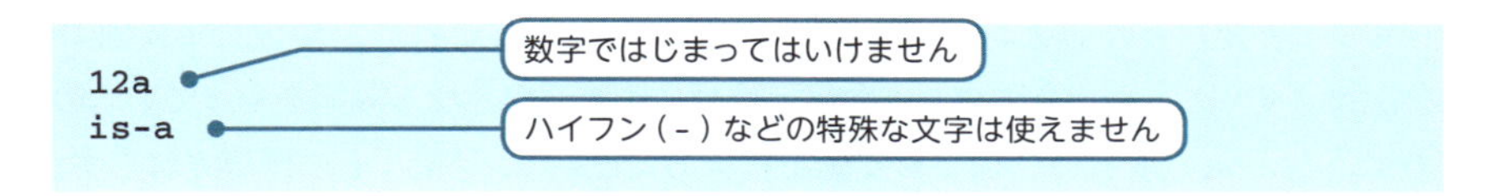

変数の名前は識別子の範囲で自由につけることができます。ただし、どのような値を記憶する変数なのかがはっきりわかるような名前を選んでおくことが大切です。

ここでは売上データをあらわすために、

```
sale
```

という名前の変数を使ってみましょう。

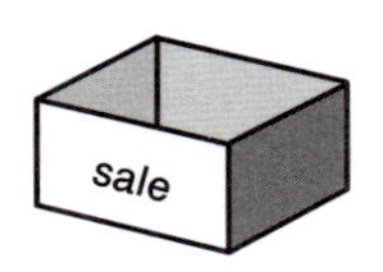

図3-2 変数の名前
変数に識別子による名前をつけて利用することができます。

変数に値を代入する

さて変数の名前を用意したら、変数に特定の値を記憶させることができます。このことを、

値を代入する（assignment）

といいます。

図3-3をみてください。値の「代入」とは、用意した変数のハコに、特定の値を入れる（格納する、記憶する）というイメージになります。

代入を行うには、次のように=という記号を使って記述します。

```
sale = 10
```

ちょっと変わった書き方のような気がします。しかしこれで、変数saleに値10を記憶させることができます。この=記号は、値を記憶させる機能をもっているのです。Pythonの変数は、はじめて値を代入したときに、メモリ上に作成されます。

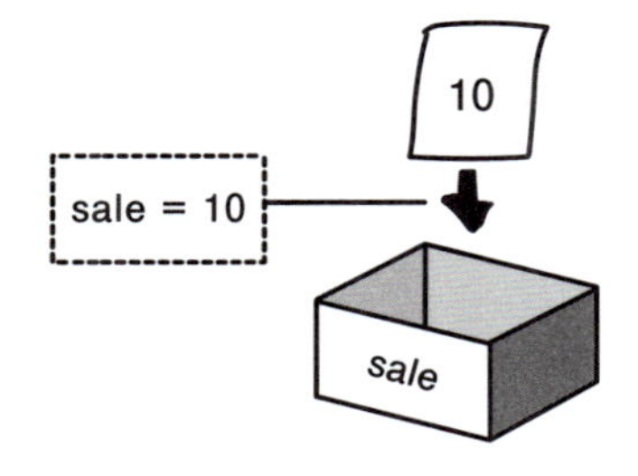

図3-3 変数への代入
変数saleに「10」という値を代入します。

変数に値を代入するコードのスタイルを示しておくと、次のようになります。

変数への代入

```
変数名 = 式
```

「式」については、次の節でくわしく解説します。ここでは、「10」や「"東京"」といった一定の数値や文字列の値と考えておきましょう。

変数にはじめて値を代入すると、変数が作成される。

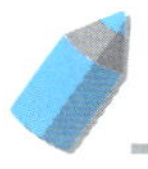

変数を利用する

それでは、実際にプログラムを作成して、変数を使ってみることにしましょう。

Sample1.py ▶ 変数を使う

```
sale = 10
print("売上は", sale, "万円です。")
```

❶変数に値を代入します
❷変数を出力します

このコードでは、❶のところで変数を作成して値を格納する処理をしています。

```
sale = 10
```

変数を作成して値を代入します

そして、❷のところで変数の値を出力しています。

```
print("売上は", sale, "万円です。")
```

変数を出力します

このように処理すると、❷のところで、「sale」という変数名でなく、変数saleのなかに格納されている

```
10
```

という値が、出力されることになります。コードを実行して確認してみてください。

Sample1の実行画面

```
売上は 10 万円です。
```

変数に格納されている値が出力されます

変数を出力すると、変数に記憶されている値が表示される。

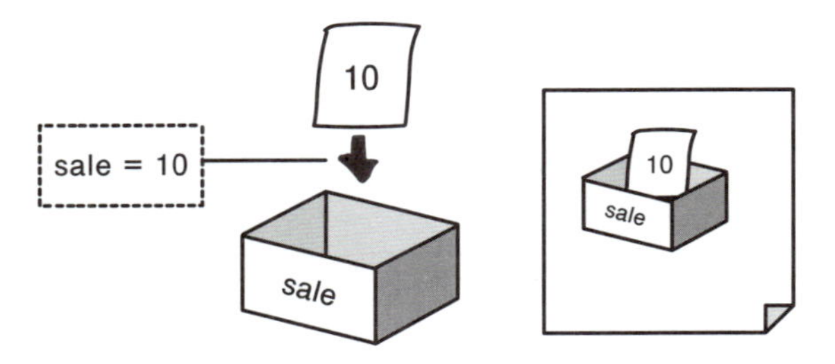

図3-4 **変数の出力**
変数を出力すると、変数に記憶されている値が表示されます。

変数の値の利用

インタラクティブモードでは、変数の名前を入力することで、代入した値を表示することができます。変数の値を確認する方法としておぼえておくとよいでしょう。

```
>>> sale = 10↵
>>> sale↵
10
```

変数に値を代入し・・・
変数を指定すると・・・
変数の値が表示されます

なお、インタラクティブモードとスクリプトモードのどちらであっても、変数を利用するときは、変数に値を代入し、作成しておくことを忘れないでください。値を代入していない変数は使うことができません。代入しないで変数の値を出力しようとすると、「(変数の) 名前が定義されていない」という内容のエラーが表示されます。作成されていない変数は利用することができないのです。

変数の値を変更する

第2章でみたように、コードを実行すると、記述した文が1つずつ順番に処理されるのでした。このため、いったん代入した変数の値を新しい値に変更することができます。次のコードをみてください。

Sample2.py ▶ 別の値を格納する

```
sale = 10
print("売上は", sale, "万円です。")
print("売上の値を変更します。")
sale = 20
print("売上は", sale, "万円です。")
```

❶変数の値を出力します
❷変数に新しい値を代入します
❸変数の新しい値を出力します

Sample2の実行画面

```
売上は 10 万円です。
売上の値を変更します。
売上は 20 万円です。
```

変数の新しい値が出力されます

Sample2では、はじめに変数saleに「10」を代入し、❶のところで出力しています。次に❷のところで変数の値として「20」を代入しています。このように、変数にもう一度値を代入すると、

値を上書きし、変数の値を変更する

という処理ができるのです。

Sample2では変数の値が変更されたので、❸で変数saleを出力するときには、新しい値である「20」が出力されています。❶と❸は同じ処理であるにもかかわらず、変数のなかの値の違いによって出力される値が異なることに注意してください。

このように、変数はいろいろな値を記憶させることができます。"変"数と呼ばれる理由がわかったでしょうか。

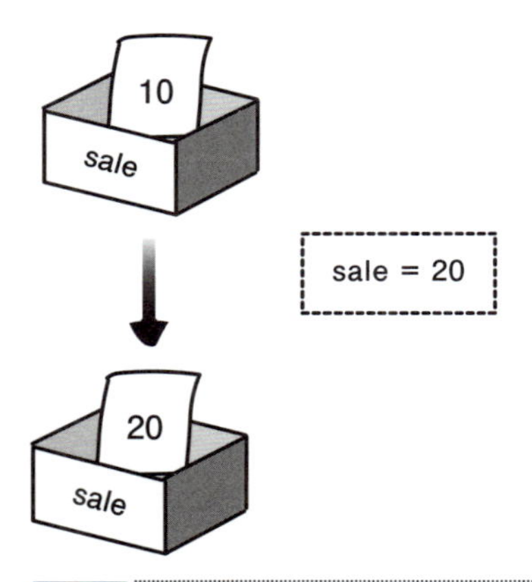

図3-5 **変数の値の変更**

変数saleにもう一度値を代入することによって、変数の値が変更されます。

文字列を格納する

変数にはさまざまな値を格納することができます。もう1つ変数を用意してみましょう。

Sample3.py ▶ 複数の変数を使う

```
name = "東京"
sale = 10
print(name, "支店の売上は", sale, "万円です。")
```

複数の変数を使うことができます

複数の変数を表示することができます

Sample3の実行画面

```
東京 支店の売上は 10 万円です。
```

今度は、数値を格納した変数saleだけでなく、変数nameを用意して、文字列を格納しました。第2章で学んだように、文字列をあらわす場合は「" "」でくくることに注意しておいてください。

このように、変数にはさまざまな値を格納することができます。いろいろな値を格納して確認してみるとよいでしょう。

型

変数に格納できる値の種類は、**型**(type)と呼ばれています。Pythonの主な基本の型には、表3-1にあげているものがあります。シーケンス・セット・マッピングは、第5章・第6章で学びます。クラス・インスタンスについては第8章で、例外は第10章で学びます。

なお、Pythonの変数には、さまざまな型の値を代入して書き換えることができます。ただし、変数にどの種類の値が格納されているかには注意しておく必要があります。

表3-1：Pythonの主な型

数値	整数 (int)
	真偽値 (bool)
	浮動小数点数 (float)
	複素数 (complex)
シーケンス	リスト (list)
	タプル (tuple)
	文字列 (str)
	バイト列 (bytes)
セット	セット (set)
マッピング	ディクショナリ (dict)
クラス	
インスタンス	
例外	

3.2 演算子の基本

式のしくみを知る

Pythonでは、さまざまな処理を、「計算」することによって行うことがあります。この節では、式（expression）について学ぶことにしましょう。「式」を理解するためには、

1 + 2

といった「数式」を思いうかべればわかりやすいかもしれません。Pythonでは、このような式をコード中で使っていきます。

Pythonの「式」の多くは、

- 演算子（演算するもの：operator）
- オペランド（演算の対象：operand）

を組み合わせてつくられています。たとえば「1 + 2」の場合は、「+」が演算子、「1」と「2」がオペランドにあたります。

さらに、式の「評価」というのも重要な概念です。「評価」を知るためには、まず式の「計算」をイメージしてみてください。この計算が、式の評価にあたります。たとえば、1 + 2が「評価」されると3になります。評価されたあとの3を、「式の値」と呼びます。

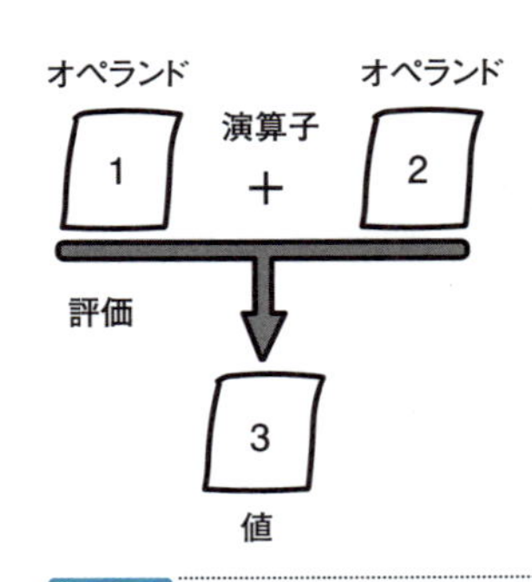

図3-6 式
1 + 2という式は評価されて3という値をもちます。

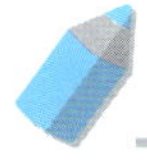

式の値を出力する

いままで学んできたコードを利用すると、式の値を出力することができます。次のようなコードを入力してみましょう。

Sample4.py ▶ 式の値を出力する

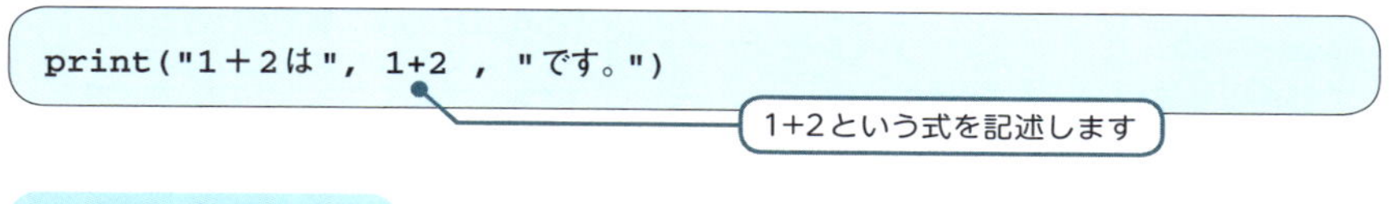

Sample4の実行画面

出力されるのは、「1+2」という式ではなく、「3」となっていることに注目してみてください。このように、コードが実行されると、式が評価されるのです。

インタラクティブモードでの計算

第1章では、インタラクティブモードで「1+2」のような計算を行いました。インタラクティブモードでは、式を入力するとその評価が出力されます。このため、かんたんに計算を行うことができるようになっているのです。

```
>>> 1+2 ↵
3
```

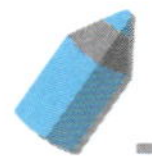

変数を演算する

それではもう少し複雑な計算をしてみましょう。

Sample5.py ▶ 式の値を出力する

```
price = 50
num = 10
total = price * num
print("単価は", price, "円です。")
print("売上個数は", num, "個です。")
print("合計金額は", total, "円です。")

total = total - 100

print("値引きすると", total, "円です。")
```

❶priceとnumの値をかけ合わせた(*)ものをtotalに代入します

❷totalから「100」を減じた(-)ものをtotalに代入します

Sample5の実行画面

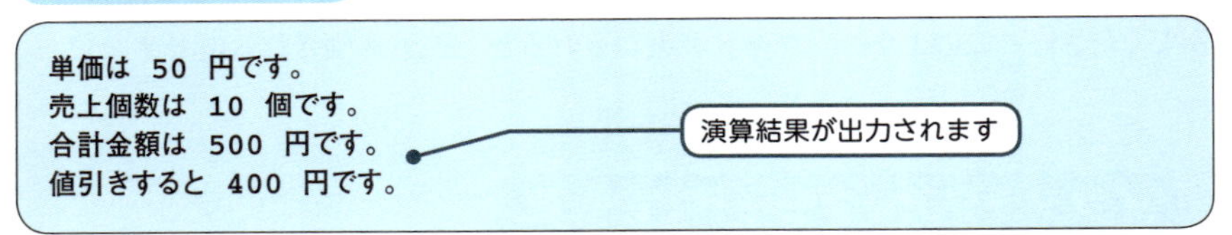

今度のコードでは、❶と❷の部分で、変数をオペランドとして使った式を記述しています。このように、一定の値だけでなく、変数もオペランドとすることができます。1つずつみていきましょう。

まず、❶の「total = price * num」は、

変数priceと変数numに記憶されている値どうしのかけ算を行い、その値を変数totalに代入する

という演算を行う式です。*はかけ算を行う演算子なのです。

次に、❷の「total = total - 100」は、

変数totalの値から100をひき、その値を再度totalに代入する

という式です。右辺と左辺がつりあっていない、変わった表記にもみえます。け

れども、＝の記号は「等しい」という意味ではなく、「値を代入する」という機能をもつものでした。そこで、このようなコードを書くことができるのです。

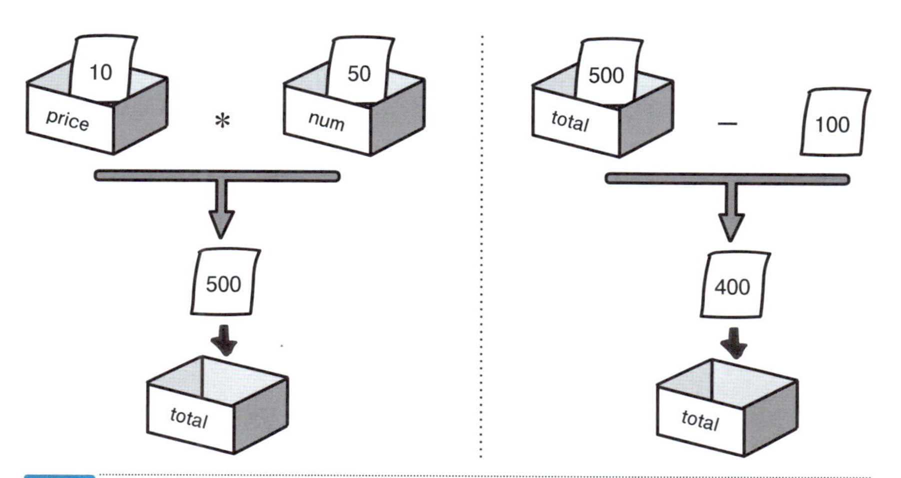

図3-7 total = price * num (左)、total = total − 100 (右)
変数に記憶されている値を演算することもできます。

3.3 演算子の種類

いろいろな演算子

Pythonでは、+演算子や-演算子、*演算子以外にも多くの演算子が使われます。主な演算子の種類を次の表に示しておきましょう。

表3-2：主な演算子の種類

記号	名前	記号	名前
+	加算	=	代入
-	減算	>	より大きい
*	乗算	>=	以上
**	べき乗	<	未満
/	除算	<=	以下
//	切捨除算	==	等価
@	行列演算	!=	非等価
%	剰余	and	論理積
+	単項+	or	論理和
-	単項-	not	論理否定
~	補数（ビット否定）	if else	条件
		ビット論理和	in	帰属検査
&	ビット論理積	not in	非帰属検査
^	ビット排他的論理和	is	同一性検査
<<	左シフト	is not	非同一性検査
>>	右シフト	lambda	ラムダ

演算子には、オペランドを1つとるもの、2つとるものなどがあります。たとえば、次のようにひき算を行う-演算子はオペランドを2つとる演算子です。

```
10-2
```

一方「負の数」をあらわすために使う-演算子は、オペランドを1つとる演算子です。

```
-10
```

オペランドを1つとる演算子は、**単項演算子**（unary operator）と呼ばれることもあります。

それでは、この表に掲載されているいろいろな演算子を使ったコードを記述してみましょう。

Sample6.py ▶ いろいろな演算子を利用する

```
num1 = 10
num2 = 5
print("num1+num2は" , num1+num2 , "です。")
print("num1-num2は" , num1-num2 , "です。")
print("num1*num2は" , num1*num2 , "です。")
print("num1/num2は" , num1/num2 , "です。")
print("num1%num2は" , num1%num2 , "です。")
```

いろいろな演算を行います

Sample6の実行画面

```
num1+num2は 15 です。
num1-num2は 5 です。
num1*num2は 50 です。
num1/num2は 2.0 です。
num1%num2は 0 です。
```

Sample6では、たし算・ひき算・かけ算・わり算を行っています。それほどむずかしくはありませんね。ただ、最後の%演算子（**剰余演算子**）という演算子にはあまりなじみがないかもしれません。この演算子は、

num1÷num2=●…あまり×

という計算における「×」を式の値とする演算子です。つまり、%演算子は「あまりの数を求める」演算子というわけです。このコードでは「10÷5＝2あまり0」ですから、「0」が出力されています。

剰余演算子%は、グループ分けなどをする場合によく用いられます。たとえば、ある整数を5で割ったあまりを求めれば、0～4のいずれかの値を求めることができます。この値で、0～4の5つのグループに分けることができるからです。

num1やnum2の値を変更して、いろいろな演算を行ってみてください。ただし、/演算子や%演算子では、0によるわり算をすることはできません。

文字列の操作を行う演算子

さらに変わった演算子の使い方をみてみましょう。かけ算をあらわす*演算子を使うと、左オペランドで指定した文字列を、右オペランドで指定した整数倍繰り返した文字列が作成されます。次のコードをみてください。

Sample7.py ▶ 文字列を操作する演算子

```
num = 10
pic = "○"
graph = pic * num
print("売上：" + graph)
print(num , "万円の売上があります。")
```

❶*演算子で文字列を指定整数倍繰り返すことができます

❷+演算子で文字列どうしを連結できます

❸文字列と数値は、+演算子で連結することはできません

Sample7の実行画面

```
売上：○○○○○○○○○○
10 万円の売上があります。
```

「文字列*整数」という*演算を行うと、その文字列を整数倍繰り返した文字列を作成することができるのです（❶）。ここでは「○」が10個続く文字列が作成されています。

ただし、通常、演算子は同じ種類の値（型）どうしで使うことが原則となっています。この*演算子は特別な使い方となっていますので注意しておきましょう。

原則として演算子は同じ種類の値どうしで使います。たとえば、文字列どうし

で+演算子を使うと、連結された1つの文字列とすることができます。このコードでも、これまで使った「,」(カンマ)のかわりに、+演算子を使って文字列どうしを連結しました(❷)。

一方、文字列と数値の場合には種類が異なりますから、*演算子ではない+演算子などで演算することができません。文字列と数値を画面上に続けて表示する場合には、これまでと同じように、「,」(カンマ)で並べる必要があります(❸)。

代入演算子

次に、代入演算子(assignment operator)について学びましょう。代入演算子は、これまで変数に値を代入する際に使ってきた=という記号のことです。この演算子は通常の=の意味である「等しい」(イコール)という意味ではないことは、すでに説明しました。つまり、代入演算子は、

左辺の変数に右辺の値を代入する

という機能をもつ演算子なのです。代入演算子は=だけではなく、=とほかの演算を組み合わせたバリエーションもあります。次の表をみてください。

表3-3:代入演算子のバリエーション

記号	名前
+=	加算代入
-=	減算代入
*=	乗算代入
**=	累乗代入
/=	除算代入
//=	切捨除算代入
@=	行列演算代入
%=	剰余代入
&=	論理積代入
^=	排他的論理和代入
|=	論理和代入
<<=	左シフト代入
>>=	右シフト代入

これらの代入演算子は、ほかの演算と代入を同時に行う複合的な演算子となっています。このなかから例として、+=演算子をとりあげてみましょう。

```
a += b
```

a+bの値をaに代入します

+=演算子は、

変数aの値に変数bの値をたし算し、
その値を変数aに代入する

という演算を行います。+演算子と=演算子の機能をあわせたような機能をもっているのです。

このように、四則演算などの演算子（●としておきます）と組み合わせた複合的な代入演算子を使った文である

```
a ●= b
```

は、通常の代入演算子である=を使って、

```
a = a ● b
```

と書きあらわすことができます。

つまり、次の2つの文はどちらも、「変数aの値とbの値をたして変数aに代入する」という処理をあらわすものとなります。

```
a += b
a = a+b
```

なお、複合的な演算子では、

```
a + = b
```

などと、+と=の間にスペースをあけて記述してはいけません。

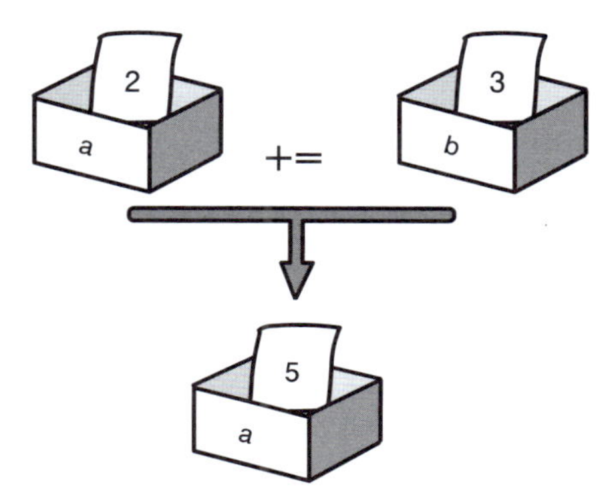

図3-8 **複合的な代入演算子**

複合的な代入演算子を使うと、四則演算と代入を1つの演算子でシンプルに記述することができます。

3.4 演算子の優先順位

演算子の優先順位とは

次の式をみてください。

```
a+2*5
```

2*5が先に評価されます

この式では、+演算子と*演算子の2つが使われています。複数の演算子は1つの式のなかで組み合わせて使うことができます。このとき、式はどのような順番で評価される（演算が行われる）のでしょうか？

通常の四則演算では、たし算より、かけ算のほうを先に計算しますね。これは、数式の規則では、たし算よりもかけ算の演算のほうが

優先順位が高い

からです。Pythonの演算子の場合も同じです。この式では、「2*5」が評価されてから「a+10」が評価されます。

演算子の優先順位は変更することもできます。通常の数式と同じように、「( )」（カッコ）を使って、カッコ内を優先的に評価させるのです。次の式では、「a+2」が先に評価されてから、その値が5倍されます。

```
(a+2)*5
```

カッコ内が先に評価されます

それでは、ほかの演算子ではどうなるのでしょうか。次の式をみてください。

```
a = b+2
```

代入演算子のような演算は、ほかの演算よりも優先順位が低いため、この式は次の式と同じ順序で演算されることになります。

```
a = (b+2)
```

b+2が先に評価されます

演算子の優先順位に注意する。
「( )」(カッコ) を使うと、優先順位を変更することができる。

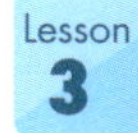

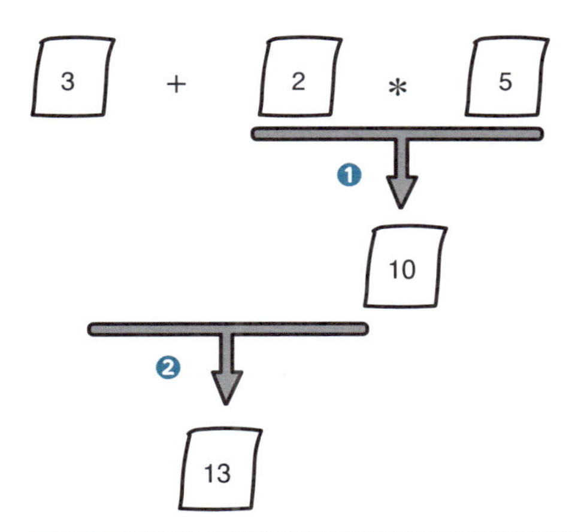

図3-9 演算子の優先順位
演算子には優先順位があります。優先順位を変更するには「( )」(カッコ) を使います。

Pythonで使われる演算子の優先順位は、表3-4のようになっています。

表3-4：演算子の優先順位 (実線で区切られたなかは同じ優先順位)

記号	名前
( )	タプル・セット
[ ]	リスト・ディクショナリ
[ ]	インデックス・スライス
( )	呼び出し
.	属性参照

記号	名前
**	べき乗
~	補数
−	単項−
+	単項+
%	剰余
*	乗算
/	除算
//	切捨除算
@	行列
+	加算
−	減算
<<	左シフト
>>	右シフト
&	ビット論理積
^	ビット排他的論理和
|	ビット論理和
>	より大きい
>=	以上
<	未満
<=	以下
==	等価
!=	非等価
in・not in	帰属・非帰属
is・is not	同一・非同一
not	論理否定
and	論理積
or	論理和
if else	条件
lambda	ラムダ

同じ優先順位の演算子を使う

ところで、同じレベルの優先順位の演算子が、同時に使われた場合はどうなるのでしょうか？ 四則演算では、優先順位が同じ場合、必ず「左から順に」計算する規則になっています。このような演算の順序を**左結合**といいます。

Pythonの+演算子も左結合的な演算子です。つまり、

```
a+b+1
```

と記述したときには、

```
(a+b)+1
```

左から評価されます

という順序で評価されるわけです。Pythonの一般的な演算子は左結合となっています。

逆に、右から評価される演算子もあり、これを**右結合**といいます。たとえば、代入演算子は右結合的な演算子です。つまり、

```
a = b = 1
```

と記述したときには、

```
a = (b = 1)
```

右から評価されます

という順番で（右から）評価されるため、まず変数bに1が代入され、続いてaにも1という値が代入されます。Pythonでは、代入演算子のほかに、べき乗演算子(**) が右結合となっています。

左から優先的に評価される場合を左結合という。
右から優先的に評価される場合を右結合という。

3.5 キーボードからの入力

キーボードから入力する

この章の応用として、ユーザーにキーボードから数値を入力させて、その値を出力するコードを記述してみましょう。キーボードからの入力を受けつける方法を学ぶと、柔軟なプログラムを作成できるようになります。

入力を受けつけるコードは、次のようなスタイルで記述します。

キーボードからの入力

```
変数 = input("画面に表示するメッセージ")
```

入力した値を変数に読み込むことができます

この文をもつコードを実行し、input(・・・)の部分の処理が行われると、ユーザーからの入力を待つ状態になります。ここでユーザーは、文字などをキーボードから入力し、Enterキーを押します。すると、入力した値が変数に読み込まれるのです。

実際にコードを作成し、ためしてみましょう。

Sample8.py ▶ キーボードからの入力数値を出力

```
n = input("値を入力してください。")
print(n , "が入力されました。")
```

Sample8の実行画面

```
値を入力してください。A ↵
A が入力されました。
```

入力をすることができます

入力した値が表示されます

このコードを実行すると、「値を入力してください。」というメッセージが画面に出力されます。そして、コンピュータはユーザーからの入力を待つ状態になります。

ここでキーボードから「A」を入力し、Enterキーを押してみましょう。すると、画面に「Aが入力されました。」と出力されるはずです。

このコードを使うと、さまざまな値を出力することができます。

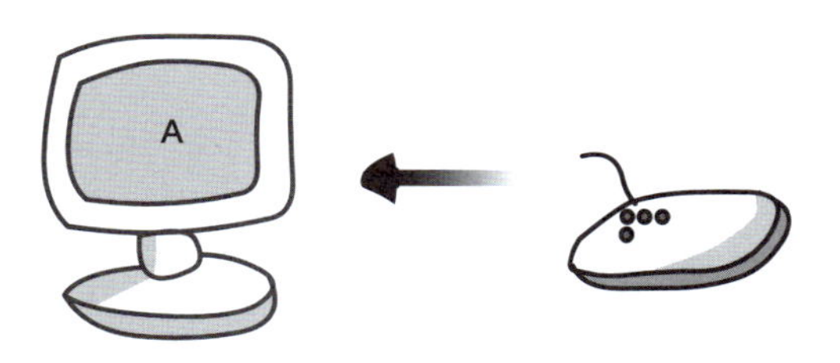

図3-10 キーボードからの入力
キーボードからの入力値を変数に格納して出力します。入力した値が異なれば、出力される値も異なります。

数値を入力させるには

input()を複数使えば、複数の値を入力させることもできます。さらに柔軟なプログラムを作成することもできるでしょう。

ただし、input()を使った入力を行うプログラムには注意が必要です。input()によって入力された値は、文字列として入力されるしくみになっているからです。たとえば、次のようなプログラムを実行したらどうなるでしょうか。

誤りのあるプログラム

```
num1 = input("数値1を入力してください。")
num2 = input("数値2を入力してください。")
num3 = num1 + num2
print(num1 , "+" , num2 , "は" , num3 , "です。")
```

文字列として入力されるので・・・（num1の行）

計算を行っても・・・（num3の行）

誤りのあるプログラムの実行画面

```
数値1を入力してください。5 ↵
数値2を入力してください。10 ↵
5 + 10は510です。
```

入力文字をつなげただけの結果となってしまいます

ここで入力された値は文字列となります。このため、5 + 10の結果が、数値の計算結果の15ではなく、「5」と「10」という文字列どうしを連結した値となってしまいます。

input()によってキーボードから入力した値をPythonの数値とするためには、入力された値を数値に変換する必要があります。このとき、入力結果を整数に変換するためのint()という指定をあわせて使います。()内に変換する対象を指定するのです。

文字列を整数に変換します

```
num1 = int(input("整数1を入力してください。"))
num2 = int(input("整数2を入力してください。"))
```

数値を正しく計算する

そこで、input()を使って、2つ以上の数を続けて入力させ、計算を行うプログラムを作成してみましょう。次のコードを入力してみてください。2つの変数を使って、キーボードからの入力を読み込みます。

Sample9.py ▶ 数値を続けて入力する

```
num1 = int(input("整数1を入力してください。"))
num2 = int(input("整数2を入力してください。"))
num3 = num1 + num2
print(num1 , "+" , num2 , "は" , num3 , "です。")
```

文字列を整数に変換します

Sample9の実行画面

```
整数1を入力してください。5 ↵
整数2を入力してください。10 ↵
5 + 10 は 15 です。
```

計算した結果となっています

今度は無事に計算をすることができました。int()によって文字列が整数に変換されるため、計算を行うことができるのです。

なお、小数を入力する場合には、文字列を浮動小数点数として変換するfloat()を使います。int()では変換できませんので注意してください。

組み込み関数

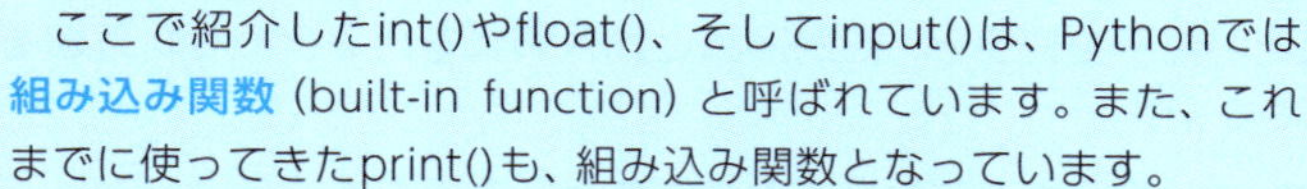

ここで紹介したint()やfloat()、そしてinput()は、Pythonでは**組み込み関数**（built-in function）と呼ばれています。また、これまでに使ってきたprint()も、組み込み関数となっています。

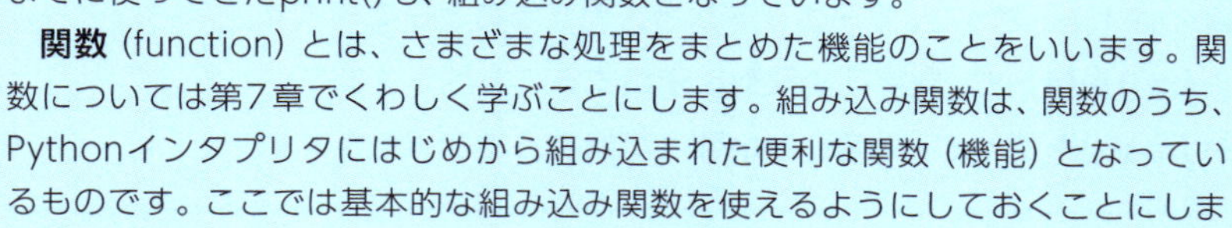

関数（function）とは、さまざまな処理をまとめた機能のことをいいます。関数については第7章でくわしく学ぶことにします。組み込み関数は、関数のうち、Pythonインタプリタにはじめから組み込まれた便利な関数（機能）となっているものです。ここでは基本的な組み込み関数を使えるようにしておくことにしましょう。

3.6 レッスンのまとめ

この章では、次のようなことを学びました。

- 変数には値を格納することができます。
- 変数の「名前」には識別子を使います。
- 変数に値を代入するには＝記号を使います。
- 演算子はオペランドと組み合わせて式をつくります。
- 複合的な代入演算子を使うと、四則演算と代入演算を組み合わせた処理を行うことができます。
- input()を使って、キーボードから入力することができます。
- int()を使って、文字列を整数に変換することができます。
- float()を使って、文字列を小数に変換することができます。

変数と演算子はPythonがもつ最も基本的なしくみです。また、ここで紹介した入力を行うしくみを使えば、入力したさまざまな値を表示することができるでしょう。

次の章ではさらに、さまざまな値に応じて処理に変化をつけていく方法を学びます。

練習

1. 年齢をあらわす変数を使って、次のように出力するコードを記述してください。

```
あなたは何才ですか？23 ↵
あなたは 23 才です。
```

2. 身長と体重をあらわす2つの変数を使って、次のように画面に出力するコードを記述してください。入力値の変換にfloat()を使います。

```
身長を入力してください。165.2 ↵
体重を入力してください。52.5 ↵
身長は 165.2 センチです。
体重は 52.5 キロです。
```

Lesson 4

さまざまな処理

ここまでのコードで記述した処理は、コード中の行が、1文ずつ順序よく処理されるものでした。しかし、さらに複雑な処理をしたい場合には、各行を順番に処理するだけでは対応できない場合があります。Pythonでは処理をコントロールする方法があります。ここでは、処理をコントロールする文を学びましょう。

Check Point!

- if文
- if ～ elif ～ else
- for文
- while文
- break文
- continue文

4.1 if文

状況に応じた処理をする

プログラムでは、さまざまな状況に応じた処理をする場合があります。たとえば、企業の売上額の状況に応じて評価を表示するプログラムを考えてみてください。このとき、次のような状況に出会うことがあります。

売上が多いときには・・・

　　→ **よい評価を表示する**

売上が少ないときには・・・

　　→ **悪い評価を表示する**

Pythonでも、こうした状況に応じた処理を行うことができます。この節では、状況に応じた処理を行う方法を学びましょう。

さまざまな状況をあらわす条件

Pythonでさまざまな状況をあらわすためには、**条件**（condition）という概念を用います。上の例では、

売上が多い

ということが、「条件」にあたります。

もちろん、実際のPythonのコードでは、このように日本語で条件を記述するわけではありません。値が、

True（真）
False（偽）

という値のどちらかであらわされるものを、Pythonでは条件と呼びます。TrueまたはFalseとは、その条件が「正しい」または「正しくない」ということをあらわす値です。

たとえば、「売上が多い」という条件を考えてみると、条件がTrueまたはFalseになる場合とは、次のようなことをいうわけです。

売上が100万円以上だった場合 ➡ 売上が多いから条件はTrue
売上が100万円未満だった場合 ➡ 売上が多くないから条件はFalse

条件を記述する

条件というものが、なんとなくわかったところで、条件をPythonの式であらわしてみましょう。私たちは、3が1より大きいことを、

3 > 1

という不等式であらわすことがあります。たしかに、3は1より大きい数値なので、この不等式は「正しい」といえます。一方、次の不等式はどうでしょうか。

3 < 1

この式は「正しくない」ということができます。Pythonでも>のような記号を使うことができ、上の式はTrue、下の式はFalseであると評価されます。つまり、「3>1」や「3<1」という式は、Pythonの条件ということができるのです。

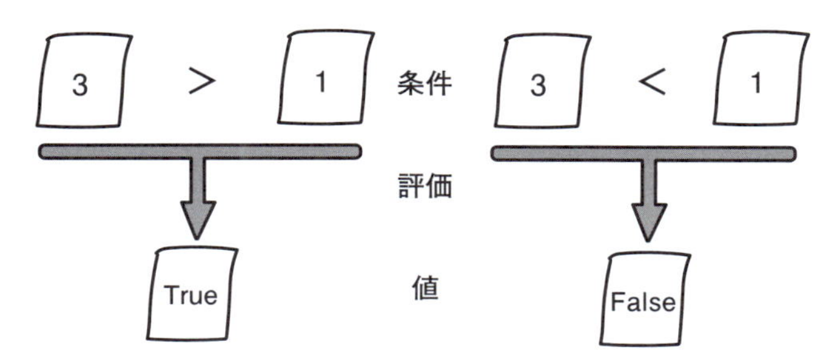

図4-1 条件
比較演算子を使って「条件」を記述できます。条件は、TrueまたはFalseという値をもちます。

条件をつくるために使う>の記号などは、比較演算子（comparison operator）と呼ばれています。表4-1に、いろいろな比較演算子と条件がTrueとなる場合をまとめました。

表4-1をみるとわかるように、>の場合は「右辺より左辺が大きい場合にTrue」となるので、「3>1」はTrueとなります。これ以外の場合、たとえば「1>3」はFalseとなります。

表4-1：比較演算子

演算子	式がTrueとなる場合
==	右辺が左辺に等しい
!=	右辺が左辺に等しくない
>	右辺より左辺が大きい
>=	右辺より左辺が大きいか等しい
<	右辺より左辺が小さい
<=	右辺より左辺が小さいか等しい
in	右辺に左辺が存在する
not in	右辺に左辺が存在しない
is	右辺が左辺と同一である
is not	右辺が左辺と同一でない

比較演算子を使って条件を記述する。

TrueとFalseを知る

なお、TrueとFalseは真偽をあらわすための値で、ブール値（真偽値：boolean type）と呼ばれています。Pythonでは、真偽以外の値もブール値として扱うことができます。このとき、次のように扱われることとなっています。

表4-2：True/False

	True	False
数値	0以外	0
文字列など（コレクション）	空の値以外	空の値（None）

0や空の値をFalseと扱い、それ以外をTrueとして扱うのです。これらは0や空の値を扱う際に重要となりますのでおぼえておきましょう。

数値では0、文字列では空の文字列がFalseとなる。

比較演算子を使って条件を記述する

それでは、比較演算子を使って、いくつか条件を記述してみましょう。

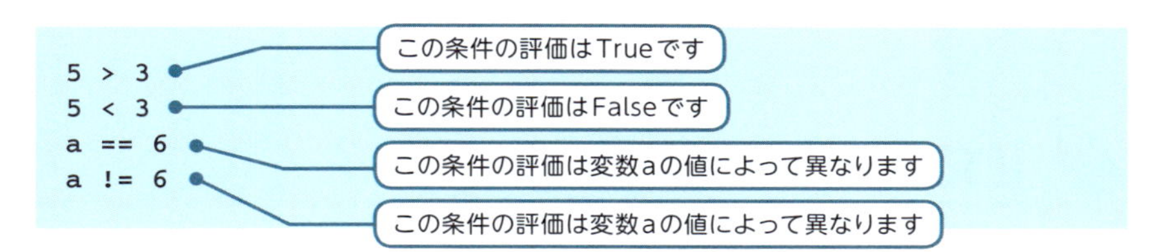

「5>3」という条件は、3よりも5が大きいので、式の値はTrueになることがわかります。また、「5<3」という条件の式の値はFalseになります。

条件の記述には変数を使うこともできます。たとえば、上の「a==6」という条件は、式が評価されるときに（式を含む文が実行されるときに）、変数aの値が6であった場合にTrueになります。一方、変数aの内容が3や10であった場合はFalseになります。このように、そのときの変数の値によって条件があらわす値が異なるわけです。

同様に、「a!=6」はaが6以外の値のときにTrueとなる条件となっています。

なお、「!=」や「==」は2文字で1つの演算子ですから、!と=の間や2つの=の間に空白を入力してはいけません。

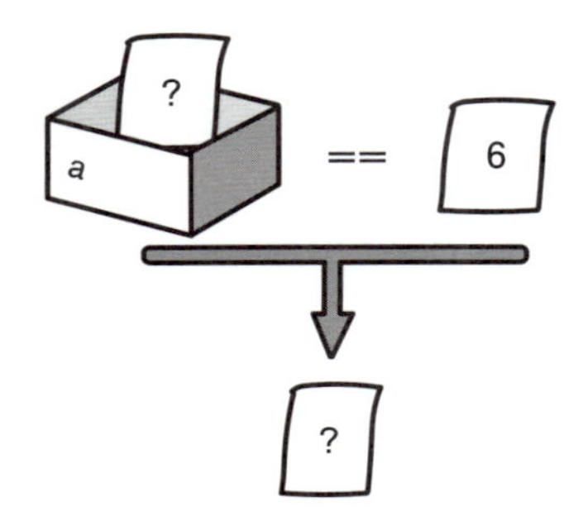

図4-2 ==演算子と変数
変数を条件に用いた場合は、変数の値によって、全体の評価がTrueになる場合もFalseになる場合もあります。

ところで、=演算子が代入演算子と呼ばれていたことを思い出してください（第3章）。かたちは似ていますが、==は異なる種類の演算子（比較演算子）です。この2つの演算子は実際にコードを書く際に、とても間違えやすい演算子となっています。よく注意して入力するようにしてください。

入力の際に、=（代入演算子）と==（比較演算子）を間違えないこと。

if文のしくみを知る

それでは、実際にさまざまな状況に応じた処理を行ってみましょう。Pythonでは、状況に応じた処理を行う場合、

「条件」の値（TrueまたはFalse）に応じて処理を行う

というスタイルの文を記述します。このような文を**条件判断文**（conditional statement）といいます。ここでは、条件判断文である**if文**（if statement）という構文を学びましょう。

if文は、条件がTrueの場合に、「:」（コロン）の次の行から続く字下げされた部分を順に処理する構文です。

この字下げは**インデント**（indent）と呼ばれ、通常、空白4字分下げることになっています。4字でなくても動作しますが、順に実行される行は必ず、**字下げした最初の行と先頭を揃えて字下げをすることが必要となります。**

インデントされた行のあつまりは、ブロック（block）と呼ばれます。つまりif文では、「if 条件:」のあとのインデントされたブロックが順番に処理されるようになっているのです。

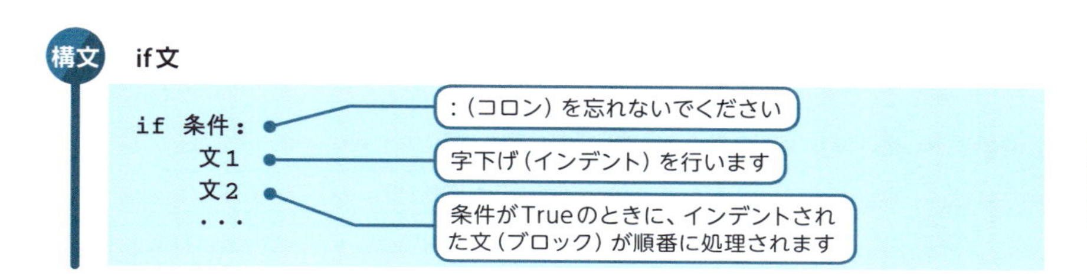

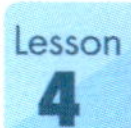

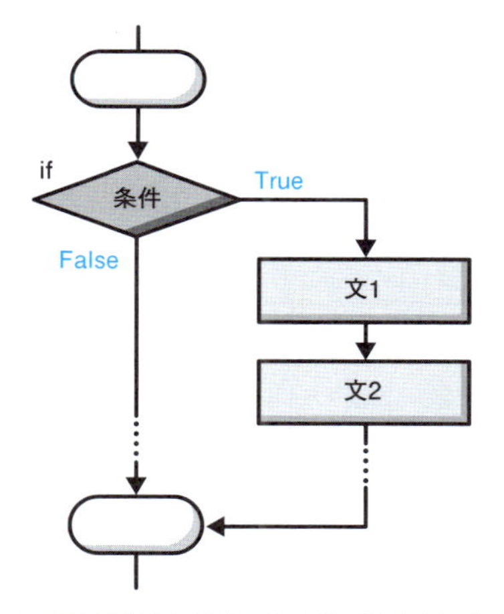

図4-3 if文

if文は、条件がTrueだった場合に、インデントされた文を順に処理します。Falseの場合には、インデントされた文を処理しないで次の処理を行います。

たとえば、売上金額の状況をif文にあてはめてみると、次のようなイメージのコードになります。

```
if 売上が100万円以上である:
    売上は好調ですと表示する
```

if文を記述することによって、条件（「売上が100万円以上である」）がTrueであった場合、「売上は好調です。」と表示する処理を行うのです。それ以外の場合は、「売上は好調です。」と表示する処理は行われません。

それでは、実際にコードを入力して、if文を実行してみることにしましょう。

Sample1.py ▶ if文を使う

```
sale = int(input("売上を入力してください。"))

if sale >= 100 :
    print("売上は好調です。")

print("処理を終了します。")
```

- 条件がTrueとなる場合に・・・（`if sale >= 100 :`）
- ❶インデント部分が処理されます（`print("売上は好調です。")`）

Sample1の実行画面（その1）

Sample1では条件「sale >= 100」がTrueであれば、❶のインデントされた部分の行が順に処理されます。Falseの場合は❶の文は処理されません。

ここではキーボードから「150」を入力したので、条件「sale >= 100」がTrueとなり、❶の文が処理されます。そのため、「実行画面（その1）」のように画面に出力されるのです。

それでは、別の売上金額を入力した場合はどうなるのでしょうか。

Sample1の実行画面（その2）

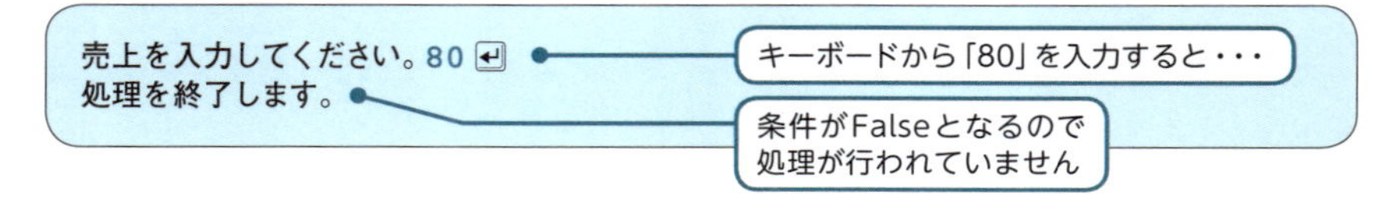

今度は、「sale >= 100」という条件はFalseになるため、インデントされた❶の部分は処理されません。したがって、実行した際の画面は「実行画面（その2）」のようになります。

なお、最後の「処理を終了します。」と表示する文はインデントされていませんので、if文の処理が終わったあとに処理されます。つまり、どちらの場合にも処理されていることに注意してください。

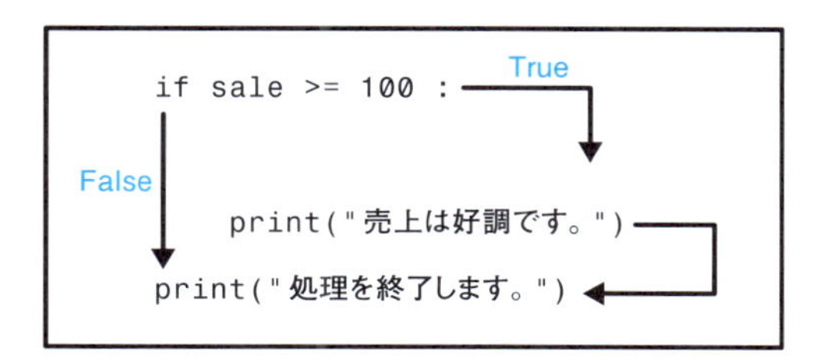

図4-4 if文の流れ

if文を使うと、条件に応じた処理ができる。

if文の入力

インタラクティブモードでも、if文などの文を入力することができます。if文のように次の行が必要である文の入力が行われると、続けて入力を行うための記号である「…」が表示されます。そこで、「…」のあとにインデントを行って入力を続けるのです。

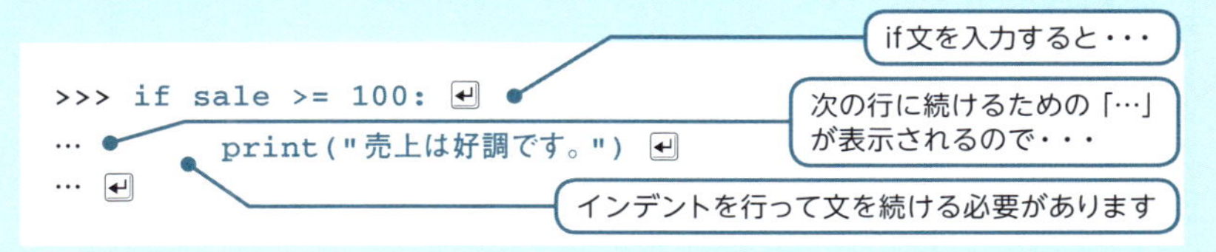

なお、どちらのモードでも、if文などのインデント部分を省略することはできません。処理を記述しない場合には、何も行わないことを意味する文であるpassを指定しておく必要があります。

```
if sale >=100:
    pass
```

処理を記述しない場合にもインデント部分にpass文を指定する必要があります

4.2 if～elif～else

if～elif～elseのしくみを知る

if文には2つ以上の条件を判断させて処理するバリエーションをつくることもできます。これがif ～ elif ～ elseです。この構文を使えば、2つ以上の条件を判断することが可能です。

構文 if ～ elif ～ else

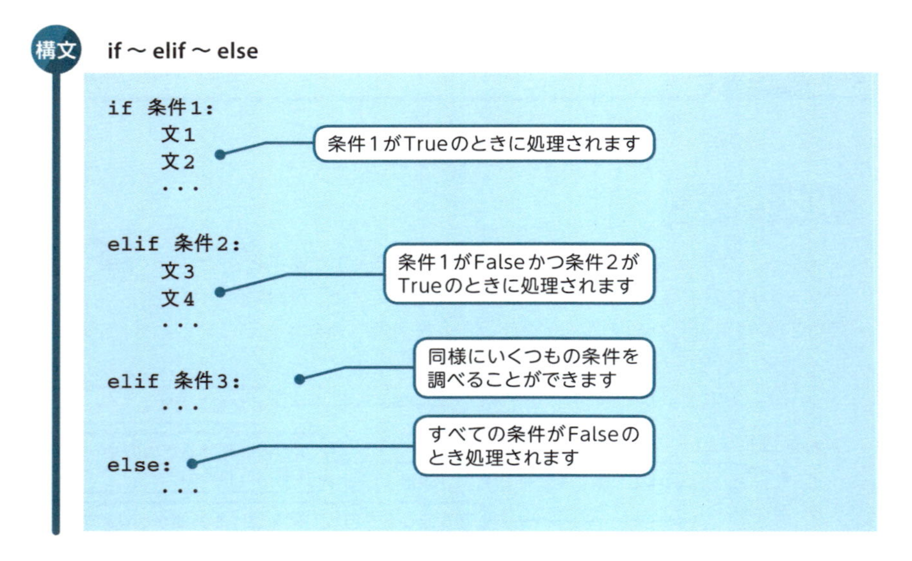

この構文では、条件1を判断し、Trueだった場合は文1、文2・・・の処理を行います。もしFalseだった場合は、条件2を判断して、Trueだった場合に文3、文4・・・の処理を行います。このように、次々と条件を判断していき、どの条件もFalseだった場合は最後のelse以下の文が処理されます。

たとえば、

```
if 売上が100万円以上である:
    売上は好調ですと表示する
elif 売上が50万円以上である:
    売上は普通ですと表示する
それ以外:
    売上は低調ですと表示する
```

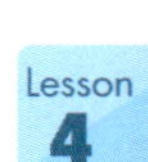

といった具合です。かなり複雑な処理ができることがわかります。

elifの条件はいくつでも設定でき、最後のelseは省略することも可能です。最後のelseを省略し、どの条件にもあてはまらなかった場合、この構文で実行される文は存在しないことになります。

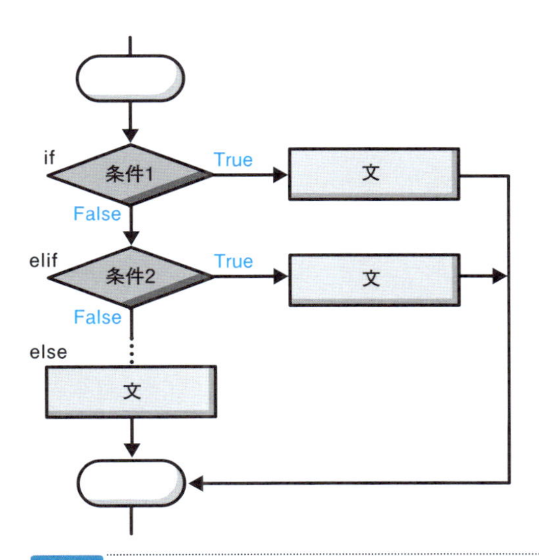

図4-5 if ～ elif ～ else
if ～ elif ～ elseでは、複数の条件に応じた処理ができます。

このしくみを使うと、複数の条件に応じた処理をすることができます。

それでは、コードを記述してみることにしましょう。

Sample2.py ▶ if ～ elif ～ elseを使う

```
sale = int(input("売上を入力してください。"))

if sale >= 100:
    print("売上は好調です。")
elif sale >= 50:
    print("売上は普通です。")
else:
    print("売上は低調です。")

print("処理を終了します。")
```

saleが100以上のときに処理されます

saleが100未満でsaleが50以上のときに処理されます

saleが50未満のときに処理されます

Sample2の実行画面

```
売上を入力してください。60 ↵
売上は普通です。
処理を終了します。
```

今度は売上金額として「60」を入力してみました。このため、「売上は普通です。」と表示されるのです。

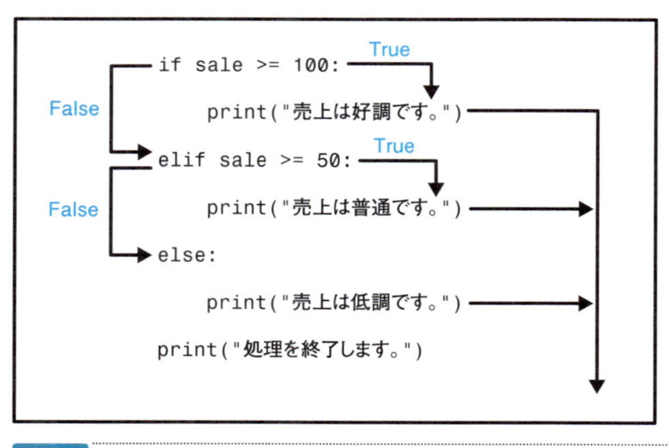

図4-6 if ～ elif ～ else文の流れ

4.3 論理演算子

論理演算子を使って条件を記述する

いろいろな条件を指定した条件判断文を記述してみました。このような文のなかで、もっと複雑な条件を書ければ便利な場合があります。たとえば、次のような場合を考えてみてください。

売上が100万円以上かつ、来客人数が30人以上であれば・・・
➡ 大盛況ですと表示する

この場合の条件にあたる部分は、4.1節でとりあげた例よりも、もう少し複雑な場合をあらわしています。このような複雑な条件を記述したい場合には、**論理演算子**（logical operator）という演算子を使います。論理演算子は、

条件をさらに評価して、TrueまたはFalseの値を得る

という役割をもっています。

たとえば、and演算子という論理演算子を使って、上の条件を記述する方法を考えてみましょう。これは次のようになります。

(売上が100万円以上である) and (人数が30人以上である)

and演算子は、左辺と右辺がともにTrueである場合に、全体の値もTrueとする論理演算子です。この場合は、「売上が100万円以上であり」かつ「人数が30人以上である」場合に、この条件はTrueとなります。どちらか一方でも成立しない場合は、全体の条件はFalseとなり、成立しないことになります。

論理演算子は次の表のように評価されることになっています。なお、論理演算子は**ブール演算子**（boolean operator）とも呼ばれています。

表4-3：論理演算子

演算子	Trueとなる場合	評価		
and	左辺・右辺ともにTrueの場合 （図：左辺：True　右辺：True）	左	右	全体
		False	False	False
	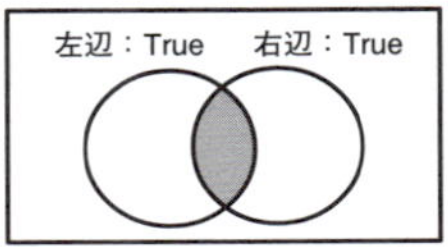	False	True	False
		True	False	False
		True	True	True
or	左辺・右辺のどちらかがTrueの場合 （図：左辺：True　右辺：True）	左	右	全体
	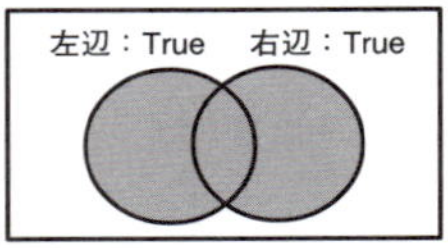	False	False	False
		False	True	True
		True	False	True
		True	True	True
not	右辺がFalseの場合 （図：右辺：True）		右	全体
			False	True
			True	False

それでは、論理演算子を使ったコードを、具体的にみてみましょう。

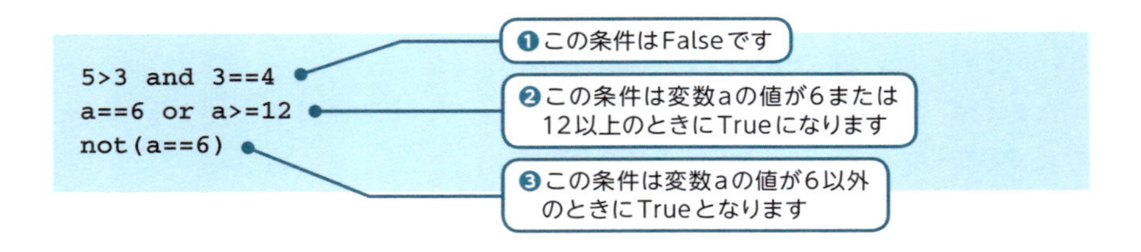

```
5>3 and 3==4
a==6 or a>=12
not(a==6)
```


and演算子を使った式は、左辺・右辺の式（オペランド）がともにTrueとなる場合のみ全体がTrueとなるのでした。したがって、❶の条件の値はFalseです。

or演算子を使った式は、左辺・右辺の式のどちらかがTrueであれば、全体の式がTrueとなります。したがって、❷の条件では、変数aに入っている値が6だった場合はTrueになります。また、aが5だった場合はFalseとなります。

not演算子は、オペランドを1つとる単項演算子で、オペランドがFalseのときにTrueとなります。❸の条件では変数aが6ではない場合にTrueとなるわけです。

論理演算子は条件を組み合わせて複雑な条件をつくる。

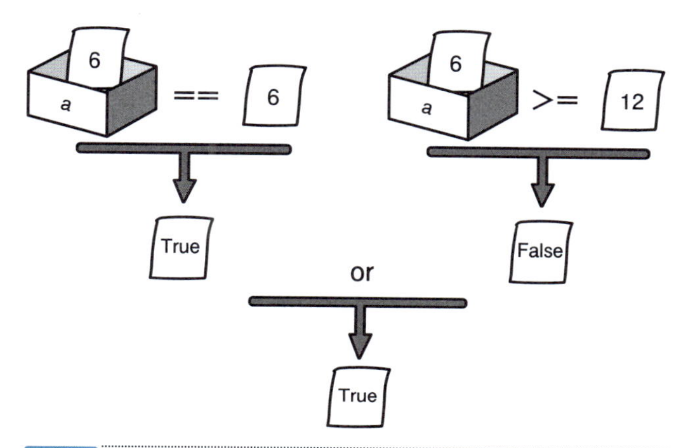

図4-7 **論理演算子**

論理演算子は、TrueかFalseの値を演算します。

Lesson 4

複雑な条件判断処理をする

いままでに学んだif文などに論理演算子を使った条件を用いると、より複雑な条件を判断する処理ができるようになります。

さっそく、論理演算子を使ってみることにしましょう。

Sample3.py ▶ 論理演算子を使って条件を記述する

```
sale = int(input("売上を入力してください。"))
num = int(input("人数を入力してください。"))

if sale >= 100 and num >= 30 :
    print("売上は大盛況です。")
elif sale >= 100:
    print("売上は好調です。")
elif sale >= 50:
```

saleが100以上かつnumが30以上であれば処理します

```
    print("売上は普通です。")
else:
    print("売上は低調です。")

print("処理を終了します。")
```

Sample3の実行画面

```
売上を入力してください。200 ↵
人数を入力してください。50 ↵
売上は大盛況です。
処理を終了します。
```

Sample3では、if文の条件に論理演算子「and」を使っています。andを使って条件を記述すれば、saleに関する条件とnumに関する条件を組み合わせることができるのです。

条件演算子

ここでは複雑な条件判断を行う方法をみてきました。なお、かんたんな条件判断の場合は、演算子となっているif elseを使うこともできます。if elseは条件演算子（conditional operator）と呼ばれ、オペランドを3つもつ3項演算子となっています。

```
Trueの場合の値  if  条件  else  Falseの場合の値
```

たとえば、次のコードでは、条件「res=="○"」がTrueであったときに、変数ansには「"好調"」が、それ以外は「"普通"」が代入されます。かわった演算子ですがおぼえておくと便利でしょう。

```
res = input("売上は好調ですか？(○/×)")
ans = "好調" if (res == "○") else "普通"
```

4.4 for文

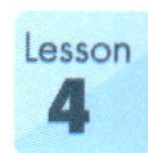

for文のしくみを知る

条件の値にしたがって処理する文をコントロールする方法を学びました。Pythonでは、ほかにも複雑な処理を行うことができます。たとえば、次のような状況を考えてみてください。

1月から12月まで・・・

➡ 売上データを繰り返し表示する

Pythonでは、このような処理を繰り返し文（ループ文：loop statement）と呼ばれる構文で記述できます。

Pythonの繰り返し文には、複数の構文があります。まずfor文（for statement）から学んでいくことにしましょう。

for文のスタイルを最初にみてください。

for文

```
for 変数 in 繰り返し反復処理できるしくみ:
    ...
```

ブロック内の文を繰り返し処理します

さて、このfor文では、たくさんのデータからなる列のように、繰り返し反復して処理できるしくみを「in」のあとに指定することになっています。

Pythonには、繰り返し反復処理を行うことができるさまざまなしくみがあります。そこでここでは、for文中で、最もよく使われるしくみであるrange()という指定を使ってみることにしましょう。

「range(個数)」という指定をすると、0から1つずつを指定個数分増やした値の列を得ることができます。たとえば、次の指定で0、1・・・11の12個の値の列を得られます。for文ではこのようなしくみを繰り返し処理することができるようになっているのです。

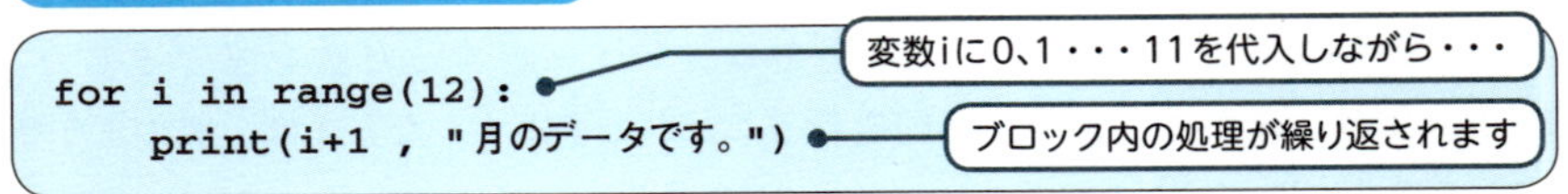

それではrange()を使って、実際のfor文の繰り返しを確認してみることにしましょう。

Sample4.py ▶ for文を使う

```
for i in range(12):
    print(i+1 , "月のデータです。")
```

変数iに0、1・・・11を代入しながら・・・

ブロック内の処理が繰り返されます

for文では、次のように処理が行われます。

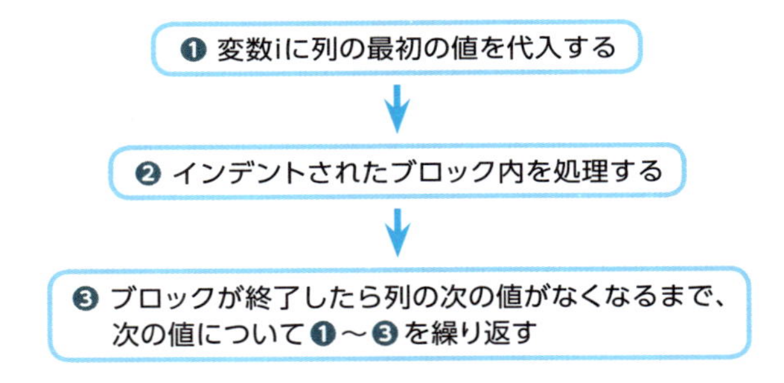

つまり、このfor文では、変数iの値を0、1・・・11と増やしながら、値を表示する処理を繰り返しています。このプログラムでは変数に1を加算した値を表示していますから、1～12月の月数が繰り返し表示されることになるわけです。

Sample4の実行画面

```
1 月のデータです。
2 月のデータです。
3 月のデータです。
4 月のデータです。
5 月のデータです。
6 月のデータです。
7 月のデータです。
```

```
8 月のデータです。
9 月のデータです。
10 月のデータです。
11 月のデータです。
12 月のデータです。
```

この「range(個数)」という指定は、「range(開始値，停止値，間隔)」という指定をかんたんに記述したものとなっています。

range()の指定では省略をすることができます。開始値を省略すると「0」、間隔を省略すると「1」となります。このため、停止値である「12」を指定することで、0～11の値が全部で12個作成されるのです。

つまり、次のコードでも1～12月のデータを表示することができます。

```
for i in range(1, 13):
    print(i , "月のデータです。")
```

開始値と停止値を指定することもできます

間隔の指定も省略しないで記述すると、次のようになります。わかりやすい方法を使えるようになると便利でしょう。

```
for i in range(1, 13, 1):
    print(i , "月のデータです。")
```

間隔を指定することもできます

range()を使いこなせば、さまざまな繰り返しを行うことができるようになるでしょう。たとえば、間隔として「2」を指定すれば、1つおきの値を作成して表示することができます。

```
for i in range(0, 10, 2):
    ...
```

0、2、4、6、8を得ることができます

各値にはマイナスの値を指定することもできます。間隔として「-2」を指定すれば1つおきの逆順の値が得られます。ただし、値に小数を指定することはできませんので注意してください。

```
for i in range(10, 0, -2):
    ...
```

10、8、6、4、2を得ることができます

for文を使うと、繰り返し処理を記述できる。

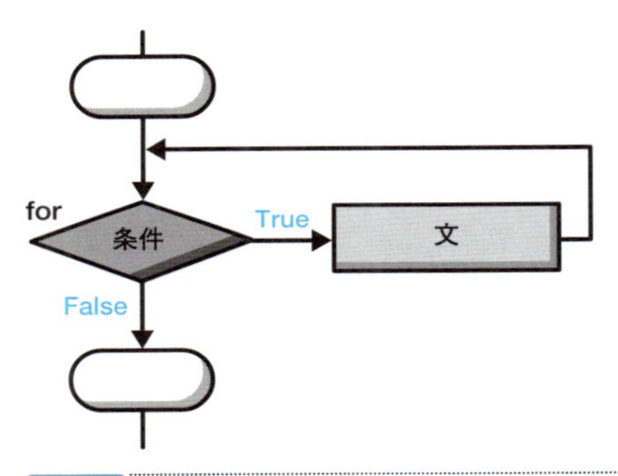

図4-8 for文

for文を使うと、繰り返し処理を行うことができます。

繰り返し処理できるしくみ

Pythonで、繰り返し反復処理できるしくみにはさまざまなものがあります。次の第5章で紹介するリストや、第6章で紹介するタプル・ディクショナリ・セットなども、繰り返し処理できるしくみとしてfor文で使用することができます。

また、ここで紹介したrange()は、組み込み関数の一種で、シンプルな整数の値の列を得るしくみとなっています。

4.5 while文

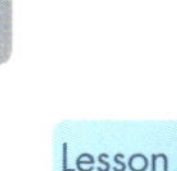

while文のしくみを知る

Pythonではさらに、指定した文を繰り返すことができる構文があります。ここでは、while文（while statement）を学んでいくことにしましょう。while文は次のようになっています。

構文 **while文**

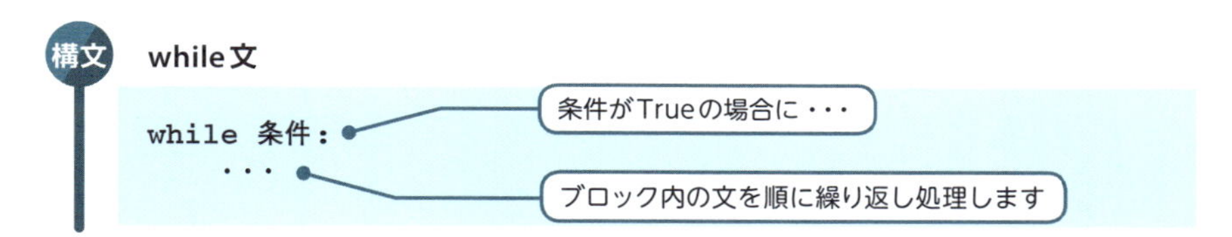

```
while 条件:
    ...
```


while文は、条件を指定して繰り返し処理を行います。while文では、条件がTrueであるかぎり、ブロックとして指定した文を何度でも繰り返し処理することができます。

実際にwhile文を使ってみることにしましょう。

Sample5.py ▶ while文を使う

```
i = 1

while i <= 12:
    print(i , "月のデータです。")
    i = i+1
```

条件がTrueの場合に・・・

ブロック内の文を順に繰り返します

条件がFalseに近づくように1増やしています

Sample5の実行画面

```
1 月のデータです。
2 月のデータです。
3 月のデータです。
```

```
4 月のデータです。
5 月のデータです。
6 月のデータです。
7 月のデータです。
8 月のデータです。
9 月のデータです。
10 月のデータです。
11 月のデータです。
12 月のデータです。
```

このブロック内では、条件がFalseに近づくように、繰り返しのたびに変数iの値を1ずつ増やしています。このように、繰り返し文では、繰り返しを続けるための条件が変化するようにしておかないと、永遠に繰り返し処理が行われることになってしまいます。

たとえば、次のコードをみてください。

```
i = 1
while i <= 12:
    print(i , "月のデータです。")
i = i+1
```

条件がFalseに近づく処理がwhile文に含まれていません

このコードは、while文のなかに変数iの値を増やす処理が入っていません。iを1ずつ増やす処理「i=i+1」がインデントされていないので、while文の外の処理となってしまっているのです。

このようなコードを実行すると、while文の処理が永遠に繰り返されて、プログラムが終了しなくなってしまいます。繰り返し文の記述にあたっては十分に注意してください。

while文は条件がTrueであるかぎり繰り返す。

while
条件
True
文
False

図4-9 while文

while文を使うと、繰り返し処理を行うことができます。

ほかのプログラミング言語とPythonの違い

ここで紹介した条件判断文であるif文や、繰り返し文であるfor文・while文は、ほかのプログラミング言語でもよく使われています。

ただし、Pythonには、ほかのプログラミング言語でよく使われている条件判断文であるswitch文がありません。また、同様によく使われている繰り返し文であるdo～while文もありません。さらに、ほかのプログラミング言語でよく使われている、値を1増やす（減らす）ための演算子（インクリメント演算子・デクリメント演算子）がありません。

Pythonは、シンプルな言語となっているのです。

4.6 文のネスト

for文をネストする

これまでのところでいろいろな構文を学んできました。これらの条件判断文、繰り返し文などの構文では、複数の文を埋め込んで入れ子にする（ネストする）ことができます。

たとえば、次のように、for文のなかにfor文を使うという複雑な記述ができるのです。

構文 **for文のネスト**

```
for 変数 in 繰り返し反復処理できるしくみ
    ...
    for 変数 in 繰り返し反復処理できるしくみ
        ...
```

for文をネストすることができます

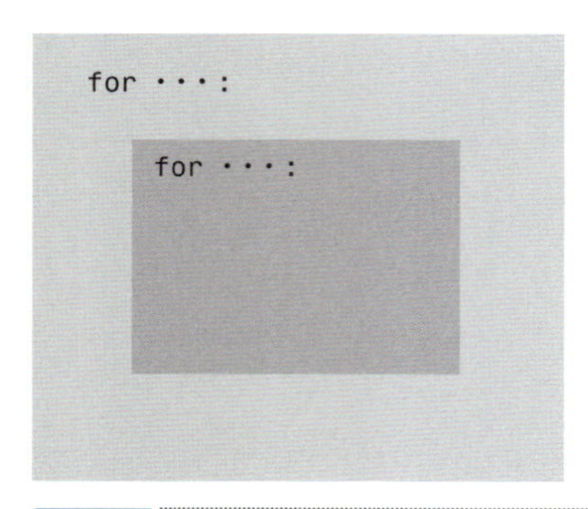

図4-10 **文のネスト**
for文などは、ネストして記述することができます。

内側の文は、外側の文からさらにインデントを行う必要がありますので注意してください。

さっそく、for文をネストしたコードの例をみてみましょう。

Sample6.py ▶ for文をネストする

```
for i in range(5):
    for j in range(3):
        print("iは", i, ":jは", j)
```

Sample6の実行画面

```
iは 0 :jは 0
iは 0 :jは 1
iは 0 :jは 2
iは 1 :jは 0
iは 1 :jは 1
iは 1 :jは 2
iは 2 :jは 0
iは 2 :jは 1
iは 2 :jは 2
iは 3 :jは 0
iは 3 :jは 1
iは 3 :jは 2
iは 4 :jは 0
iは 4 :jは 1
iは 4 :jは 2
```

外側のループを1回処理するたびに、内側のループは3回処理されています

外側のループは全部で5回処理されています

このコードでは、変数iを1つずつ増やすfor文（❶）のなかに、変数jを1つずつ増やすfor文（❷）を埋め込んで入れ子にしています。このため、ループのなかでは次のような処理が行われています。

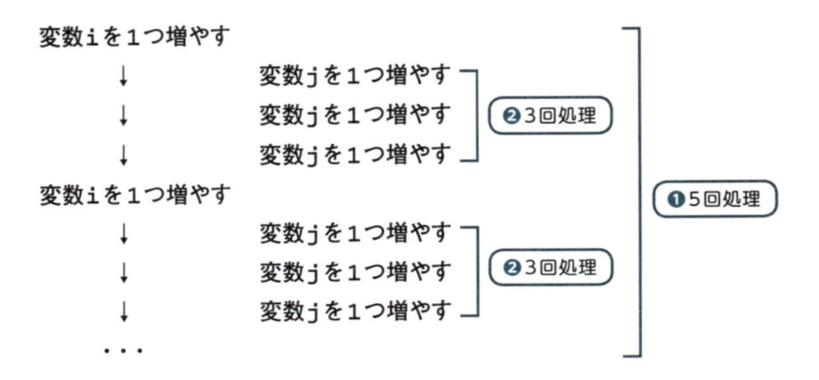

つまり、変数iを1つ増やすループ文が1回処理されるたびに、変数jを1つ増やすループ文の繰り返し(3回分)が行われるのです。このように、文をネストすると、複雑な処理でも記述できるようになります。

for文をネストして、多重の繰り返し処理ができる。

if文などと組み合わせる

Sample6では、for文のなかにfor文を埋め込みましたが、異なる種類の文を組み合わせてもかまいません。たとえば、for文とif文を組み合わせることもできます。

今度は次のコードを作成してください。

Sample7.py ▶ if文などと組み合わせる

```
v = False

for i in range(5):
    for j in range(5):
        if v is False:
            print("*", end="")
            v = True
```

「*」を出力したら、次は「-」を出力するように、vをTrueにします

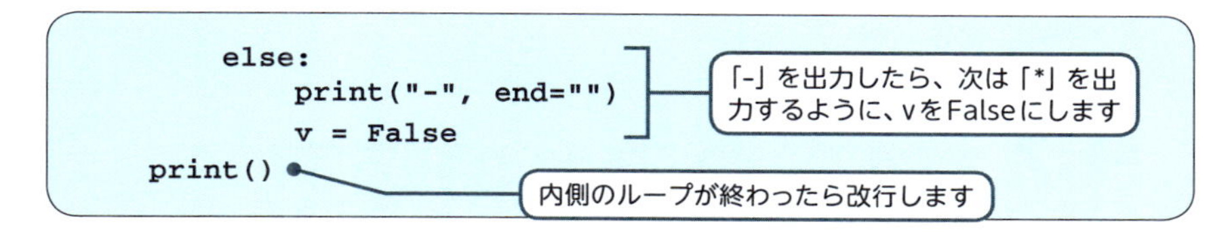

Sample7の実行画面

```
*-*-*
-*-*-
*-*-*
-*-*-
*-*-*
```

このコードでは、2つのfor文と1つのif文を使っています。「*」または「-」を出力するたびに、変数vに交互にFalseとTrueを代入します。こうすることによって、次にどちらを出力するのかをif文中の「v is False」という条件を評価することで判断できます。なお、True/FalseやNoneであるかを調べる場合には、一般的にis演算子・is not演算子が使われます。

また、print()による出力では、( )内で「end="●"」という指定をすると、指定した文字列の「●」を出力の末尾とすることができます。ここでは、記号の出力の途中で改行を行わないようにするために、空の文字列「""」を指定しています。

内側のループが終わると、今度はprint()だけ指定することによって改行を行います。このため、記号5つごとに改行が行われています。

文字の種類をかえたり、種類を増やしたりして、さまざまなコードを考えてみてください。

出力の末尾

print()による出力では、( )内の「end="●"」で、指定した文字列を末尾に出力することができます。「""」(空の文字列)を指定するほかにも、「"¥t"」(タブ)や「","」(カンマ)などを指定することで、出力結果が読みやすくなることがあります。

4.7 処理の流れの変更

break文のしくみを知る

これまでに学んだことから、条件判断文や繰り返し文には一定の処理の流れがあることがわかりました。しかしときには、このような処理の流れを強制的に変更したい場合があるかもしれません。

Pythonには、処理の流れを変更する文として、break文とcontinue文があります。まずはじめにbreak文について学びましょう。

break文（break statement）は、

処理の流れを強制的に終了し、そのブロックから抜ける

という処理を行う文です。次のようにコード中に記述します。

break文

```
break
```

次のコードでは、break文を使って、キーボードから指定した回数で、ループの処理を強制的に終了させてみます。

Sample8.py ▶ break文でブロックから抜ける

```
num = int(input("何月の処理で終了しますか？(1～12)"))

for i in range(12):
    print(i+1 , "月のデータです。")
    if (i+1) == num:
        break
```

本来12回の繰り返しを行うfor文ですが・・・

指定した月で繰り返しを終了します

Sample8の実行画面

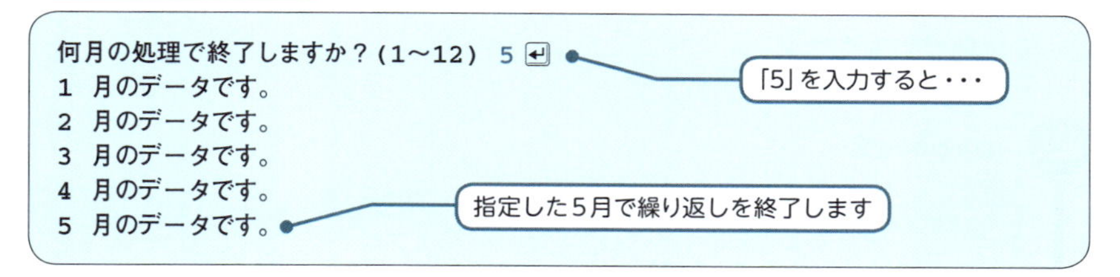

Sample8では、本来全部で12回の繰り返しを行うfor文を使っています。しかしここでは、ユーザーが入力した回数でbreak文を実行し、ループを強制的に終了させてみました。したがって、実行例では、6回目以降の繰り返し処理は行われていません。

```
for i in range(12):
    print(i+1 , "月のデータです。")
    if (i+1) == num:
        break
```

図4-11 break文
break文を使うと、処理を強制的に終了させてブロックから抜けることができます。

なお、文をネストしている場合、その内側の文でbreak文を使うと、内側のブロックを抜け出して、もう1つ外側のブロックに処理がうつることになっています。

break文を使って、ブロックから抜けることができる。

continue文のしくみを知る

もう1つ、文の流れを強制的に変更する文として、continue文（continue statement）をみておきましょう。continue文は、

ブロック内の処理を飛ばし、ブロックの先頭位置に戻って次の処理を続ける

という処理を行う文です。

continue文

```
continue
```

continue文を使ったコードをみてみましょう。

Sample9.py ▶ continue文で処理を飛ばす

```
num = int(input("何月の処理を飛ばしますか？(1～12)"))

for i in range(12):
    if (i+1) == num:
        continue
    print(i+1 , "月のデータです。")
```

入力した月の処理では、ここから先頭に戻ります

入力した月の処理では、この文は処理されません

Sample9の実行画面

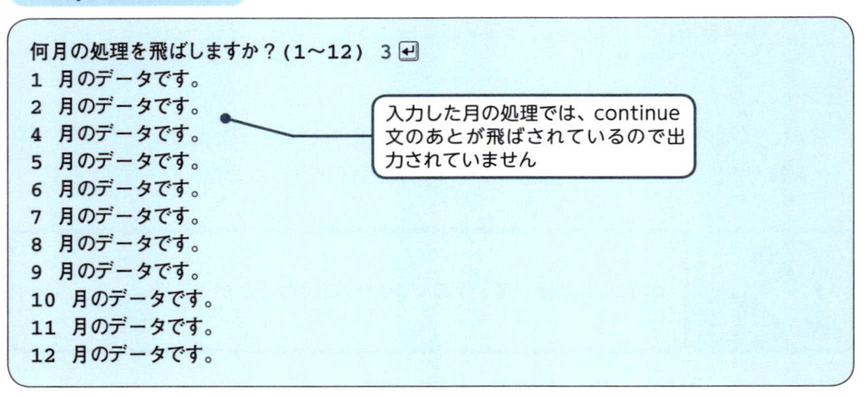

```
何月の処理を飛ばしますか？(1～12) 3 ↵
1 月のデータです。
2 月のデータです。
4 月のデータです。
5 月のデータです。
6 月のデータです。
7 月のデータです。
8 月のデータです。
9 月のデータです。
10 月のデータです。
11 月のデータです。
12 月のデータです。
```


Sample9を実行して、処理を飛ばす回数として「3」を入力してみました。すると、3番目の繰り返しは、continue文の処理が行われることによって強制的に終了させられ、ブロックの先頭、つまり次の繰り返し処理にうつります。したがって、実行結果では「3月のデータです。」という出力は行われていません。

continue文を使って、次の繰り返しにうつることができる。

```
for i in range(12):
    if (i+1) == num:
        continue
    print(i+1 , "月のデータです。")
```

図4-12 continue文

continue文を使うと、ブロックの先頭に強制的に戻ります。

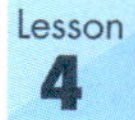

4.8 レッスンのまとめ

この章では次のようなことを学びました。

- 比較演算子を使って、条件を作成できます。
- if文を使って、条件に応じた処理を行うことができます。
- if文のバリエーションを使って、いろいろな条件に応じた処理を行うことができます。
- 論理演算子を使って複雑な条件を作成できます。
- for文を使うと、繰り返し処理ができます。
- while文を使うと、繰り返し処理ができます。
- break文を使うと、繰り返し文を抜け出します。
- continue文を使うと、繰り返し文の最初に戻って次の繰り返し処理にうつります。

条件判断文を使うと、状況に応じた柔軟なコードを記述することができます。繰り返し文を使えば何度も繰り返す強力なコードを記述することができます。これらの文を組み合わせてさまざまな処理を行えるようになることが大切です。

練習

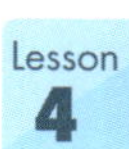

1. if文とfor文を使って、次のように画面に出力するコードを作成してください。

```
1から10までの偶数を表示します。
2
4
6
8
10
```

2. for文だけを使って、1.と同様に出力するコードを作成してください。

3. タブ（¥t）を使って、次のように九九の表を画面に出力するコードを作成してください。

```
1	2	3	4	5	6	7	8	9
2	4	6	8	10	12	14	16	18
3	6	9	12	15	18	21	24	27
4	8	12	16	20	24	28	32	36
5	10	15	20	25	30	35	40	45
6	12	18	24	30	36	42	48	54
7	14	21	28	35	42	49	56	63
8	16	24	32	40	48	56	64	72
9	18	27	36	45	54	63	72	81
```

4. 次のように画面に出力するコードを作成してください。

```
*
**
***
****
*****
```

リスト

第3章では変数を使って、データを記憶するしくみについて学びました。さらにPythonは、複数の値をまとめて記憶するしくみが数多く用意されています。この代表的なしくみがリストです。リストによって、多くのデータを処理する複雑なコードをかんたんに記述できるようになります。この章ではリストについて学んでいくことにしましょう。

Check Point!

- リスト
- 要素の変更
- 要素の追加
- 要素の削除
- リストの連結
- スライス
- リストの集計
- リストの並べ替え
- 多次元のリスト

5.1 コレクション

複数のデータをまとめて扱うコレクション

プログラムのなかで、たくさんのデータを扱う場合があります。たとえば、企業の売上データを考えてみてください。毎月記録される売上データや、支店ごとの売上データなど、さまざまなデータが利用されています。

こうした大量のデータを利用するプログラムを作成するときには、複数のデータをまとめて扱うしくみを利用すると便利です。Pythonでは、このためにいくつかのしくみが用意されています。こうしたしくみはデータの集まりであることから、コレクション（collection）と呼ばれることがあります。また、複数のデータ要素を含む「入れもの」のようなしくみでもあるため、コンテナ（container）と呼ばれることもあります。

Pythonで用意されているコレクション（コンテナ）のうち、よく使われているものが

リスト（list）

です。これからリストをはじめとした各種のコレクションによるデータの利用方法についてみていくことにしましょう。

データをまとめて扱うには、リストなどのコレクションを使う。

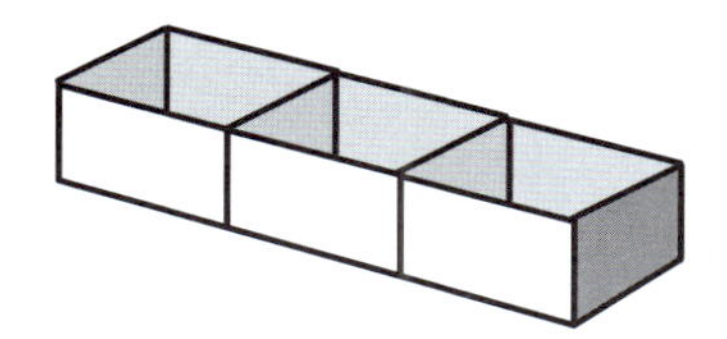

図5-1 複数の値をまとめるコレクション
データをまとめて扱うには、リストなどのコレクションを使うことができます。

コレクションの種類

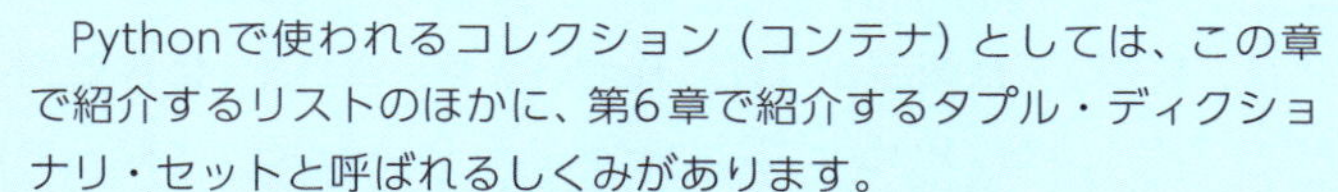

Pythonで使われるコレクション（コンテナ）としては、この章で紹介するリストのほかに、第6章で紹介するタプル・ディクショナリ・セットと呼ばれるしくみがあります。

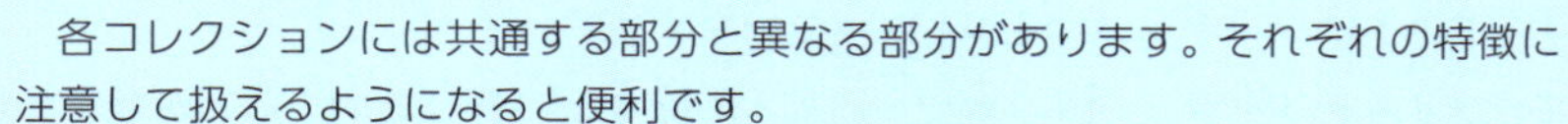

各コレクションには共通する部分と異なる部分があります。それぞれの特徴に注意して扱えるようになると便利です。

5.2 リストの基本

リストのしくみを知る

それではこれから、**リスト**（list）について学んでいくことにしましょう。リストは、複数の値が列のように並べられているコレクションです。データの各値を格納するハコのような概念は、**要素**（element）と呼ばれています。

リストの要素には、列のように順序がつけられています。このように各要素の並びに順序が存在するしくみを、Pythonでは**シーケンス**（sequence）と呼んでいます。リストはシーケンスの1つとなっています。

また、リストの要素は、値の変更・追加・削除などの操作を行うことができます。これを**変更可能**（mutable）と呼びます。リストは変更可能なシーケンスとなっています。

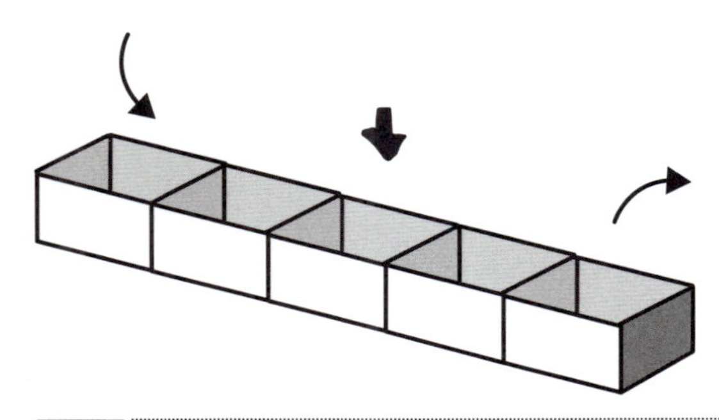

図5-2 リスト
リストは変更可能なシーケンスで、要素の追加や削除を行うことができます。

変更可能・変更不可能

コレクションのなかには、要素を操作できないものもあります。これらは変更不能（immutable）と呼ばれます。特に、変更不可能なシーケンスとして、第2章で紹介した文字列や、第6章で紹介するタプルがあります。

リストを作成する

それでは、さっそくリストを使ってみることにしましょう。リストを扱うには、

リストを作成する

という処理が必要になります。リストにはさまざまな作成方法がありますが、ここでは最も一般的な方法についてみていくことにしましょう。

リストを作成するためには、まず、

リストをあらわす変数の名前

を考えることにします。たとえば、毎月の売上をあらわすために、「sale」という名前を、リストをあらわすための変数名とすることができます。

そして、次のように[ ]のなかにカンマで区切って、リストをあらわす変数（リスト名）に値を代入します。この代入によって、リストが作成されます。

リストの作成

```
リスト名 = [値1, 値2, ・・・]
```

リストを作成します

つまり、次のようにリストを作成するわけです。

```
sale = [80, 60, 22, 50, 75]
```

5個の要素をもつリストを作成します

リストは、1つも要素をもたない空のリストとして作成してもかまいません。その

場合には、次のように[ ]だけを指定します。

作成したリストの各要素の値は、print()でまとめて表示することができます。確認してみましょう。

Sample1.py ▶ リストを表示する

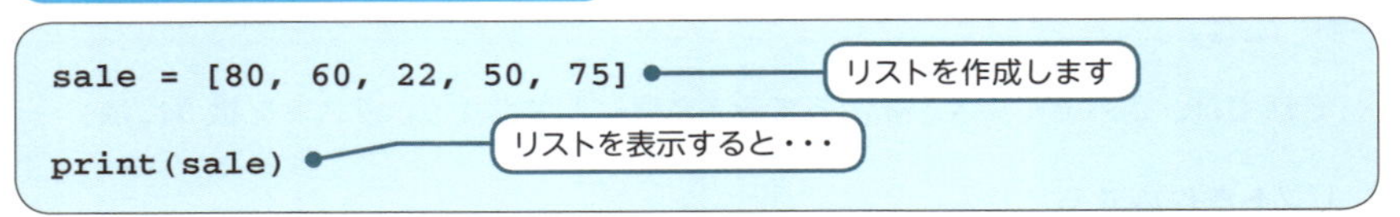

Sample1の実行画面

このリストには、5つの要素に値が格納されました。こうしてリストによって値をまとめて格納することができるのです。

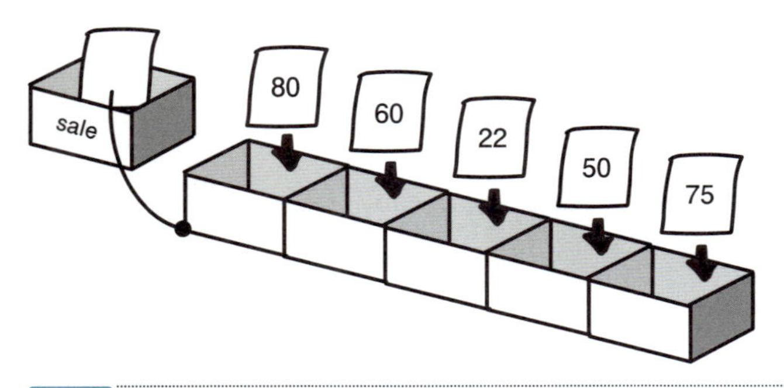

図5-3 リストの各要素に格納された値
リストの各要素に値を格納することができます。

リストの値

Pythonでは、原則として1文を1行で記述します。ただし、多くのデータを扱うリストの値の列は長くなることがあります。このため、リストの値は複数行にわたって記述することができるようになっています。なお、これから学ぶほかのコレクションの値についても、複数行で書くことができます。

```
sale = [80, 60, 22, 50,
        38, 56, 78, 75]
```

リストの値は複数行で記述することができます

Lesson 5

リストの各要素の値を取得する

さて、リストを作成すると、リスト内のそれぞれの要素を、sale[0]、sale[1]・・・という名前で扱えるようになります。[ ]内の0、1、2・・・という番号は、要素の順序をあらわすもので、インデックス（添字）と呼ばれています。インデックスを使って扱う要素を指定できるわけです。

```
sale[0]
sale[1]
...
```

sale[0]：1つ目の要素をあらわします
sale[1]：2つ目の要素をあらわします

そこで今度は、リストの各要素の値を1つずつ調べてみましょう。

Sample2.py ▶ リストの各要素の値を表示する

```
sale = [80, 60, 22, 50, 75]

print(sale[0])
print(sale[1])
print(sale[2])
print(sale[3])
print(sale[4])
```

リストの各要素にアクセスできます

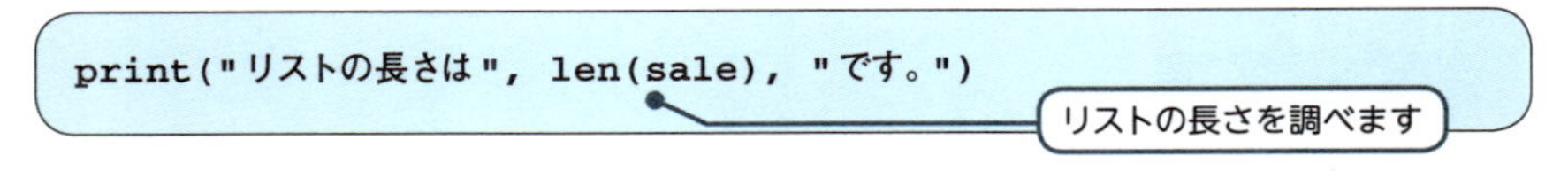

Sample2の実行画面

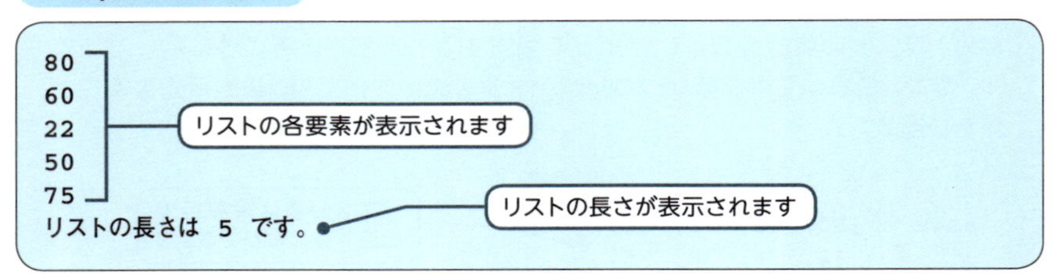

ここではインデックスによって、要素の値を1つずつ表示しました。個々の要素1つずつにアクセスすることができます。

また、len()という組み込み関数を使うと、リストの要素の個数を調べることができます。リストの要素の個数は**リストの長さ**（length）ともいいます。

リストの長さ

```
len(リスト名)
```

Sample2でもリストの長さを調べて表示してみました。このリストの要素数である「5」が表示されています。

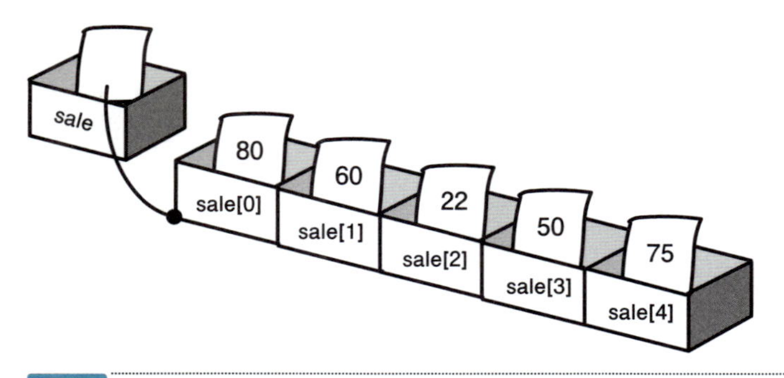

図5-4 インデックスによる値の取得
リストの各要素の値をインデックスによって取得できます。

インデックスの範囲

インデックスを使ってリストの各要素にアクセスする際には、インデックスの範囲をこえないように注意する必要があります。なお、インデックスは0からはじまるので、最も大きいインデックスの値は「リストの長さ－1」となります。Sample2ではsale[5]という要素は存在しませんので注意してください。

リストを繰り返し文で扱う

ところで、リストの要素を1つずつ順に扱う際には、第4章で紹介したfor文を使うと便利です。リストは、for文で繰り返し扱うことができる反復処理が可能なしくみとなっています。

for文を使うと、リストの要素の値が1つ取り出され、変数に代入されます。インデントされたブロック内では、この変数を使ったさまざまな処理を行うことができます。この処理がリストの要素が終わるまで繰り返されるのです。

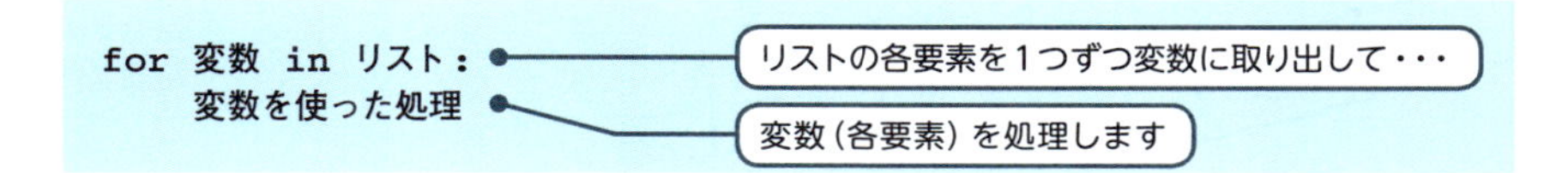

たとえば、次のように繰り返し文を使って、リストの各要素を変数に取り出して扱うことができます。

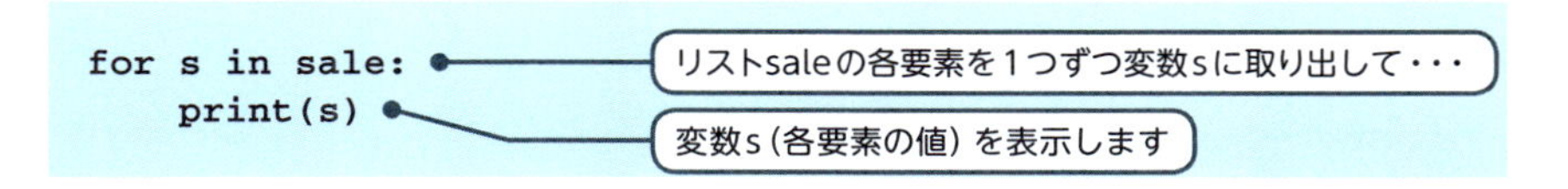

実際に繰り返し文を使うコードを作成してみましょう。

Sample3.py ▶ リストを使う

```
sale = [80, 60, 22, 50, 75]
```

リストの各要素を・・・

```
for s in sale:
    print(s)

print("リストの長さは", len(sale), "です。")
```

for文で変数sに取り出し・・・

表示します

Sample3の実行画面

今度はfor文を使って処理をしています。Sample2とSample3は同じ処理を行っていますが、for文を使うとよりかんたんにコードを記述できるのです。

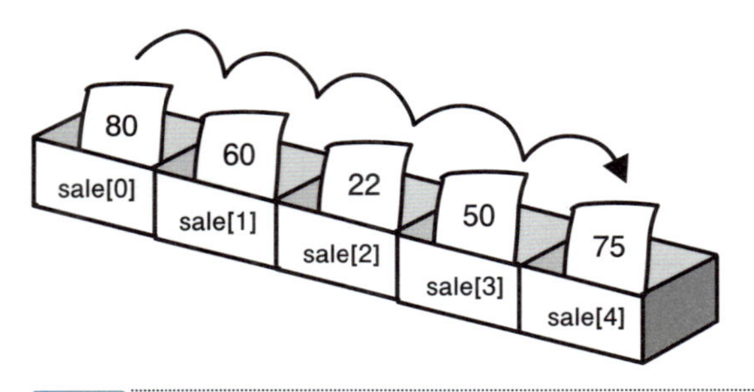

図5-5 リストを処理する繰り返し文
for文を使ってリストの要素を繰り返し処理することができます。

イテラブル

第4章でみたように、for文は、「繰り返し反復処理できるしくみ」を指定して、順に処理することができるようになっています。
この反復処理できるしくみは、イテラブル（iterable）と呼ばれています。リストは、イテラブルの1つとなっています。イテラブルなしくみとしては、リストのほか、この章で紹介するイテレータ、第6章で紹介するほかのコレクションや、第7章で紹介するジェネレータがあります。

5.3 リストの操作

リストの要素の値を変更する

大量のデータをリストで扱うためには、リストの各要素を操作することが欠かせません。そこでこの節では、リストの基本的な操作方法について学びましょう。リストの各要素の値を変更したり、値を追加・削除したりする操作についてみていくことにします。

まず、

リストの要素の値を変更する

という操作についてみておきましょう。リストの要素を変更するには、個々の要素に値を代入することになります。さっそく値を変更してみることにしましょう。

Sample4.py ▶ リストの要素を変更する

```
sale = [80, 60, 22, 50, 75]

i = int(input("何番のデータを変更しますか？"))
num = int(input("変更後のデータを入力してください。"))

print(i, "番のデータ" , sale[i], "を変更します。")

sale[i] = num          ← 要素の値を変更します

print(i, "番のデータは", sale[i],  "に変更されました。")
```

Sample4の実行画面

```
何番のデータを変更しますか？3 ↵
変更後のデータを入力してください。13 ↵
```

```
3番のデータ 50 を変更します。
3番のデータは 13 に変更されました。
```

要素の値が変更されます

ここではリストの各要素をインデックスを使って指定し、代入を行うことで、値を変更しています。ほかの要素の値も変更してみるとよいでしょう。

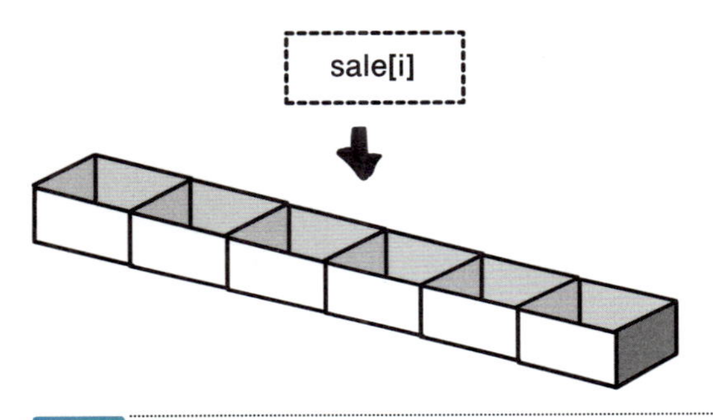

図5-6 リストの要素の値の変更
リストの要素の値を変更することができます。

リストは要素の操作ができる

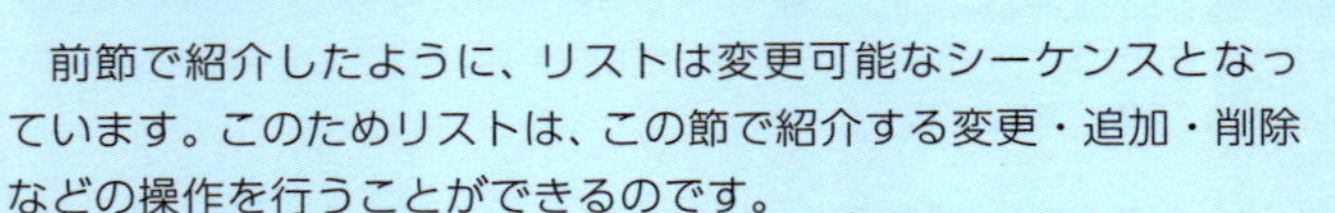

前節で紹介したように、リストは変更可能なシーケンスとなっています。このためリストは、この節で紹介する変更・追加・削除などの操作を行うことができるのです。

変更不可能なシーケンスでは、このような操作はできません。こうした変更不可能なシーケンスとして、第6章で紹介するタプルや、第2章や第9章で紹介する文字列があります。

リストに要素を追加する

リストに新しい要素を追加することもできます。リストに要素を追加するには、次のappend()という指定を使います。

リストへの要素の追加

```
リスト名.append(値)
```

リストの末尾に値を追加します

なお、値を挿入する位置を指定して追加することもできます。この場合には、次のようにinsert()という指定を使います。

リストへの要素の挿入

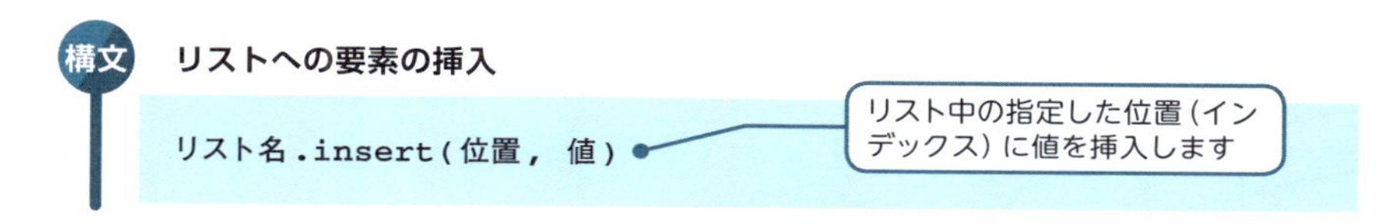

これらの指定では、リスト名に「.」(ピリオド)をつけて指定することに注意してください。

そこで今度は、リストに要素を追加・挿入する方法について確認してみましょう。

Sample5.py ▶ リスト要素を追加・挿入する

```
sale = [80, 60, 22, 50, 75]
print("現在のデータは", sale, "です。")

print("末尾に100を追加します。")
sale.append(100)
print("現在のデータは", sale, "です。")

print("sale[2]に25を挿入します。")
sale.insert(2, 25)
print("現在のデータは", sale, "です。")
```

リストの末尾に値を追加します

リスト中の指定した位置に値を挿入します

Sample5の実行画面

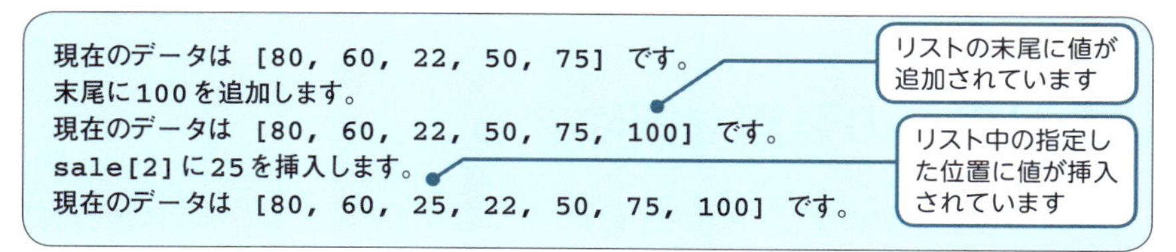

Lesson 5

ここでは、まずappend()を使って、リストに要素を追加しています。新しい要素はリストの末尾に追加されることになります。

さらに、insert()で位置を指定し要素を挿入しています。ここでは「2」を指定しているため、sale[2]の場所に追加されます。

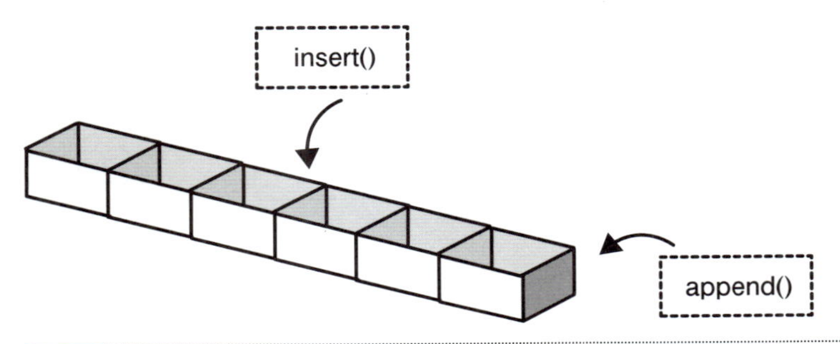

図5-7 リストの要素の追加・挿入
リストに要素を追加・挿入することができます。

メソッド

ここでみたappend()やinsert()などのような、操作を行う対象に「.」（ピリオド）をつけて呼び出すことができる機能は、メソッド（method）と呼ばれています。

メソッドについては第8章でくわしく学びます。ここではリストに対して、メソッドと呼ばれるさまざまな機能が用意されていることをおぼえておいてください。

なお、リストに用意されたメソッドには、append()・insert()のほかに、次に紹介するremove()や、次節で紹介するcopy()などがあります。

リストの要素を削除する

リストの要素は削除することもできます。リストの値を削除するためにはdel文（del statement）という文を使い、インデックスによって要素を指定します。

リストの要素の削除

```
del リスト名[インデックス]
```

指定した要素を削除します

また、値を指定し、リストの先頭から値を検索して、その値と最初に一致した要素を削除することもできます。このためにはremove()を使います。

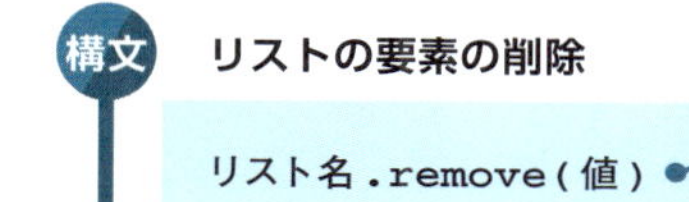

リストの要素の削除

```
リスト名.remove(値)
```

指定した値に一致する最初の要素を削除します

この2つの方法で要素を削除できることを確認してみましょう。

Sample6.py ▶ リスト要素を削除する

```
sale = [80, 60, 22, 50, 75]
print("現在のデータは", sale, "です。")

print("先頭のデータを削除します。")
del sale[0]
print("現在のデータは", sale, "です。")

print("22を削除します。")
sale.remove(22)
print("現在のデータは", sale, "です。")
```

- del sale[0]：指定した要素を削除します
- sale.remove(22)：指定した値に一致する最初の要素を削除します

Sample6の実行画面

```
現在のデータは [80, 60, 22, 50, 75] です。
先頭のデータを削除します。
現在のデータは [60, 22, 50, 75] です。
22を削除します。
現在のデータは [60, 50, 75] です。
```

- 指定した要素が削除されています
- 指定した値に一致する最初の要素が削除されています

要素が削除されていることを確認してみてください。

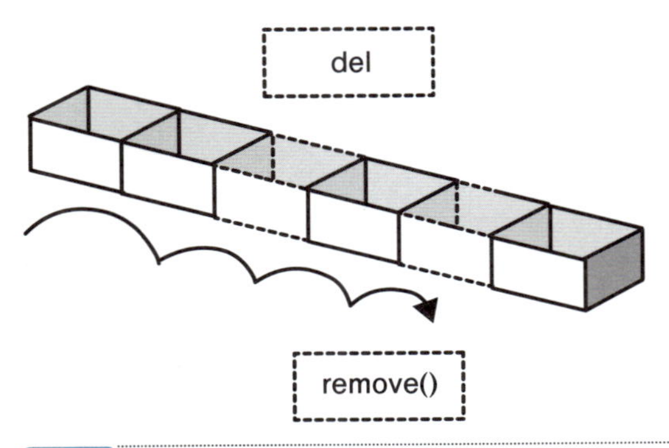

図5-8 **リストの要素の削除**
リストの要素を削除することができます。

del

del文は、リストや変数などのために確保されたメモリを解放して、ほかの用途に使えるようにする文となっています。このため、delを使ってリスト全体や変数などを削除することもできます。削除されたリストや変数に格納されていた値は利用できなくなります。

5.4 リストの注意

リストを代入する

これまでの節では、リストに対してさまざまな操作を行ってみました。この節では、リストに対する基本的な注意を学びましょう。

Pythonでは、変数を用意して、ほかのリストの変数を代入することができるようになっています。たとえば、次のようにdata2という変数を用意して、リストdata1を代入することができます。

```
data1 = [1,2,3,4,5]
data2 = data1
```


この代入を行うと、data2はdata1と同じように、「1、2、3、4、5」のリストをあらわす変数となります。

しかしこの代入によって、リストが2つになったわけではありません。このようすを実際のコードでみてみることにしましょう。

Sample7.py ▶ リストへの代入

```
data1 = [1,2,3,4,5]
data2 = data1

print("data1は", data1, "です。")
print("data2は", data2, "です。")

data1[0] = 10

print("data1を変更します。")

print("data1は", data1, "です。")
```

```
print("data2は", data2, "です。")
```

Sample7の実行画面

```
data1は [1, 2, 3, 4, 5] です。
data2は [1, 2, 3, 4, 5] です。
data1を変更します。
data1は [10, 2, 3, 4, 5] です。
data2は [10, 2, 3, 4, 5] です。
```

この2つの変数は同じ1つのリストをあらわしています

片方の変数に対して変更を行うと・・・

もう片方も変更されてしまいます

data1に変更を行うと、data2の表示も変更されてしまいます。これは、

リストをあらわす変数に代入を行うと、
2つの変数が同じ1つのリストをあらわすようになる

ためです。代入を行うと、代入したリストと同じデータを表示することができます。ただしこれは、2つの変数（リスト名）は同じ1つのリストをあらわしているだけにすぎません。2つの変数に2つのリストが存在するものではないのです。

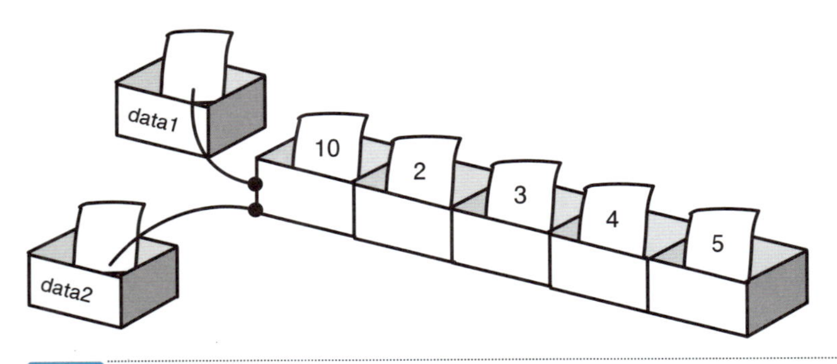

図5-9 リストへの代入
変数に代入すると、その変数は、代入されたリストをあらわすことになります。

新しいリストを作成するには

このとき、2つの変数が、それぞれ別のリストをあらわすようにするには、リストを新しく作成する必要があります。次のコードをみてください。

Sample8.py ▶ リストを作成する

```
data1 = [1,2,3,4,5]
data2 = list(data1)

print("data1は", data1, "です。")
print("data2は", data2, "です。")

data1[0] = 10

print("data1を変更します。")

print("data1は", data1, "です。")
print("data2は", data2, "です。")
```

リストを新しく作成して・・・

代入を行うと・・・

Sample8の実行画面

```
data1は [1, 2, 3, 4, 5] です。
data2は [1, 2, 3, 4, 5] です。
data1を変更します。
data1は [10, 2, 3, 4, 5] です。
data2は [1, 2, 3, 4, 5] です。
```

2つの変数は異なる2つのリストをあらわします

片方の変数を使って変更を行っても・・・

2つのリストは異なるものとなっています

ここではlist(data1)という指定で、リストを新しく作成しました。list()を使うと、ほかのリストを( )内に指定して、新しいリストを作成することができます。

すると、今度はdata1が変更されても、data2は変更されません。2つの変数があらわすリストは、異なるリストとなっているからです。

なお、copy()というメソッドでリストのコピーをつくる方法でも、新しいリストを作成できます。コピーは次のように作成します。

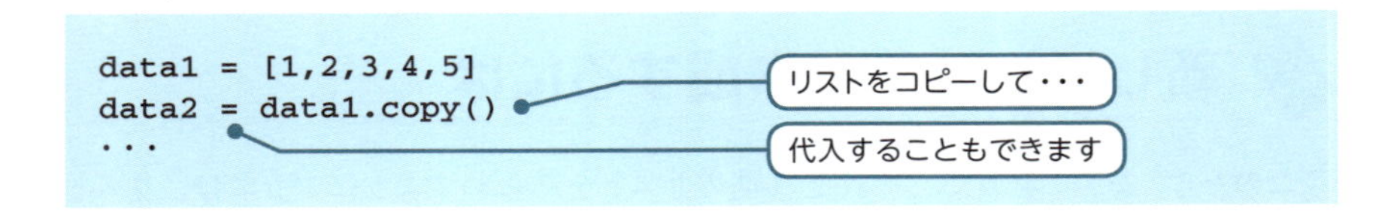

このように、リストを扱って操作する場合には、変数があらわしているリストについて注意しておくことが必要です。

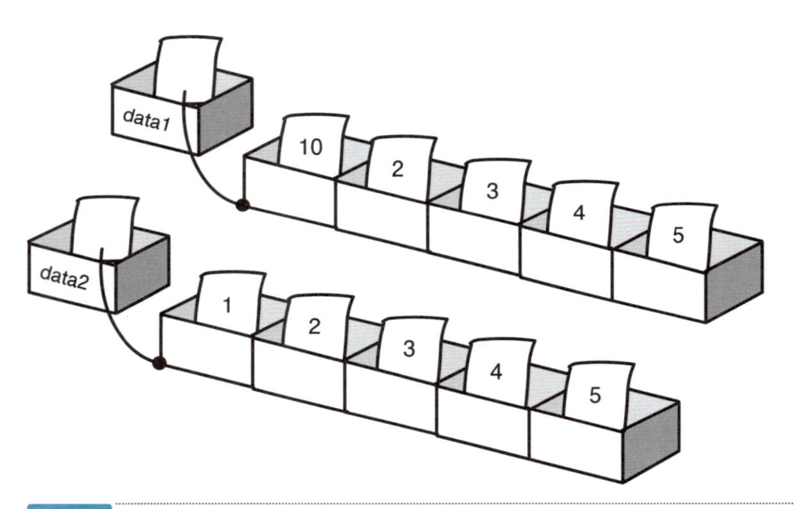

図5-10 リスト作成とコピー
2つの変数が異なるリストをあらわすようにするには、リストの作成やコピーを行います。

コンストラクタ

ここでみたlist()は**コンストラクタ**と呼ばれ、リストなどを作成する際に使われる、特殊なメソッドとなっています。コンストラクタについては第8章で学びましょう。なお、list()を使って空のリストを作成することもできます。

```
data = list()
```
空のリストを作成することができます

5.5 リストの連結とスライス

リストを連結する

ここまでに、リストに対して行う基本の操作と注意についてみてきました。リストには、さらに高度な指定や操作ができるようになっています。そこでこの節では、リストに対して行えるさまざまな処理をみていきましょう。

まず、

リストを連結する

という方法をみてみましょう。リストどうしで+演算子を使うと、2つのリストを連結して新しいリストを作成できます。

Sample9.py ▶ リストの連結

```
sale1 = [1, 2, 3, 4, 5, 6]
print("上半期のデータは", sale1, "です。")

sale2 = [7, 8, 9, 10, 11, 12]
print("下半期のデータは", sale2, "です。")

ysale = sale1 + sale2

print("年間のデータは", ysale, "です。")
```

リストどうしを連結できます

Sample9の実行画面

```
上半期のデータは [1, 2, 3, 4, 5, 6] です。
下半期のデータは [7, 8, 9, 10, 11, 12] です。
年間のデータは [1, 2, 3, 4, 5, 6, 7, 8, 9, 10, 11, 12] です。
```

リストが連結されています

たとえば、半年ごとのデータがそれぞれリストとして存在する場合に、これらを連結して年間のデータとすることができます。

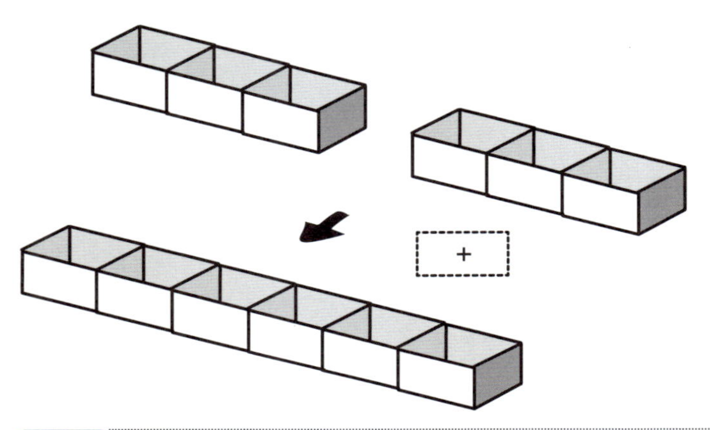

図5-11 **リストの連結**
リストを連結することができます。

そのほかのリストの連結方法

＋演算子のほかに、extend()メソッドを使ってリストを連結することもできます。ただし、＋演算子では2つのリストを連結したリストが新しく作成されるのに対して、extend()ではリスト1にリスト2が連結されます。つまり、リスト1が拡張されます。

```
リスト1.extend(リスト2)
```

リスト1にリスト2が連結されます

また、＋演算子のかわりに+=演算子を使うと、同じようにリスト1が拡張されます。第3章で説明したように、+=演算子は、加算と代入を同時に行う演算子として使われるのです。

```
リスト1 += リスト2
```

リスト1にリスト2が連結されます

スライスで指定する

Pythonでは、スライス（slice）と呼ばれる指定を使って、インデックスの範囲を指定し、その範囲に該当する要素からなるリストを取り出すことができます。

スライス

```
リスト名[開始値:停止値:間隔]
```


たとえば、1年間のデータをあらわすリストysaleから、指定月のデータや、1か月おきのデータを取り出すことができます。

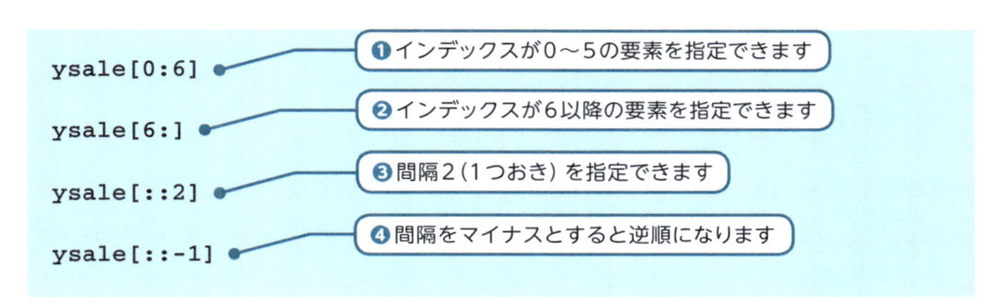

❶のようにスライスを指定すると、上半期のデータを取り出すことができます。

また、スライスでは、指定する値を省略してもかまいません。たとえば「開始値」を省略した場合は、先頭の要素を指定したことになります。「停止値」を省略した場合は、リストの長さを指定したことになります。つまり、❷では下半期のデータを取り出すことができます。

「間隔」を「2」とすると1つおきとなります（❸）。なお、間隔を省略した場合は「1」（1つずつ）を指定したことになります。

また、間隔をマイナスにして、逆順に取得することもできます（❹）。

スライスについて、コードで確認しておきましょう。

Sample10.py ▶ スライス

```
ysale = [1, 2, 3, 4, 5, 6, 7, 8, 9, 10, 11, 12]
print("年間のデータは", ysale, "です。")
```

```
sale1 = ysale[0:6]
print("上半期のデータは", sale1, "です。")

sale2 = ysale[6:]
print("下半期のデータは", sale2, "です。")

sale3 = ysale[::2]
print("一か月おきのデータは", sale3, "です。")

sale4 = ysale[::-1]
print("逆順のデータは", sale4, "です。")

print("年間のデータは", ysale, "です。")
print("上半期のデータを差し替えます。")
ysale[:6] = [0, 0, 0, 0, 0, 0]
print("年間のデータは", ysale, "です。")
```

❶インデックスが0～5の要素を指定できます

❷インデックスが6以降の要素を指定できます

❸間隔「2」(1つおき)を指定できます

❹間隔をマイナスとすると逆順になります

❺スライスへの代入によって値の変更を行うことができます

Sample10の実行画面

```
年間のデータは [1, 2, 3, 4, 5, 6, 7, 8, 9, 10, 11, 12] です。
上半期のデータは [1, 2, 3, 4, 5, 6] です。
下半期のデータは [7, 8, 9, 10, 11, 12] です。
一か月おきのデータは [1, 3, 5, 7, 9, 11] です。
逆順のデータは [12, 11, 10, 9, 8, 7, 6, 5, 4, 3, 2, 1] です。
年間のデータは [1, 2, 3, 4, 5, 6, 7, 8, 9, 10, 11, 12] です。
上半期のデータを差し替えます。
年間のデータは [0, 0, 0, 0, 0, 0, 7, 8, 9, 10, 11, 12] です。
```

指定した範囲の要素が表示されます

スライスへの代入による変更が行われます

❺のように、スライスを使って代入を行い、値を変更したりすることなどもできます。ただし、代入をする際には、左の要素数と右の要素数を一致させるように代入する必要があります。

```
ysale[:6] = [0, 0, 0, 0, 0, 0]
```

❺スライスによって値の変更などを行うことができます

要素数に注意する必要があります

スライスによって値を表示しただけではもとのリストの値は変更されていませんが、代入を行うと値が変更されることを確認してみてください。

このほかにも、スライスによって、まとめて値を削除する処理などができるようになっています。

スライスによるさまざまな指定方法と操作に慣れておきましょう。

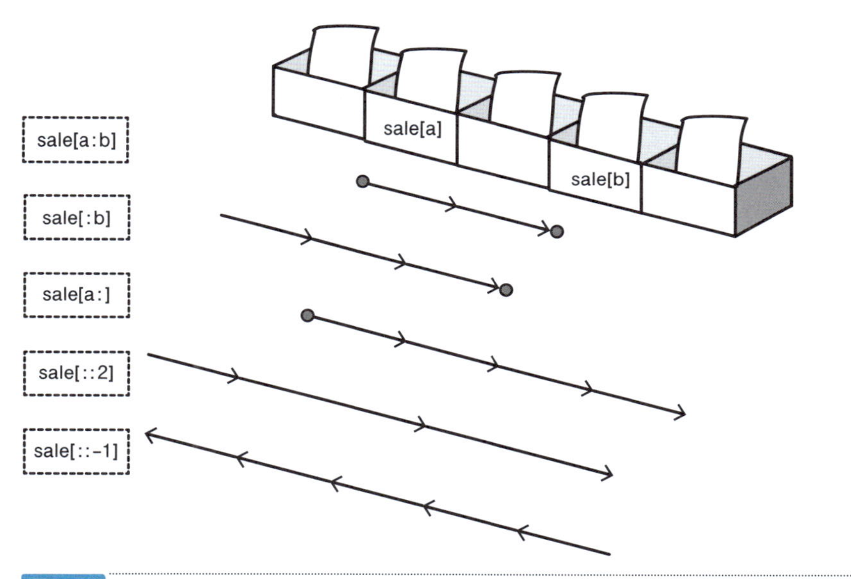

図5-12 スライスによる指定
リストの各要素をスライスで指定することができます。代入によって値を変更することもできます。

リストを逆順にするには

ところで、Sample10でもみたように、スライスの間隔をマイナスにすると、リストのデータを逆順に取得できます。

ただし、逆順にするには、スライス以外にもいくつかの方法があります。こうした方法についてもう少しくわしくみておくことにしましょう。

まず、逆順にする指定として、組み込み関数のreversed()を使うことができます。

```
reversed(リスト名)
```

また、リストのreverse()メソッドも使うことができます。

```
リスト名.reverse()
```

しかし、これらの操作の実行結果は異なっています。このようすを次のコードでみてみましょう。

Sample11,py ▶ 逆順にする際の注意

```
data = [1, 2, 3, 4, 5]
print("現在のデータは", data, "です。")

print("data[::-1]をfor文で処理します。")
for d in data[::-1]:
    print(d)
print("data[::-1]は", data[::-1], "です。")
print("現在のデータは", data, "です。")

print("reversed(data)をfor文で処理します。")
for d in reversed(data):
    print(d)
print("reversed(data)は", reversed(data), "です。")
print("現在のデータは", data, "です。")


print("data.reverse()を処理します。")
data.reverse()
print("現在のデータは", data, "です。")
```

❶スライスで処理します

❷reversed()関数で処理します

❸reverse()メソッドで処理します

Sample11の実行画面

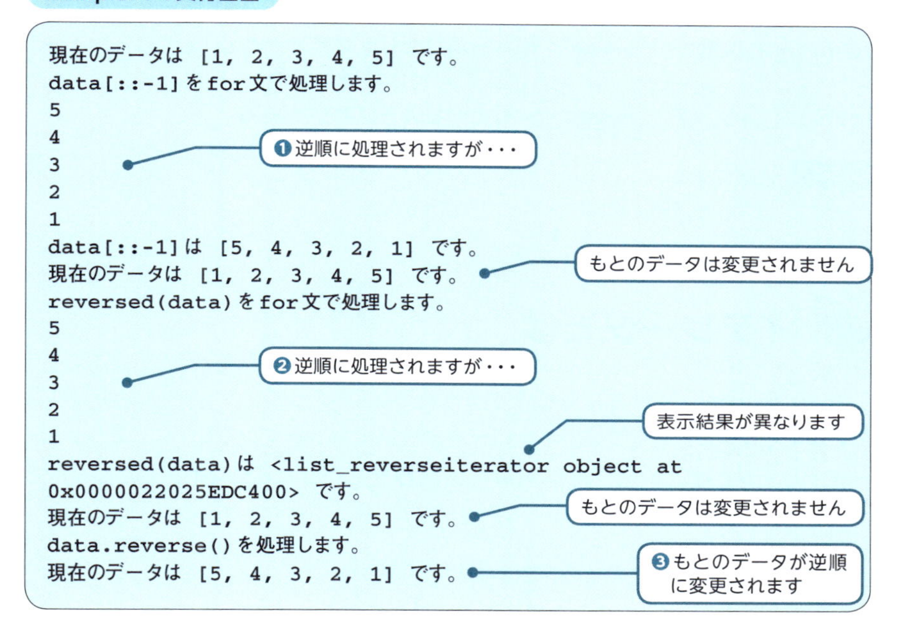

まず、「スライス」を使うと、for文で逆順に表示したり、逆順のリストとして表示したりすることができます。しかし、もとのリスト自体は逆順に変更されるわけではありません（❶）。

次に、「reversed()関数」を使った場合には、for文で逆順に処理することができますが、逆順のリストとしては表示されません。また、もとのリスト自体も逆順に変更されるわけではありません（❷）。このとき表示される値は、次に説明する**イテレータ**（iterator）と呼ばれるしくみがつくる値となっています。

イテレータは、for文などで順番に値を取得することを目的としたしくみです。for文で順番に処理して値を得ることはできるようになっていますが、リストとして扱うことはできないものとなっているのです。

最後に、「reverse()メソッド」を使った場合には、もとのリスト自体が逆順に変更されていることに注意してください（❸）。これは、追加・変更・削除などで使ったメソッドと同様に、そのリスト自体を逆順に変更するメソッドとなっています。

[::-1] (スライス)	→	■ もとのリストは変更されない
reversed() 関数	→	■ もとのリストは変更されない (イテレータが得られる)
reverse() メソッド	→	■ もとのリストが変更される

図5-13 逆順にする
リストを逆順にするには３つの方法があります。

イテレータとは

なお、Pythonでは順番に処理をするためのしくみとしてイテレータが使われることがよくあります。そこで、イテレータについて少しみておくことにしましょう。

イテレータとは、for文などで順番に反復処理を行うことを目的としたしくみです。

「反復処理した結果そのもの」ではなく、
「反復処理するしくみ」のみを扱えるようにしておく

ことで、高速で効率のよいプログラムを作成することができるようになっています。

たとえば、reversed()では、逆順に処理した結果そのものではなく、逆順に取り出すしくみのみをイテレータとしています。リストとしての結果を表示することはできませんが、for文で順番に処理して値を取り出すことのみはできるようになっています。Sample11の結果を確認してみてください。

イテレータによって反復処理するしくみを扱える。

図5-14 イテレータ
イテレータによって、「反復処理するしくみ」を扱えるようになります。

イテレータを利用する

なお、イテレータはさまざまな場面で利用されることがあります。たとえば、リストなどの反復して処理できる構造（イテラブル）からも、値を繰り返し順番に取り出すしくみであるイテレータを取得することがあります。

イテラブルのイテレータを取得するには、組み込み関数iter()を使います。この関数を使えば、次のように、リストであるdataなどから、順番に値を取り出すイテレータを取得することができるのです。

```
iter(data)
```

リストの値を順に取り出すイテレータを取得することもできます

Lesson 5

また、イテレータは、for文のなかで使うほかに、next(イテレータ)という指定を繰り返し使って順番に値を取り出すことがあります。

たとえば、リストdataの場合は次のように使うことができるでしょう。こうした使い方もおぼえておくと便利です。

```
it = iter(data)
print(next(it))
print(next(it))
...
rv = reversed(data)
print(next(rv))
print(next(rv))
...
```

1が取り出されます
2が取り出されます
5が取り出されます
4が取り出されます

イテラブルからiter()でイテレータを取得できる。
next()でイテレータの値を順に取り出せる。

5.6 リスト要素の組み合わせと分解

リストの要素を組み合わせる

この節では、さらにリストの処理についてみていきましょう。複数のリストの要素を組み合わせて処理を行うことができます。リスト要素を組み合わせるには、組み込み関数zip()を使います。

構文 要素を組み合わせる

```
zip(リストA, リストB, ・・・)
```

複数のリストの要素の値が組み合わせられます

zip()によって、リストの1つ目の要素どうし、リストの2つ目の要素どうし・・・、というように、要素どうしを組み合わせることができます。

実際にこのようすをみてみましょう。

Sample12,py ▶ リストの要素を組み合わせる

```
city = ["東京", "名古屋", "大阪", "京都"]
sale = [80, 60, 22, 50, 75]

print("都市名データは", city, "です。")
print("売上データは", sale, "です。")

print("データを組み合わせます。")

for d in zip(city, sale):
    print(d)

print("データとインデックスを組み合わせます。")

for d in enumerate(city):
    print(d)
```

❶ 2つのリストの要素の値が組み合わせられます

❷ 要素の値とインデックスを組み合わせることもできます

Sample12の実行画面

```
都市名データは ['東京', '名古屋', '大阪', '京都'] です。
売上データは [80, 60, 22, 50, 75] です。
データを組み合わせます。
('東京', 80)
('名古屋', 60)
('大阪', 22)
('京都', 50)
データとインデックスを組み合わせます。
(0, '東京')
(1, '名古屋')
(2, '大阪')
(3, '京都')
```

2つのリストの要素の値が組み合わせられます

要素の値とインデックスを組み合わせることもできます

zip()によって、2つのリストの要素が組み合わされています（❶）。ここでは「東京－80」「名古屋－60」・・・と組み合わされています。結果をよく確認してみてください。

なお、どちらかのリストが短い場合には、短いほうが終わったところで組み合わせが終了します。ここでは都市名のリストcityの要素が終わったところで組み合わせが終了しています。

また、要素とインデックスの値を組み合わせることもできます。このときには、組み込み関数enumerate()を使えます（❷）。今度は、インデックスと要素の値が組み合わされて表示されています。便利な指定ですのでおぼえておくとよいでしょう。

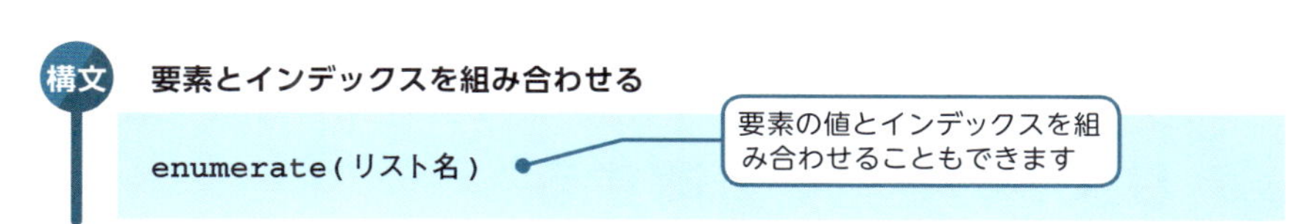

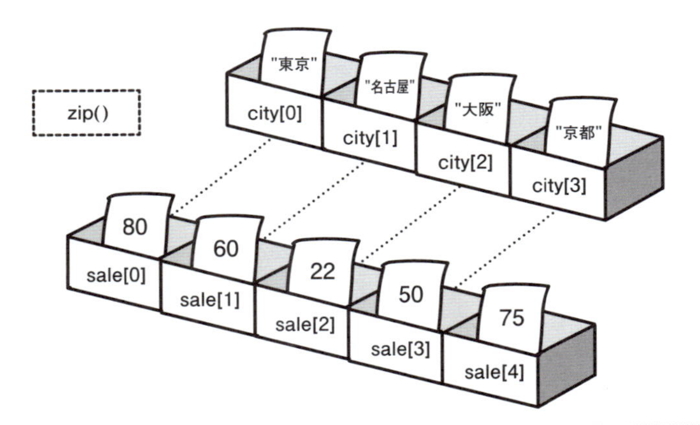

図5-15 リスト要素の組み合わせ
zip()でリスト要素を組み合わせることができます。

> **zip()・enumerate()の活用**
>
> zip()やenumerate()は、リスト以外のコレクションなどを含むさまざまなイテラブルでも使うことができる組み込み関数となっています。ほかのコレクションを扱う際などにもおぼえておくと便利でしょう。
>
> なお、これらの組み込み関数で、実際に直接得られるものはイテレータとなっています。
>
> また、これらのイテレータから得られるデータ「('東京', 80)」・・・は、( )で囲まれており、実際には第6章で紹介するタプルとなっています。

リストの要素を分解する

ところで、要素の組み合わせと逆に、要素を分解することもできます。これを**アンパック**（**展開**：unpack）といいます。アンパックを行う構文は次のようになっています。

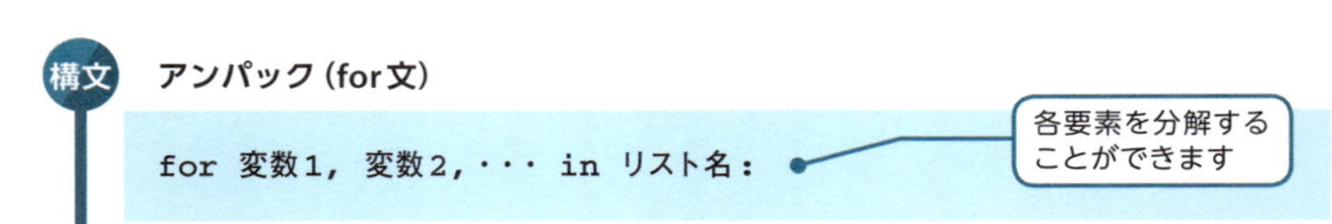

構文 アンパック（for文）

```
for 変数1, 変数2, ・・・ in リスト名:
```

アンパックはfor文中でzip()と一緒に使うことが多くなっています。たとえば、次のように、組み合わせた各要素を分解して2つの変数に取り出すのです。

```
for c, s in zip(city, sale):
    print("都市名は", c, "売上は", s)
```

各要素を分解することができます

このようすをコードで確認しておきましょう。

Sample13,py ▶ リストの要素を分解する

```
city = ["東京", "名古屋", "大阪", "京都"]
sale = [80, 60, 22, 50, 75]

print("都市名データは", city, "です。")
print("売上データは", sale, "です。")

print("データを組み合わせます。")

for d in zip(city, sale):
    print(d)

print("データを分解します。")

for c, s in zip(city, sale):
    print("都市名は", c, "売上は", s)
```

2つのリストの要素の値が組み合わせられます

組み合わせた要素を分解することもできます

Sample13の実行画面

```
都市名データは ['東京', '名古屋', '大阪', '京都'] です。
売上データは [80, 60, 22, 50, 75] です。
データを組み合わせます。
('東京', 80)
('名古屋', 60)
('大阪', 22)
('京都', 50)
データを分解します。
都市名は 東京 売上は 80
都市名は 名古屋 売上は 60
都市名は 大阪 売上は 22
都市名は 京都 売上は 50
```

2つのリストの要素の値が組み合わせられます

組み合わせた要素を分解することもできます

このコードでは、前のコードと同様に、zip()でリストの値を組み合わせています。このような値をアンパックすることができます。組み合わせた要素がアンパックされていることを、実行結果で確認してみてください。

このように、zip()とアンパックを同時に行うことで、2つのリストの値を同時に扱うfor文をかんたんに記述できるようになっています。

アンパックして代入する

なお、アンパックは変数への代入などの際にも行うことができます。次の指定を行うと、リスト中の各要素の値が、変数1、変数2・・・に代入されます。

アンパック（代入）

```
変数1, 変数2,・・・ = リスト名
```

たとえば、次のようにリストの要素を変数にアンパックすることができます。

```
data = [1,2,3]
d1, d2, d3 = data
```

リストの要素を、変数にアンパックできます

変数d1には「1」、変数d2には「2」、変数d3には「3」が代入されます。アンパックはさまざまな場面で行われますのでおぼえておきましょう。

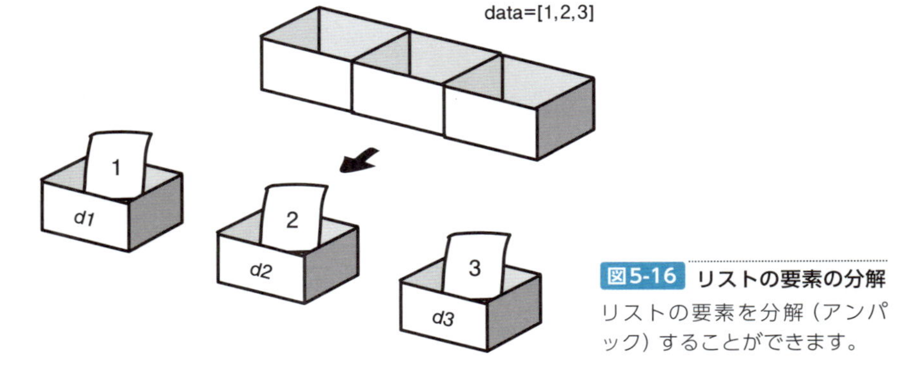

図5-16 リストの要素の分解
リストの要素を分解（アンパック）することができます。

アンパックの活用

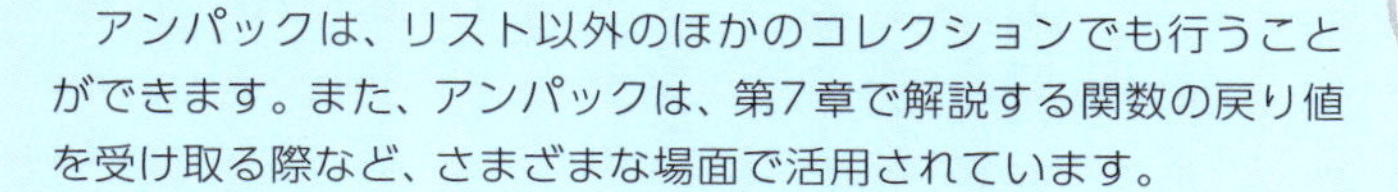

アンパックは、リスト以外のほかのコレクションでも行うことができます。また、アンパックは、第7章で解説する関数の戻り値を受け取る際など、さまざまな場面で活用されています。

リストから新しいリストを得る

それではこの節の最後に、リストを操作して新しいリストを取得する、特殊な表記を紹介しておきましょう。

次の記述をみてください。

構文 リスト内包表記

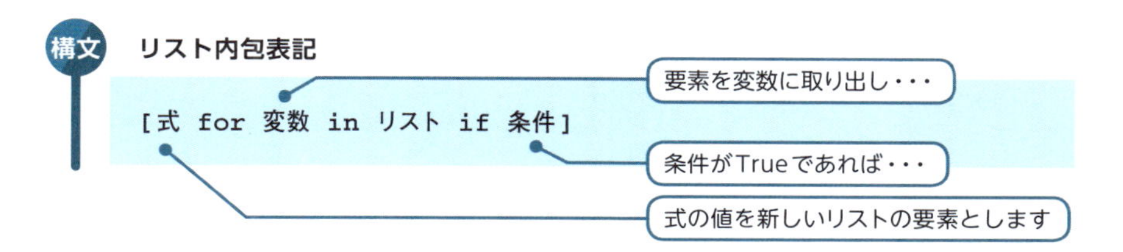

これは、リスト内の要素を変数に取り出し、条件がTrueであれば、式の結果をリストの値とする新しいリストを作成しています。この方法を**リスト内包表記**（**コンプリヘンション**：comprehension）といいます。実際にコンプリヘンションを使ってみましょう。

Sample14.py ▶ リスト内包表記

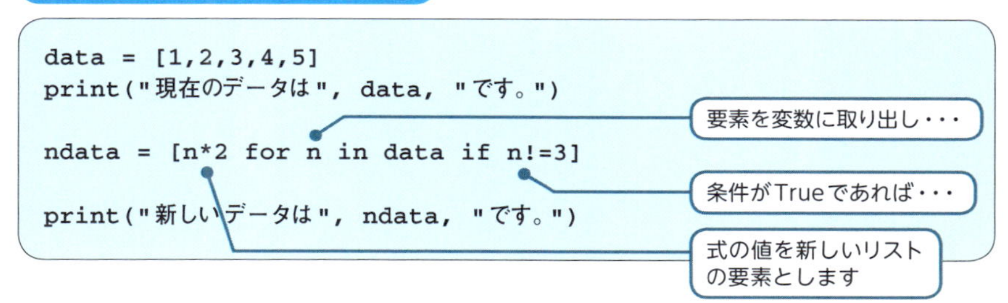


```
data = [1,2,3,4,5]
print("現在のデータは", data, "です。")

ndata = [n*2 for n in data if n!=3]

print("新しいデータは", ndata, "です。")
```

Sample14の実行画面

```
現在のデータは [1, 2, 3, 4, 5] です。
新しいデータは [2, 4, 8, 10] です。
```

コンプリヘンションによるリストです

ここでは、リストの要素を変数nに取り出し、そのnの値が「3」でなければ、nを2倍した値を新しいリストの要素として作成しています。このため、実行結果の新しいデータのリストが作成されるのです。

こうした表記は、もとのリストからかんたんな処理で新しいリストを作成しようとする際などに用いることができます。

そのほかのコンプリヘンション

コンプリヘンションは、ほかのコレクションなどでも使われています。同様の方法で、次の第6章で学ぶディクショナリ・セットの作成などができるようになっています。第6章を学んだうえで、次の表をふりかえってみるとよいでしょう。

表5-1：各種のコンプリヘンション

コレクション	内包表記
リスト	[式 for 変数 in リスト if 条件]
タプル	—
ディクショナリ	{式:式 for 変数 in リスト if 条件}
セット	{式 for 変数 in リスト if 条件}
ジェネレータ	(式 for 変数 in リスト if 条件)

5.7 リストの集計と並べ替え

リストを集計する

ここまで、さまざまな方法でリストを扱うことができました。こうして扱ってきたリストのデータについて、集計や並べ替えを行うことができます。この処理は、次の組み込み関数で行われます。

表5-2：集計と並べ替え

組み込み関数	内容
max(リスト名)	最大値を求める
min(リスト名)	最小値を求める
sum(リスト名)	合計値を求める
sorted(リスト名)	ソートする（並べ替え）

集計と並べ替えについて、実際に確認してみましょう。

Sample15.py ▶ リストの集計

```
sale = [80, 60, 22, 50, 75]
print("現在のデータは", sale, "です。")

print("最大のデータは", max(sale), "です。")
print("最小のデータは", min(sale), "です。")

print("データの合計は", sum(sale), "です。")

print("ソートされたデータは", sorted(sale), "です。")
```

リストの集計を行います

リストの並べ替えを行います

Sample15の実行画面

```
現在のデータは [80, 60, 22, 50, 75] です。
最大のデータは 80 です。
最小のデータは 22 です。
データの合計は 287 です。
ソートされたデータは [22, 50, 60, 75, 80] です。
```

max()で最大値を、min()で最小値を、sum()で合計値を求めることができます。結果を確認してみてください。なお、リストの要素の型（値の種類）によっては、集計値を求めることができない場合もあります。

リストを並べ替える

ソートを行うsorted()では、リストの各要素について、小さい順（昇順）に並べ替えた値を取得することができます。ただしこの方法は、もとのリスト自体を並べ替えるわけではないので注意してください。

また、( )内にカンマで区切って「reverse=True」という指定を追加すると、値が大きい順（降順）にソートされます。Sampe15を降順にする場合は、次のようになるのでおぼえておくと便利でしょう。

Sample15.py ▶ リストの集計（reverse=Trueで降順とした場合）

```
...
print("ソートされたデータは", sorted(sale, reverse=True), "です。")
```

降順に並べ替えます

Sample15の実行画面（降順にした場合）

```
...
ソートされたデータは [80, 75, 60, 50, 22] です。
```

なお、リストをソートするには、リストのメソッドであるsort()を使うこともできます。ただし、メソッドを使う方法では、もとのリスト自体が並べ替えられます。

　メソッドを使う方法でも、降順にソートする場合は「reverse=True」と指定します。

　なお、sorted()関数とsort()メソッドのどちらのソート方法でも、reverse項目を指定しない場合は、「reverse=False」(昇順) を指定したことになります。

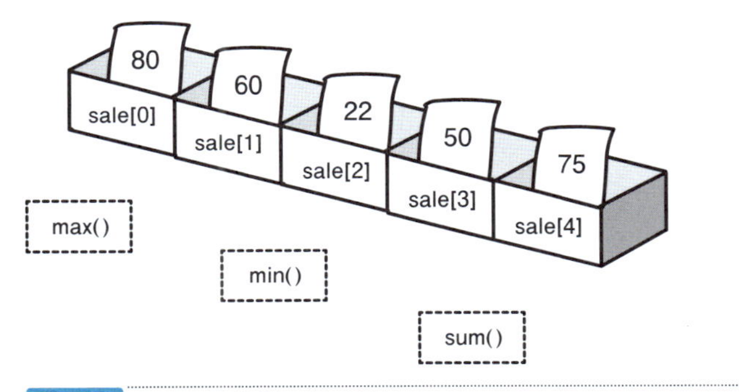

図5-17 リストの集計と並べ替え
リストの集計と並べ替えを行うことができます。並べ替えの結果には注意をする必要があります。

5.8 多次元のリスト

多次元のリストのしくみを知る

最後のこの節では、もう１つリストの応用法を学びましょう。リストの要素をさらにリストにすることで、2次元以上に要素が並んだ多次元のリストとして指定することもできます。

```
data = [
    ["東京", 32,25],
    ["名古屋", 28,21],
    ["大阪", 27,20],
    ["京都", 26,19],
    ["福岡", 27,22]
]
```

外側のリストの要素として・・・

内側のリストがあります

たとえば、「東京の最高気温32度・最低気温25度」「名古屋の最高気温28度・最低気温21度」・・・というリストからなる各都市データを、さらにリストの各要素にして扱うことができるのです。

実際に多次元のリストを利用してみましょう。

Sample16.py ▶ 多次元のリスト

```
data = [
    ["東京", 32, 25],
    ["名古屋", 28, 21],
    ["大阪", 27, 20],
    ["京都", 26, 19],
    ["福岡", 27, 22]
]

print("現在のデータは", data, "です。")
```

❶外側のリストのなかに・・・

❷内側の各リストを作成します

```
for dat in data:
    print("都市別データは", dat, "です。")
    for d in dat:
        print(d, end="¥t")
    print()

print(data[0][0], "の最高気温は", data[0][1], "最低気温は",
data[0][2], "です。")
```

❸外側のリストの要素に1つずつアクセスします

❹内側のリストの要素に1つずつアクセスします

❺各要素に直接アクセスすることもできます

Lesson 5

Sample16の実行画面

```
現在のデータは [['東京', 32, 25], ['名古屋', 28, 21], ['大阪', 27,
20], ['京都', 26, 19], ['福岡', 27, 22]] です。
都市別データは ['東京', 32, 25] です。
東京	32	25
都市別データは ['名古屋', 28, 21] です。
名古屋	28	21
都市別データは ['大阪', 27, 20] です。
大阪	27	20
都市別データは ['京都', 26, 19] です。
京都	26	19
都市別データは ['福岡', 27, 22] です。
福岡	27	22
東京 の最高気温は 32 最低気温は 25 です。
```

まず、外側のリスト（❶）のなかに内側のリスト（❷）を作成し、多次元のリストとして用意しています。

このリストは、繰り返し文を入れ子にすることでアクセスすることができます。外側のfor文では、外側のリストの要素にアクセスして、都市ごとのデータを表示しています（❸）。内側のfor文では、さらに各都市のデータをあらわす内側のリストの要素にアクセスしてデータを表示しています（❹）。

また、多次元のリストは直接アクセスすることもできます（❺）。ここでは、東京のデータを「[0][●]」としてアクセスしています。各都市の都市名データは[■][0]、最高気温データは[■][1]、最低気温データは[■][2]となります。

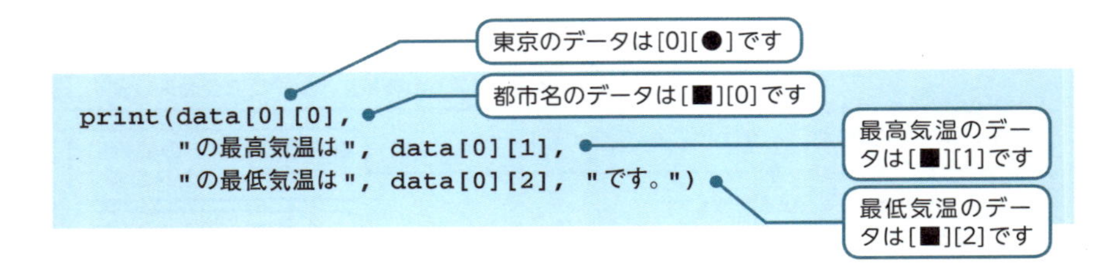

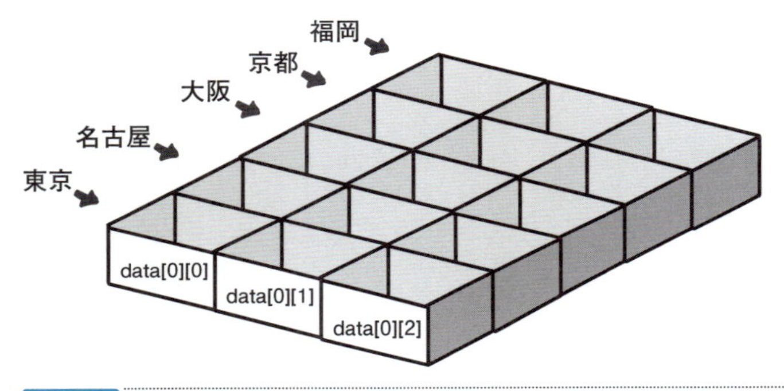

図5-18 多次元のリスト
多次元のリストを作成することができます。

リストのなかの要素

ここでは、リストのなかの要素をさらにリストとすることで、多次元のリストとしました。ただし、リストのなかの要素をほかのコレクションにすることもできます。たとえば、このサンプルでは、リストのなかの要素をタプルとすることでも、同様のデータ処理ができるようになっています。

5.9 レッスンのまとめ

この章では、次のようなことを学びました。

- Pythonには、複数のデータをまとめて扱うためのコレクションが複数用意されています。
- リストは、複数のデータを扱うためのコレクションの１つです。
- リストは、インデックスを指定して要素を特定できます。
- リストの要素は、変更・追加・挿入・削除ができます。
- スライスによって、リスト中の複数の要素を特定できます。
- zip()で、リストの要素の値どうしを組み合わせます。
- enumerate()で、リストの要素とインデックスを組み合わせます。
- リストの要素をアンパックすることができます。
- リストの集計・並べ替えを行うことができます。
- 多次元のリストを作成することができます。

リストには、さまざまな機能があります。データを扱うためには、リストなどのコレクションを使いこなすことが欠かせません。さまざまな操作を体験してみてください。

次の章では、リストと同様に複数のデータをまとめるコレクションをさらに学んでいきます。

練習

1. テストの点数について、最高点・最低点・平均点を計算してください。なお、平均点は「合計点 ÷ 人数」で計算してください。

```
テストの点は [74, 85, 69, 77, 81] です。
最高点は 85 です。
最低点は 69 です。
平均点は 77.2 です。
```

2. テストの点数について、昇順と降順で表示してください。

```
テストの点は [74, 85, 69, 77, 81] です。
昇順は [69, 74, 77, 81, 85] です。
降順は [85, 81, 77, 74, 69] です。
```

3. リスト内包表記を使って、80点以上のリストを作成してください。

```
テストの点は [74, 85, 69, 77, 81] です。
80点以上は [85, 81] です。
80点以上の人数は 2 人です。
```

4. 3つのリストとzip()を使って、次のように表示してください。

```
都市名データは ['東京', '名古屋', '大阪', '京都', '福岡'] です。
最高気温データは [32, 28, 27, 26, 27] です。
最低気温データは [25, 21, 20, 19, 22] です。
東京 の最高気温は 32 最低気温は 25 です。
名古屋 の最高気温は 28 最低気温は 21 です。
大阪 の最高気温は 27 最低気温は 20 です。
京都 の最高気温は 26 最低気温は 19 です。
福岡 の最高気温は 27 最低気温は 22 です。
```

コレクション

前章ではコレクションの1つであるリストについて学びました。Pythonには、ほかにも複数の値をまとめて扱うコレクションが用意されています。コレクションを使うと、データの特徴を生かし、大量のデータをより強力に扱えるようになります。この章では、さまざまなコレクションについて学んでいくことにしましょう。

Check Point!

- タプル
- ディクショナリ
- キー
- セット
- 集合演算

6.1 タプル

タプルのしくみを知る

第5章ではリストについて学びました。リストを使えば、多くのデータをまとめて扱うことができます。

さてPythonには、リストのほかにも、データを利用するためのさまざまなコレクションが用意されています。この節では最初に、

タプル (tuple)

について学びましょう。

タプルもリストと同様に、複数のデータを扱うシーケンスです。ただし、タプルの要素は変更することができません。このためタプルは、変更されたくないデータを管理するために使うと便利なコレクションとなっています。

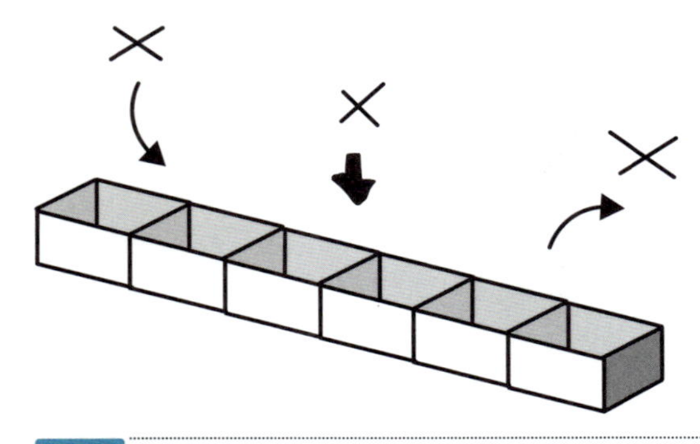

図6-1 **タプル**

タプルは変更不可能なシーケンスとなっています。

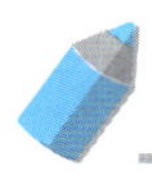

タプルを作成する

タプルは次のように、( )内に値を指定して作成します。カッコのかたちがリストとは異なるので気をつけてください。

タプルの作成

```
タプル名 = (値1, 値2, ･･･)
```

タプルを作成します

たとえば、次のようにしてタプルを作成します。

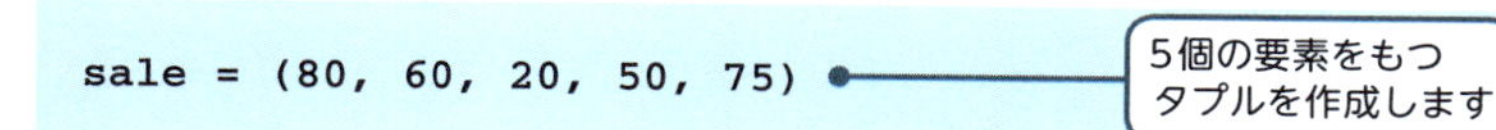

値を指定せずに、空のタプルを作成することもできるようになっています。

```
タプル名 = ()
```

空のタプルを作成します

なお、タプルの要素が1つだけである場合は、ほかの( )を使った表記と区別するため、最後に「,」(カンマ) をつけることになっています。

```
タプル名 = (値,)
```

カンマをつけて、要素が1つのタプルを作成します

タプルのほかの作成方法

カッコを指定しないで「,」(カンマ)で区切った値の並びも、タプルとなります。次のtは、タプル(1, 2, 3)となります。

```
t = 1, 2, 3
```

3個の要素をもつタプルを作成します

また、タプルは次のようにコンストラクタtuple()を使用して、リストなどから作成することができます。つまり、次のように作成することができます。

```
タプル名 = tuple([値, 値・・・])
```

タプルを作成します

( )内を省略すると、空のタプルを作成することもできます。

```
タプル名 = tuple()
```

タプルの値を取得する

さて、タプルの各要素の値を取得する際には、リストと同様に、インデックスを[ ]のなかに指定します。

構文 **タプルの値の取得**

```
タプル名[インデックス]
```

つまり、値を取得するためには、リストと同じように記述することになります。たとえば、次のように指定することができるのです。

```
sale[i]
```

i番目の要素をあらわします

ただし、タプルはリストと異なり、いったん作成した要素を変更することができません。値の変更・追加・挿入・削除ができないものとなっています。

つまり、次のように値を変更をすることはできないので注意してください。

```
print(i, "番のデータ" , sale[i], "を変更します。")
#sale[i] = num
```

データを取得することはできますが・・・

このようにデータを変更することはできません

タプルの要素は変更できない。

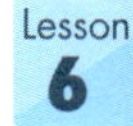

変更不可能なタプル

タプルは変更不可能なシーケンスとなっています。変更・追加・削除の方法はありません。ただし、そのほかの操作方法はリストと同様に行うことができます。たとえば、「for文で繰り返し値を取り出す」「連結（+演算子のみ）」「スライス（取得のみ）」「zip()」「enumerate()」「アンパック」などを行うことができます。

また、組み込み関数で、逆順・ソートした値を取得することはできますが、逆順・ソートしてタプル自体を変更するメソッドはありません。第5章のリストを復習しながら、比較してみてください。

なお、一般的に、タプルは異なる型の値をまとめて扱う際に使われることが多くなっています。このため、インデックスを使って各要素に個別にアクセスしたり、アンパックを行って個別に値を取得することが多くなっています。

一方、リストは同じ型の値をまとめて扱う際に使われることが多くなっています。このため、for文やスライスを使い、まとめて複数の要素にアクセスすることが多くなっています。

6.2 ディクショナリの基本

ディクショナリのしくみを知る

Pythonでは、リスト・タプルのほかにも、大量のデータを扱うためのしくみが用意されています。

今度は、

ディクショナリ（辞書：dictionary）

と呼ばれるしくみについてみていきましょう。ディクショナリもリストやタプルと同様に、大量のデータを扱うしくみです。ただし、ディクショナリでは、数値であるインデックスのかわりに、キー（key）と呼ばれるわかりやすい値を使って、データを格納することになります。

キーの値は、わかりやすいものを自分で決めることができます。たとえば、「東京」「大阪」・・・というキーを指定して、そのキーに関連づけられるデータを格納できるのです。東京支店や大阪支店の売上データをわかりやすく扱うことができるでしょう。

図6-2 キーと値

ディクショナリでは、キーと値の組み合わせを格納します。

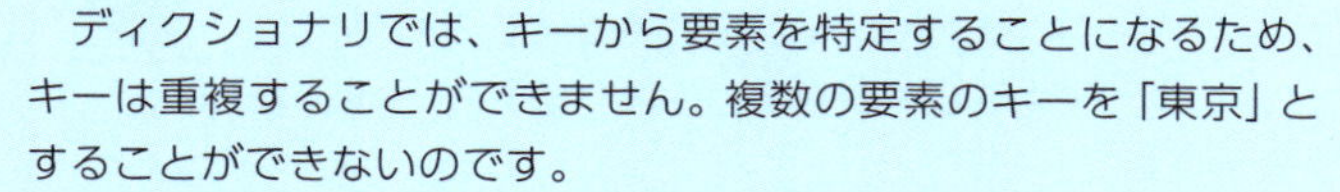

ディクショナリでは、キーから要素を特定することになるため、キーは重複することができません。複数の要素のキーを「東京」とすることができないのです。

また、タプルのような変更不可能な値をキーとすることはできますが、リストのような変更可能な値をキーとすることはできません。

さらに、キーには順序がつけられないため、ディクショナリ内の要素は、リストやタプルと異なり、特定の順序をもっていません。

リストにおけるインデックスとの違いをおさえながら学んでいきましょう。

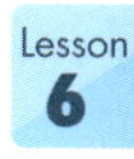

ディクショナリを扱う

それではさっそくディクショナリを扱っていきましょう。ディクショナリでは、次のようにキーと値を指定して格納します。{ }内に、「キー：値」という項目を「,」（カンマ）で区切って指定します。カッコのかたちにも気をつけてください。

ディクショナリの作成

```
ディクショナリ名 = {キー:値, キー:値,・・・}
```

キーと値の組み合わせを指定します

たとえば、次のように作成するわけです。

```
sale = {"東京":80, "名古屋":60, "京都":22, "大阪":50, "福岡":75}
```

ディクショナリを作成します

中身が空のディクショナリを作成することもできます。

```
sale = {}
```

空のディクショナリを作成します

ディクショナリは、コンストラクタdict()で作成することもできます。このとき、次のようにキーワード指定と呼ばれる「キー＝値」というかたちで要素を指定します。

```
ディクショナリ名 = dict(キー1=値1, キー2=値2,・・・)
```

ディクショナリを作成します

また、タプルやほかのディクショナリのかたちでも指定することが可能です。

```
ディクショナリ名 = dict(((キー1,値1), (キー2,値2),・・・))
ディクショナリ名 = dict({キー1:値1, キー2:値2,・・・})
```

タプルでディクショナリを作成します

ディクショナリでディクショナリを作成します

なお、キーと値を省略すると、空のディクショナリとなります。

```
ディクショナリ名 = dict()
```

空のディクショナリを作成します

ディクショナリの要素の値を取得する

ディクショナリを作成すると、指定したキーの値を取り出すことができます。取り出し方は、リストやタプルと同じように[ ]を使います。ただし、ディクショナリでは、インデックスのかわりにキーを指定します。

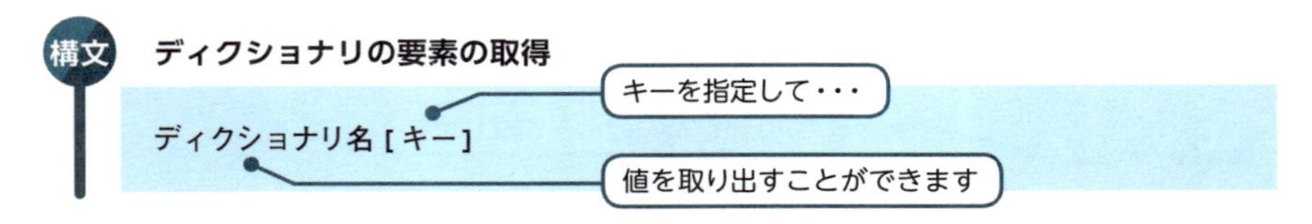

それでは、ディクショナリの基本を確認しておきましょう。

Sample1.py ▶ ディクショナリを作成・表示する

```
sale = {"東京":80, "名古屋":60, "京都":22, "大阪":50, "福岡":75}
print("現在のデータは", sale, "です。")

k = input("どの支店のデータを表示しますか？")
print(k, "のデータは", sale[k], "です。")
```

❶ディクショナリを作成します

キーを指定して・・・

❷値を取り出して表示することができます

Sample1の実行画面

```
現在のデータは{'東京':80, '名古屋':60, '京都':22, '大阪':50,
'福岡':75}です。
どの支店のデータを表示しますか？東京 ↵
東京 のデータは 80 です。
```

まず、キーと値の組み合わせを指定してディクショナリを作成しました（❶）。実行して表示すると、都市名をあらわすキーと、そのキーに関連づけられたデータが格納されていることがわかります。

次に、キーを指定して、そのキーのデータを表示しています（❷）。

ディクショナリでは、こうした意味のあるキーを使うことで、わかりやすくデータを取り出せるようになっているのです。

ディクショナリはキーと値の組み合わせを格納する。

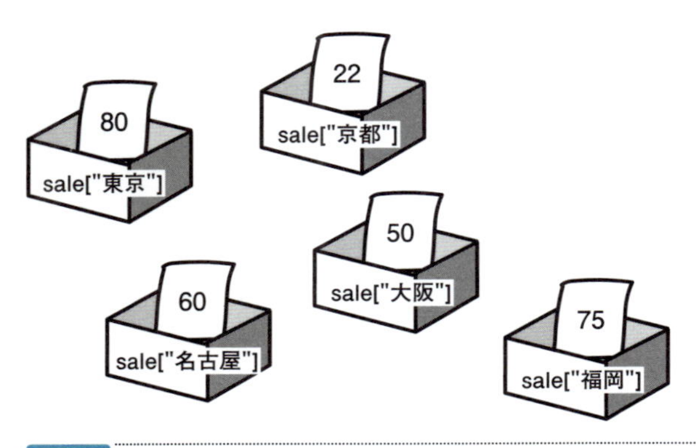

図6-3 ディクショナリ
ディクショナリではキーと値の組み合わせを格納します。

 キーがみつからない場合は？

ところで、キーを指定して値を取り出そうとするときに、もし指定したキーが存在しなかった場合はどうなるのでしょうか？ このようなコードを作成・実行しようとすると、エラーが表示されることになります。

そこで、指定したキーがディクショナリに存在するかどうかを、あらかじめin演算子を使って調べることができます。in演算子は、キーが存在すればTrueを返しますが、みつからなかった場合にはFalseを返します。

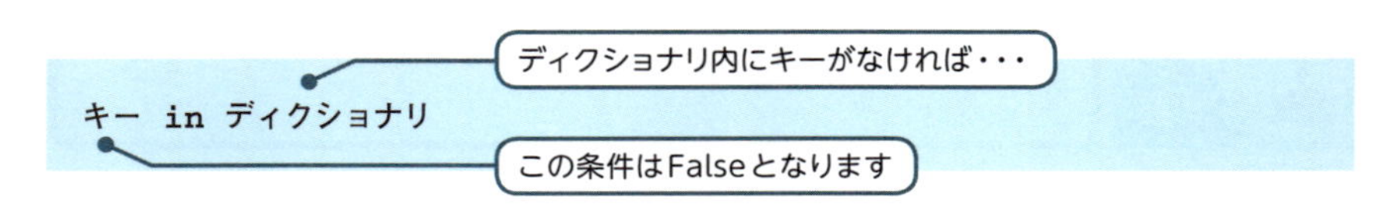

そこで、この条件を使った条件判断文によって、キーがみつからなかったときの処理を記述できます。これでエラーが起こることを避けることができます。

実際にコードを作成してみましょう。

Sample2.py ▶ ディクショナリを作成・表示する

```
sale = {"東京":80, "名古屋":60, "京都":22, "大阪":50, "福岡":75}
print("現在のデータは", sale, "です。")

k = input("どのキーのデータを表示しますか？")
if k in sale:
    print(k, "のデータは", sale[k], "です。")
else:
    print(k, "のデータはみつかりませんでした。")
```

❶ディクショナリにキーがあれば・・・

指定されたキーのデータを表示します

❷ディクショナリにキーがなければ・・・

みつからなかったことを表示します

Sample2の実行画面

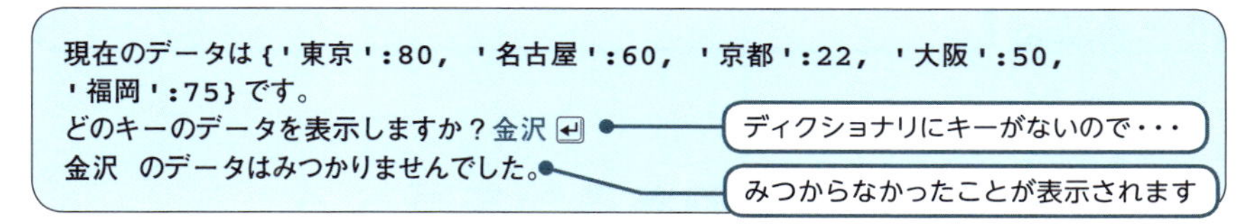

ここでは、ディクショナリにキーがあるとき（❶）と、キーがないとき（❷）の2つの場合に分けて処理をしています。

この実行画面では、存在しないキー「金沢」を入力しているので、「データはみつかりませんでした。」と表示されているのです。

in演算子・not in演算子

なお、in演算子は、リストやタプルなどのシーケンスに使うこともできます。この場合は、指定した値がリスト・タプル内に存在する場合にTrueとなるようになっています。リストやタプルにデータが存在するかを調べることができますから、ディクショナリに使う場合と同様の状況で使うことができるでしょう。

```
data = [1,2,3,4,5]
if 1 in data:
    ...
```

リストやタプルに値が存在するかを調べることができます

いずれの場合にも、in演算子のかわりにnot in演算子を使うと、逆の目的で使うことができます。not in演算子によって、リストの値やディクショナリのキーが存在しないかを調べることができるのです。どちらも使えるようになると便利でしょう。

```
if 1 not in data:
    ...
```
存在しないかを調べることができます

in・not in演算子で値が存在するかを調べることができる。

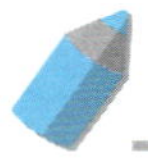

データが0や空であるかを調べる

また、コレクションにおいて、0や空の値があるかどうかを調べたい場合には、any()・all()という組み込み関数を使用すると便利です。

any()では、指定したイテラブルの値に少なくとも1つのTrueがあれば、Trueの値を取得します。また、all()では、すべての値がTrueであるときに、Trueの値を取得します。

第4章で紹介したように、Pythonでは0や空の値をFalseと扱い、それ以外をTrueとして扱います。このため、any()・all()を使用して、0や空の値でないかを調べる条件をつくることができます。つまり、any()を使えば、0や空の値でないものが1つでもあるかどうかを調べることができます。all()を使えば、0や空の値が1つもないかどうかを調べることができるのです。

```
data = [0,1,2,3,4,5]
if any(data):
    ...
if all(data):
    ...
```
0や空の値でないものが1つでもあればTrueとなります

0や空の値が1つもなければTrueとなります

6.3 ディクショナリの操作

ディクショナリを操作する

ディクショナリの基本的な使い方を理解できたでしょうか。さて、ディクショナリでもリストのときと同様に、各要素にさまざまな操作を行うことができます。

ディクショナリの変更と追加は、どちらも同じ方法で行えます。[ ]内にキーを指定し、値を代入するのです。

ただし、ディクショナリの値を変更するには、ディクショナリ内にすでに存在するキーを指定する必要があります。また、ディクショナリに新しい値を追加するには、ディクショナリ内にはまだ存在しないキーを指定します。

つまり、次のようにして要素の変更と追加を行うことができるのです。

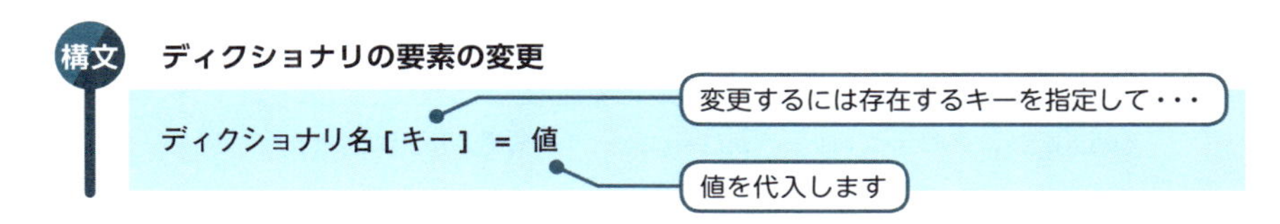

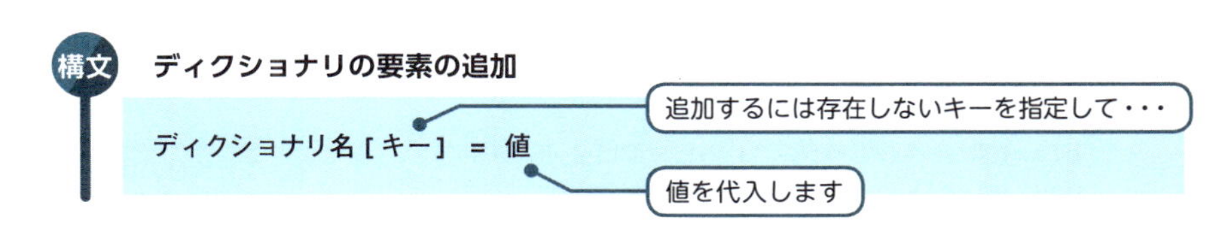

なお、ディクショナリは、リストと違って各要素の並び順には意味がありません。このため、位置を指定してデータを挿入する操作を行うことはできないので注意してください。

また、ディクショナリの要素を削除するときは、リストのときと同様にdel文を使うことができます。

ディクショナリの要素の削除

```
del ディクショナリ名[キー]
```

指定したキーの要素を削除します

ディクショナリの操作をまとめて確認してみましょう。

Sample3.py ▶ ディクショナリを操作する

```
sale = {"東京":80, "名古屋":60, "京都":22, "大阪":50, "福岡":75}
print("現在のデータは", sale, "です。")

k = input("追加するキーを入力してください。")
if k in sale:
    print(k, "のデータはすでに存在しています。")
else:
    d = int(input("追加するデータを入力してください。"))
    sale[k] = d
    print(k, "のデータとして", sale[k], "を追加しました。")
print("現在のデータは", sale, "です。")

k = input("どのキーのデータを変更しますか？")
if k in sale:
    print(k, "のデータは", sale[k], "です。")
    d = int(input("データを入力してください。"))
    sale[k] = d
    print(k, "のデータは", sale[k], "に変更されました。")
else:
    print(k, "のデータはみつかりませんでした。")
print("現在のデータは", sale, "です。")

k = input("どのキーのデータを削除しますか？")
if k in sale:
    print(k, "のデータは", sale[k], "です。")
    del sale[k]
    print("データを削除しました。")
else:
    print(k, "のデータはみつかりませんでした。")
print("現在のデータは", sale, "です。")
```

ディクショナリの要素を追加する処理です

ディクショナリの要素を変更する処理です

ディクショナリの要素を削除する処理です

Sample3の実行画面

```
現在のデータは{'東京':80, '名古屋':60, '京都':22, '大阪':50,
'福岡':75}です。
追加するキーを入力してください。横浜 ↵
追加するデータを入力してください。36 ↵
横浜 のデータとして 36 を追加しました。
現在のデータは{'東京':80, '名古屋':60, '京都':22, '大阪':50,
'福岡':75, '横浜':36}です。
どのキーのデータを変更しますか？福岡 ↵
福岡 のデータは 75 です。
データを入力してください。62 ↵
福岡 のデータは 62 に変更されました。
現在のデータは{'東京':80, '名古屋':60, '京都':22, '大阪':50,
'福岡':62, '横浜':36}です。
どのキーのデータを削除しますか？京都 ↵
京都 のデータは 22 です。
データを削除しました。
現在のデータは{'東京':80, '名古屋':60, '大阪':50, '福岡':62,
'横浜':36}です。
```

追加が行われます

変更が行われます

削除が行われます

Lesson 6

データの変更・追加・削除を行うことができました。ディクショナリに対して、さまざまな値を入力して確認してみてください。

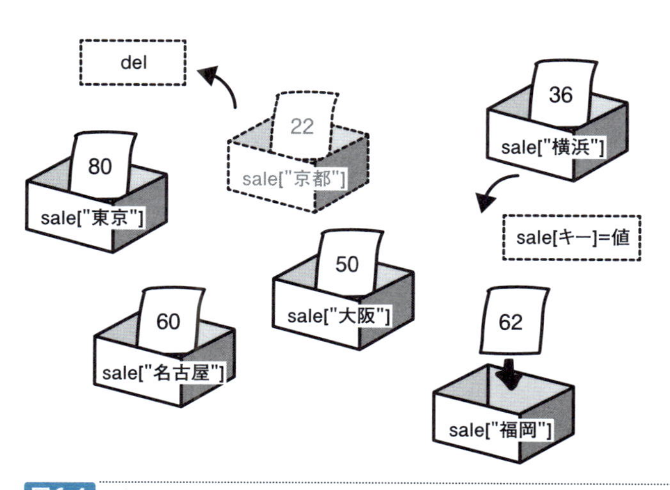

図6-4 ディクショナリの操作

ディクショナリにさまざまな操作を行うことができます。

6.4 ディクショナリの高度な操作

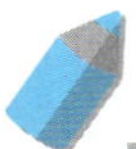

ディクショナリに関する情報を知る

この節では、ディクショナリに特有の操作について紹介していきます。

まず、ディクショナリの情報を取得する機能についてみていくことにしましょう。ディクショナリのメソッドを使って、ディクショナリのキーや値を取得できます。

- ディクショナリ名.keys() ………… キーを1つずつ返すしくみを取得する
- ディクショナリ名.values() ……… 値を1つずつ返すしくみを取得する
- ディクショナリ名.items() ………. (キー，値)となるタプルを1つずつ返すしくみを取得する

ここで値を1つずつ返すしくみは**ビュー**（view）と呼ばれ、イテレータと同様の機能をもっています。

実際に値を確認してみましょう。

Sample4.py ▶ ディクショナリの情報を知る

```
sale = {"東京":80, "名古屋":60, "京都":22, "大阪":50, "福岡":75}
print("現在のデータは", sale, "です。")

print("キーを表示します。")
for k in sale.keys():          ❶キーを1つずつ取得します
    print(k, end="¥t")
print()

print("値を表示します。")
for v in sale.values():        ❷値を1つずつ取得します
    print(v, end="¥t")
print()

print("キーと値を表示します。")
```

```
for i in sale.items():
    print(i, end="")
print()
```

❸キーと値の組を1つずつ取得します

Sample4の実行画面

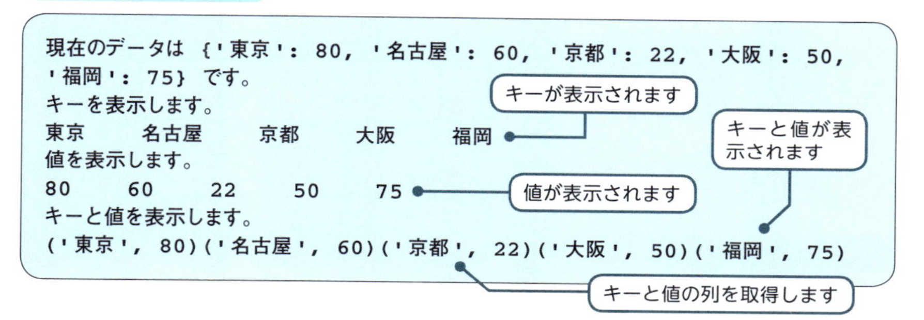

キー（❶）、値（❷）、キー・値の組（❸）を表示することができました。

ディクショナリを更新する

次に、ディクショナリに、ほかのディクショナリからまとめてデータを追加する方法を紹介しましょう。

ディクショナリは、リストのように、ほかのディクショナリと+演算子を使った連結を行うことはできません。しかし、update()メソッドを使って、ほかのディクショナリの要素をまとめて追加更新することができるようになっています。

構文 ディクショナリの更新

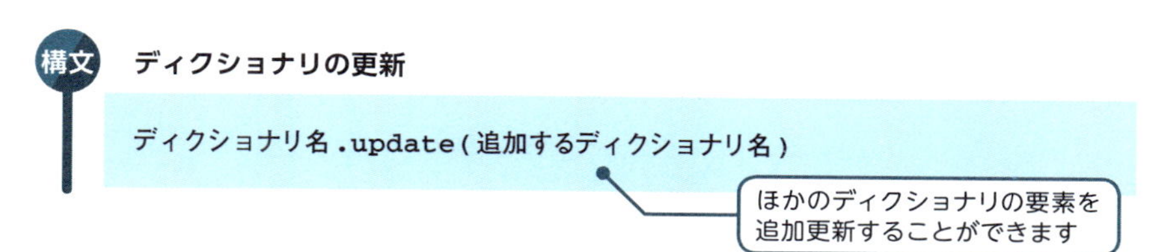

実際に追加更新してみることにしましょう。

Sample5.py ▶ ディクショナリを更新する

```
sale1 = {"東京":80, "名古屋":60, "京都":22}
sale2 = {"京都":100, "大阪":50, "福岡":75}

print("1のデータは", sale1, "です。")
print("2のデータは", sale2, "です。")

print("1を2で更新します。")

sale1.update(sale2)

print("1のデータは", sale1, "です。")
```

ほかのディクショナリの要素を追加更新することができます

Sample5の実行画面

```
1のデータは {'東京': 80, '名古屋': 60, '京都': 22} です。
2のデータは {'京都': 100, '大阪': 50, '福岡': 75} です。
1を2で更新します。
1のデータは {'東京': 80, '名古屋': 60, '京都': 100, '大阪': 50,
'福岡': 75} です。
```

重複したキーは上書きされます

要素が追加更新されています

1つ目のディクショナリに、2つ目のディクショナリを追加更新しています。ディクショナリのキーは重複することができません。このため、ディクショナリに同じキーが存在する場合は、追加するディクショナリのデータで上書きされます。ここでも、データのうち、「京都」の値が「22」から「100」に上書きされています。

ディクショナリのそのほかの機能

ディクショナリの要素数は、リストと同様に「len()で長さを調べる」ことができます。また、「for文で繰り返す」ことができます。

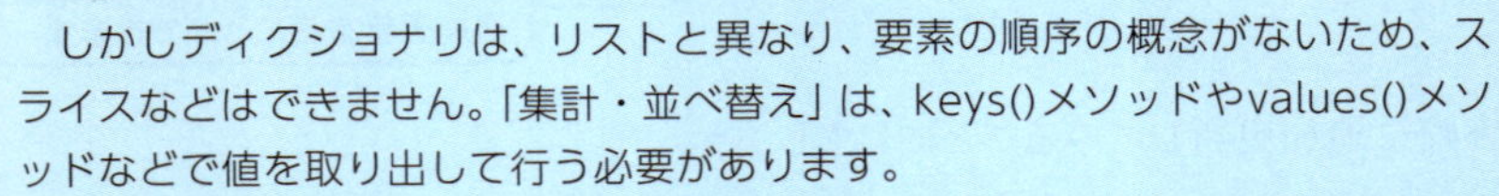

しかしディクショナリは、リストと異なり、要素の順序の概念がないため、スライスなどはできません。「集計・並べ替え」は、keys()メソッドやvalues()メソッドなどで値を取り出して行う必要があります。

なお、組み合わせられる要素の順序は決まっていませんが、zip()やenumerate()が使えるようになっています。

6.5 セット

セットを作成する

この章で扱う最後のコレクションとして、

セット（集合：set）

について学びましょう。セットは並び順のないデータの集合をあらわすものです。セットは次のように作成します。

セットの作成

```
セット名 = {値, 値, ・・・}
```

セットを作成します

セットは{ }を使って値を指定することに注意してください。たとえば、次のようにして作成します。

```
city = {"東京", "名古屋", "京都", "大阪", "福岡"}
```

セットを作成します

セットの値を重複させることはできません。セットの要素に順序はありません。

セットのほかの作成方法

コンストラクタset()を使って、セットをリストなどから作成することもできます。つまり、セットは次の指定でも作成できます。

```
セット名 = set([値, 値･･･])
```
セットを作成します

なお、空のセットは必ずコンストラクタであるset()で作成しなければなりません。{}だけで指定すると空のディクショナリとなってしまうからです。

```
セット名 = set()
```
コンストラクタで空のセットを作成します

また、セットは変更可能ですが、変更不可能なセット（フローズンセット）をfrozenset()というコンストラクタで作成することができます。

セットを操作する

セットの要素は操作することができます。セットの操作は、次のメソッドを使って行います。

セットの要素の追加はadd()、削除はremove()で行います。

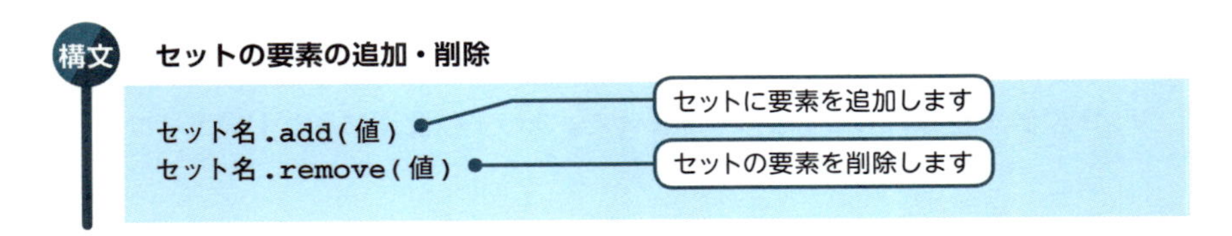

セットの要素の値の変更は、意味がないので行いません。また、値が重複する場合は追加されません。セットの値の追加と削除を確認しておきましょう。

Sample6.py ▶ セットを操作する

```
city = {"東京", "名古屋", "京都", "大阪", "福岡"}
print("現在のデータは", city, "です。")

d = input("追加するデータを入力してください。")
if d in city:
    print(d, "はすでに存在しています。")
else:
    city.add(d)
    print(d, "を追加しました。")
print("現在のデータは", city, "です。")

d = input("削除するデータを入力してください。")
if d in city:
    city.remove(d)
    print(d, "を削除しました。")
else:
    print(d, "はみつかりませんでした。")
print("現在のデータは", city, "です。")
```

セットを作成します

セットの要素を追加する処理です

セットの要素を削除する処理です

Sample6の実行画面

```
現在のデータは{'京都', '大阪', '福岡', '東京', '名古屋'}です。
追加するデータを入力してください。横浜 ↵
横浜 を追加しました。
現在のデータは{'京都', '大阪', '福岡', '東京', '横浜','名古屋'}です。
削除するデータを入力してください。京都 ↵
京都 を削除しました。
現在のデータは{ '大阪', '福岡', '東京', '横浜','名古屋'}です。
```

セットの要素が追加されました

指定したセットの要素が削除されました

セットで集合演算を行う

さらにセットは、次の演算子やメソッドを使って、集合演算（set operation）と呼ばれる演算を行うことができます。集合演算には、表6-1にあげているものがあります。

表6-1：集合演算

演算子 / メソッド	名前		内容
| 集合.union(ほかのイテラブル)	和（union） 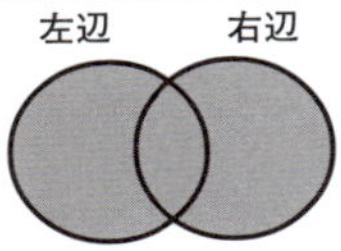	左辺　右辺	集合のすべての要素を求める
& 集合.intersection(ほかのイテラブル)	共通（intersection） 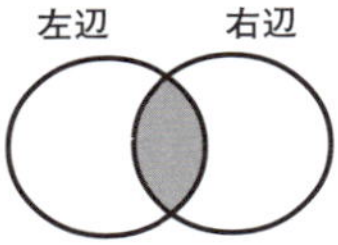	左辺　右辺	どちらの集合にも共通する要素を求める
- 集合.difference(ほかのイテラブル)	差（difference）	左辺ー右辺 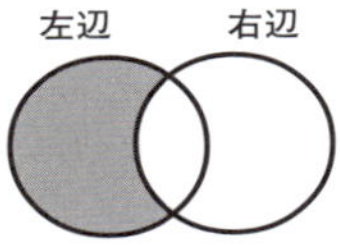 左辺　右辺 右辺ー左辺 左辺　右辺 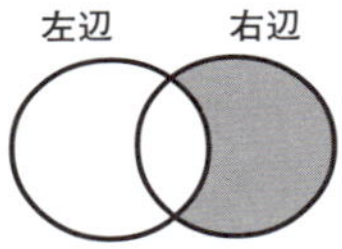	いずれかの集合にあってほかの集合にないものを求める
^ 集合.symmetric_difference(ほかのイテラブル)	対称差（symmetric difference） 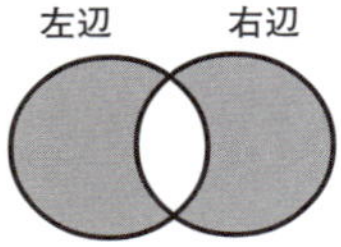	左辺　右辺	どちらか一方の集合のみにある要素をすべて求める

集合演算では、和・共通（積）・差・対称差を求めます。対称差以外は複数のセットを指定することもできます。演算子・メソッドのどちらを使っても、演算によって新しいセットが作成されます。また、演算子ではセットどうしの演算のみを行いますが、メソッドではセットだけでなくほかのイテラブルを指定して演算することもできます。

なお、演算子・メソッドのどちらも、集合演算を行ってもとのセットを変更するしくみもあります。このとき演算子では、+=のような複合的な演算子を使います。メソッドでは、union_update()などのように、「演算名_update()」という名前のメソッドを使います。

それでは、演算子を使った集合演算を行ってみましょう。

Sample7.py ▶ セットの集合演算を行う

```
cityA = {"東京", "名古屋", "京都", "大阪"}
cityB = {"京都", "大阪", "福岡"}

print("Aの都市名は", cityA, "です。")
print("Bの都市名は", cityB, "です。")

print("共通するデータは", cityA & cityB, "です。")
print("Aのみのデータは",  cityA - cityB, "です。")
print("Bのみのデータは",  cityB - cityA, "です。")
print("すべてのデータは", cityA | cityB, "です。")
```

❶共通演算を行います
❷差演算を行います
❸差演算を行います
❹和演算を行います

Sample7の実行画面

```
Aの都市名は {'名古屋', '大阪', '京都', '東京'} です。
Bの都市名は {'福岡', '大阪', '京都'} です。
共通するデータは {'大阪', '京都'} です。
Aのみのデータは {'名古屋', '東京'} です。
Bのみのデータは {'福岡'} です。
すべてのデータは {'福岡', '名古屋', '大阪', '東京', '京都'} です。
```

❶共通演算の結果です
❷差演算の結果です
❸差演算の結果です
❹和演算の結果です

セットに対する演算を行いました。「共通」ではどちらにも共通するデータの集合となります（❶）。「差」ではいずれか一方のみに存在するデータの集合となります。❷では、Aセットの要素からBセットの要素を引いています。❸では、Bセットの要素からAセットの要素を引いています。「和」ではすべてのデータの集合となります（❹）。

演算の内容をおさえて、必要な要素を取り出すことができるようになると便利です。

集合演算として和・共通・差・対称差がある。

セットのそのほかの機能

セットの要素には順序がないため、リストやタプルのようにインデックスやスライスを使うことができません。ただし、「len()で長さを調べる」「for文で繰り返し処理を行う」などの操作は行うことができます。

また、セットの要素に対しては、ディクショナリと同様に「update()メソッドで更新を行う」ことができます。要素が組み合わされる順序は決まっていませんが、zip()やenumerate()も使うことができます。

6.6 レッスンのまとめ

レッスンのしめくくりとして、この章で学んだことをまとめておきましょう。この章では、次のようなことを学びました。

- タプルの要素は変更できません。
- タプルはインデックスを指定して要素を特定します。
- ディクショナリはキーを指定して要素を特定します。
- ディクショナリのkeys()メソッドで、キーの列を取得できます。
- ディクショナリのvalues()メソッドで、値の列を取得できます。
- ディクショナリのitems()メソッドで、キーと値の組み合わせのタプルを取得できます。
- セットは集合演算を行うことができます。

タプルやディクショナリ、セットの扱い方について学びました。前章で学んだリストとともに使うと、さまざまな種類のデータを扱えるようになります。それぞれの特徴を生かし、データを自在に扱うことができるようになってみてください。

練習

1. ①～⑤のdataはa ～ dのいずれでしょうか。何度でも選んでかまいません。

```
① data = {}
② data = {"みかん"}
③ data = {"みかん": 30}
④ data = ("東京", "大阪", "名古屋")
⑤ data = [74, 85, 69, 77, 81]
```

a　リスト　　b　タプル　　c　ディクショナリ　　d　セット

2. 2行目が誤りであるのはなぜでしょうか。

①
```
data = {"key1": 30, "key2": 40}
print(data["key3"])
```

②
```
data = ("東京", "大阪", "名古屋")
data.append("福岡")
```

③
```
data = [74, 85, 69, 77, 81]
print(data[5])
```

④
```
data = {"東京", "大阪", "名古屋"}
print(data["東京"])
```

Lesson 7

関数

Pythonのさまざまな機能を学び、複雑なコードを記述できるようになってきました。プログラムが大きくなってくると、コード中の複数の場所で同じような処理を行わなければならないことがあります。本格的なプログラムを作成する場合には、一定の処理をまとめておき、あとでその処理を呼び出す機能が重要となってきます。
この章では、一定の処理をまとめる「関数」という新しい機能について学びましょう。

Check Point!

- 関数の定義
- 関数の呼び出し
- 引数
- デフォルト引数
- キーワード引数
- 戻り値
- スコープ
- グローバル変数
- ローカル変数
- 記憶寿命

7.1 関数

関数のしくみを知る

私たちは日常生活のなかで、一定のまとまった処理を何度も繰り返して行うことがあります。たとえば、毎月、自分の貯金からお金を引き出す場合について考えてみてください。このとき、預金を引き出すたびに次のような処理を行っていますね。

通帳を自動現金支払機に入れる

暗証番号を入力する

金額を指定する

お金を受け取る

お金と通帳を確認する

複雑なコードを書くようになってくると、たびたび行わなければならない一定の処理が出てくる場合があります。このような処理を、そのたびに何度も記述していくのはとても面倒な作業です。

Pythonには、

一定の処理をまとめて記述する

関数（function）という機能が用意されています。

関数を利用すると、複数の処理をひとまとめにして、いつでも呼び出して使うことができるようになります。たとえば、さきほどの預金をおろす処理であれば、一連の処理を「関数」としてまとめておくのです。この関数には、

引き出し処理

などという名前をつけることにします。そうすると、このまとめた関数を「引き出し処理」という1つの処理として、あとでかんたんに呼び出せるようになります。

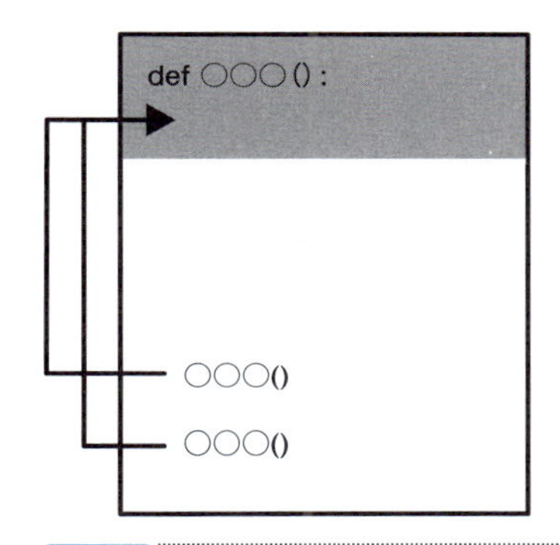

図7-1 **関数を作成する**
関数（アミ部分）を作成することによって、まとめた処理を、コードのさまざまな場所からかんたんに呼び出すことができます。

Pythonで関数を利用するためには、次の2つの手順をふむことが必要です。

1. 関数を作成する（関数を定義する）
2. 関数を利用する（関数を呼び出す）

まず最初に、「関数を定義する」作業からみていくことにしましょう。

7.2 関数の定義と呼び出し

関数を定義する

関数を使うには、まず最初に、コードのなかで一定のまとまった処理を指定しなければなりません。これが関数を作成する作業にあたります。この作業は、

関数を定義する（definition）

と呼ばれています。関数の定義は、インデントされたブロック内にまとめて記述します。

次のコードが、関数の一般的なスタイルです。

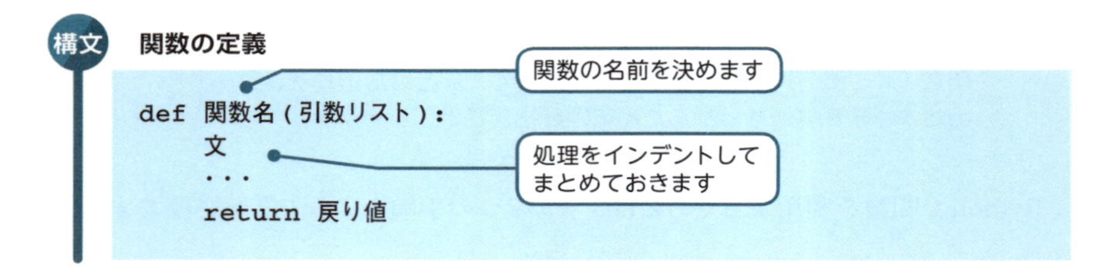

ここでは、関数の大まかなイメージだけをながめておいてください。defのあとに「関数名」を続けます。関数名とは、変数の名前と同様に識別子から自由につけた関数の名前です。

たとえば、次のようなコードが関数の定義です。これは画面に「販売が行われました。」と出力する処理を行う「sell」という名前の関数です。

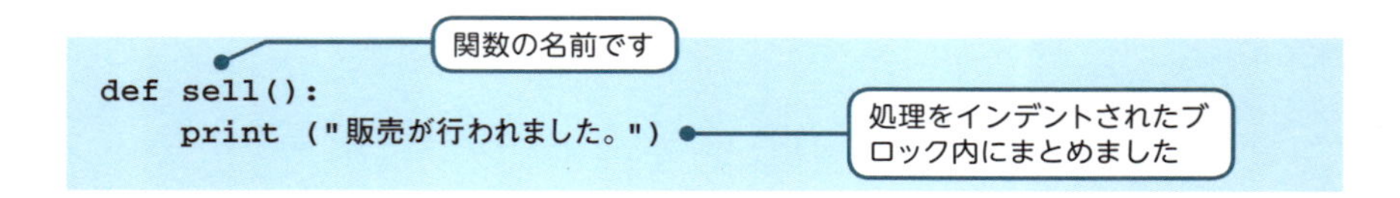

「sell」という関数名をつけて、インデントを行ったブロックとして処理を記述しています。

ここでの処理は1文のみとなっていますが、関数のブロックにはこれまでに学んできたさまざまな処理を記述することができます。インデントに気をつけて処理をまとめることになります。

一定の処理をまとめて、関数を定義することができる。

```
def sell():
    print("販売が行われました。")
```

関数の定義

図7-2 関数の定義
関数を定義して、一定の処理をまとめておくことができます。

関数を呼び出す

さて関数を定義すると、このまとめた処理をあとで利用できるようになります。関数を利用することを、

関数を呼び出す(call)

とも呼びます。

では、関数を呼び出す方法を学びましょう。関数を呼び出すには、コード中でその関数名を次のように記述します。

関数の呼び出し

```
関数名(引数リスト)
```

たとえば、さきほど定義した関数「sell」を呼び出すには、

```
sell()
```

と記述するのです。コードのなかでこの関数の呼び出しが処理されると、定義した関数の処理がまとめて行われることになっています。

それでは、次のコードを入力して、関数の定義と呼び出し方法をたしかめてみましょう。呼び出し部分ではインデントしていないことに注意して入力してください。

Sample1.py ▶ 基本の関数を作成する

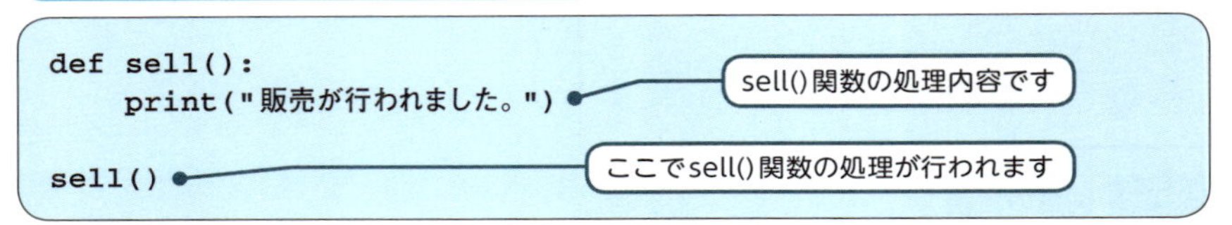

Sample1の実行画面

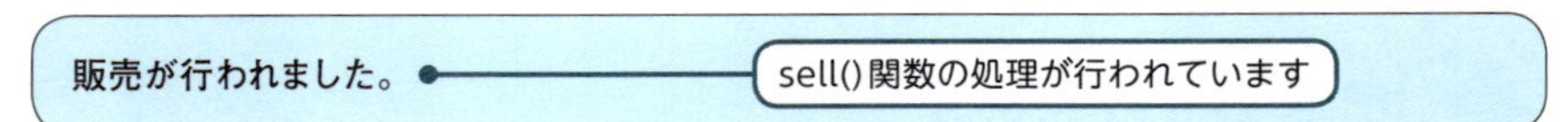

ここでは、まずsell()関数を定義しています。そしてsell()関数を呼び出しています。このとき、まとめておいたsell()関数の定義にうつって、その部分の処理が行われます。その結果、画面には「販売が行われました。」という文字列が出力されることになります。

つまり、関数を利用するコードでは、

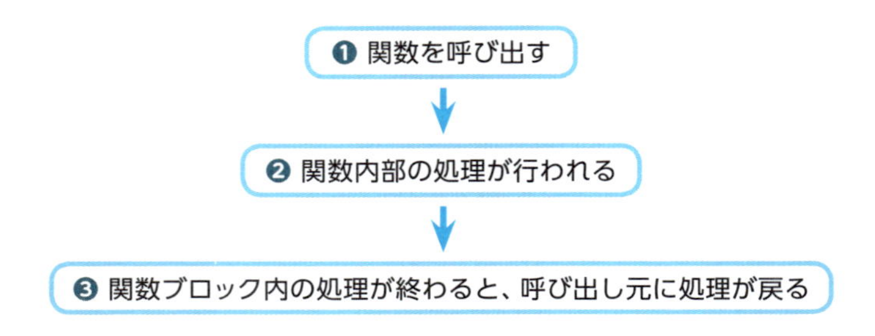

という流れで処理が行われるのです。Sample1の処理の流れをまとめてみると、図7-3のようになっています。

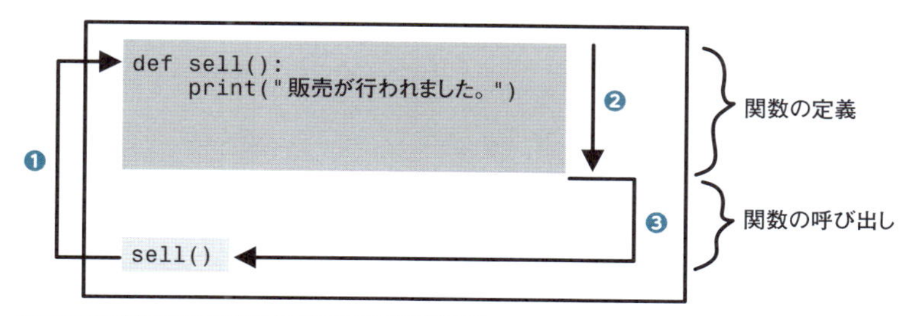

図7-3 関数の呼び出し

❶関数を呼び出すと、❷関数の内部の処理が行われます。❸処理が終わると呼び出し元に戻って処理を続けます。

関数を呼び出すと、定義しておいた処理がまとめて行われる。

関数を定義する場所

Pythonでは、関数の定義を呼び出しよりも前に記述する必要があります。Pythonのコードは、先頭から1行ずつ読み込んで処理を行うからです。呼び出しよりも前に定義されていない場合は、呼び出しのコードが処理される際にエラーとなるので注意してください。

関数を何度も呼び出す

関数の流れをさらにつかむために、もう1つ次のようなコードを作成してみましょう。今度は関数を2回呼び出してみることにします。

Sample2.py ▶ 関数を何度も呼び出す

```
def sell():
    print("販売が行われました。")

sell()

print("もう1度販売を行います。")

sell()
```

sell()関数を呼び出します

もう一度sell()関数を呼び出します

Sample2の実行画面

```
販売が行われました。
もう1度販売を行います。
販売が行われました。
```

関数が2回呼び出されています

このコードでは、まずsell()関数の処理が行われます（図7-4の❶）。この処理が終わったら呼び出し元の処理に戻るので、「もう1度販売を行います。」という文字列が出力されます（❷〜❹）。最後に再びsell()関数の呼び出しが行われます（❺）。今度も同じことの繰り返しが行われます（❻〜❼）。

実行結果をみると、2回関数が呼び出されているようすがわかります。関数の処理の流れを追いかけてみてください。

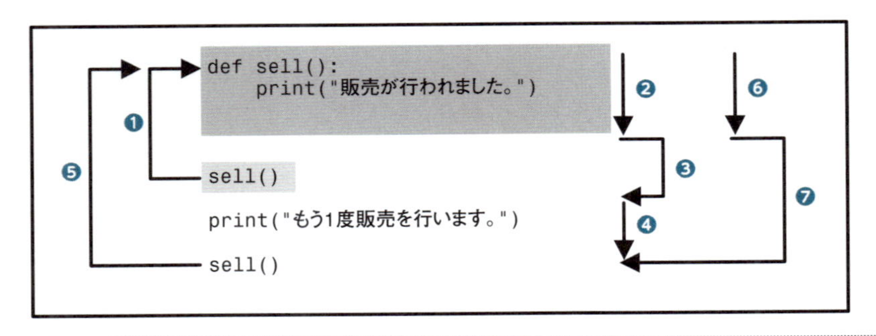

図7-4 複数回の呼び出し
関数は何度でも呼び出すことができます。

関数は何度でも呼び出すことができる。

長いコードを作成する場合に、さまざまな処理を延々と記述していくと、どのような処理が行われているのかが、非常にわかりにくくなります。関数を使えば、まとまった処理に名前をつけて記述することで、わかりやすいコードを作成することができるでしょう。関数は複雑なプログラムを記述するために、欠かせない機能なのです。

関数を使って複雑なプログラムをわかりやすく作成することができる。

7.3 引数

引数を使って情報を渡す

この節では、関数について、さらにくわしくみていくことにしましょう。関数は処理をまとめることに加えて、さらに柔軟な処理を行う方法も用意されています。

関数を呼び出す際に、

呼び出し元から関数内に何か情報（値）を渡し、
その値に応じた処理を行う

という処理ができるようになっているのです。関数に渡す情報を**引数**（argument）といいます。引数を使う関数は、次のようなかたちで記述します。

引数を用意しています

```
def sell(place):
    print(place, "支店の販売が行われました。")
```

引数を関数内で使います

このsell()関数は、呼び出し元から呼び出されるときに、値を1つ、関数内に渡すように定義されています。関数内の( )内に記述した「place」が、引数と呼ばれるものです。引数placeは、この関数内だけで使うことができる変数です。

変数place（引数）は、関数が呼び出されたときにハコが用意されます。そして、呼び出し元から渡される値が格納されます。このため、変数placeの値を関数中で利用することができるようになっています。この関数では、「渡された値を出力する」という処理を行っているわけです。

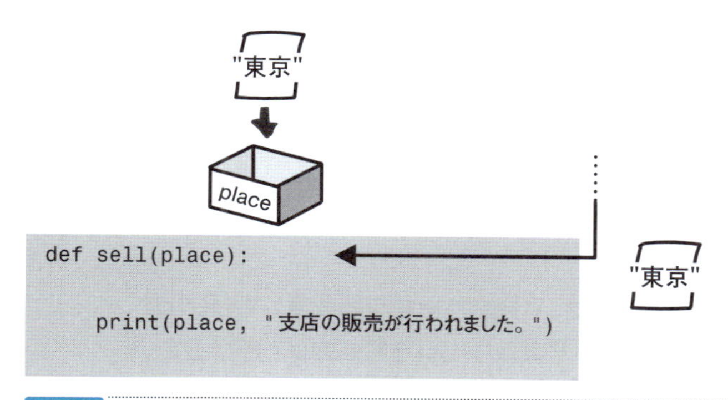

図7-5 引数
関数の本体に情報（引数）を渡して処理することができます。

なお、変数placeは、この関数内でのみ通用するものとなります。つまり、defで定義されている、インデントされたブロック以外の場所では通用しないので注意してください。

引数を使って、関数に値を渡すことができる。

引数を渡して関数を呼び出す

それでは実際に、引数をもつsell()関数を呼び出してみましょう。引数をもつ関数を呼び出すときには、( )のなかに値を記述することで、関数に値を渡します。

Sample3.py ▶ 引数をもつ関数を使う

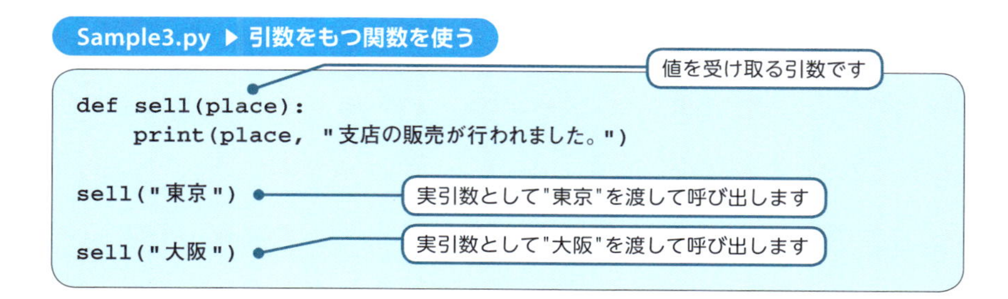
```
def sell(place):
    print(place, "支店の販売が行われました。")

sell("東京")

sell("大阪")
```

Sample3の実行画面

```
東京　支店の販売が行われました。
大阪　支店の販売が行われました。
```

このコードでは、

最初にsell()関数を呼び出すとき、「"東京"」という値を渡して呼び出す
次にsell()関数を呼び出すとき、「"大阪"」という値を渡して呼び出す

という処理を行っています。値はsell()関数の引数placeに渡されて格納されます。「"東京"」を渡したときは「東京」が、「"大阪"」を渡したときは「大阪」が出力されています。関数を呼び出すたびに、渡した引数に応じた値が出力されているのがわかりますね。

このように、同じ関数でも渡された引数の値によって異なる処理を行うことができるわけです。引数を使えば、柔軟な処理を行う関数を作成することができることになります。

なお、関数の本体で定義されている**引数**（変数）を、**仮引数**（parameter）と呼びます。一方、関数の呼び出し元から渡される引数（値）を、**実引数**（argument）と呼びます。ここでは「"東京"」や「"大阪"」が実引数、変数placeが仮引数というわけです。

関数の定義内で情報を受け取る変数を、仮引数という。
関数を呼び出す際に渡される値を、実引数という。

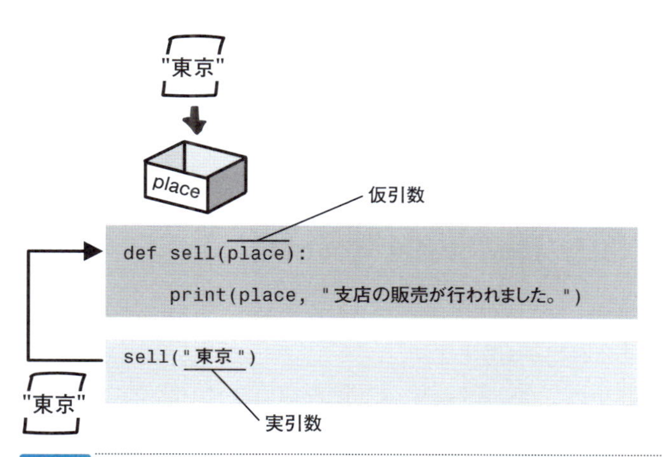

図7-6 仮引数と実引数

関数には仮引数を定義しておくことができます。関数呼び出しの際に実引数を渡して処理することができます。

実引数を変数の値とする

引数についてさらに理解するために、もう1つコードを作成してみることにしましょう。次のコードを作成してみてください。

Sample4.py ▶ 実引数を変数とする

```
def sell(place):
    print(place, "支店の販売が行われました。")

shop = "東京"

sell(shop)
```

実引数として変数を渡すこともできます

Sample4の実行画面

```
東京 支店の販売が行われました。
```

ここでは、呼び出し元から関数に渡す実引数として、変数shopを使いました。

このように、実引数として変数を使うときには、実引数と仮引数の変数名とは、同じでなくてもかまいません。ここでは異なる変数名を使ってコードを記述しています。

実引数と仮引数の関係を知る

ただし、このとき呼び出し元の変数と呼び出し先の変数に、どのような関係があるかには注意をしておく必要があります。

ここでみたように、呼び出し元の変数が、文字列や数値などの値のような変更不可能なものをあらわしている場合には、呼び出し先の変数と呼び出し元の変数は異なるものとなります。つまり、関数の中の処理で、呼び出し先の変数placeを「大阪」に変更したとしても、呼び出し元の変数shopは「東京」のままで、影響がありません。このような引数のふるまいは、一般的に**値渡し**（by value）と呼ばれています。

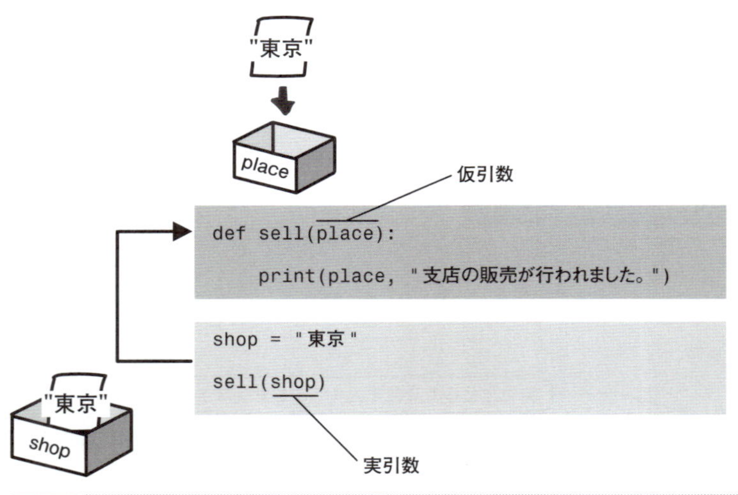

図7-7 値渡し
引数が変更不可能である場合は、値を渡すようにふるまいます。

一方、呼び出し元の変数が、リストやディクショナリのように変更可能なものであるときには、呼び出し元の変数と呼び出し先の変数は同じものをあらわすことになります。関数の呼び出し先で変更を行うと、呼び出し元の変数の値も変更されるのです。呼び出し先のリストplaceの要素を変更すると、呼び出し元のリストshopの要素も変更されます。このような引数のふるまいは、一般的に**参照渡し**（by reference）と呼ばれています。引数を渡す場合には、こうした違いに注意しておく必要があります。

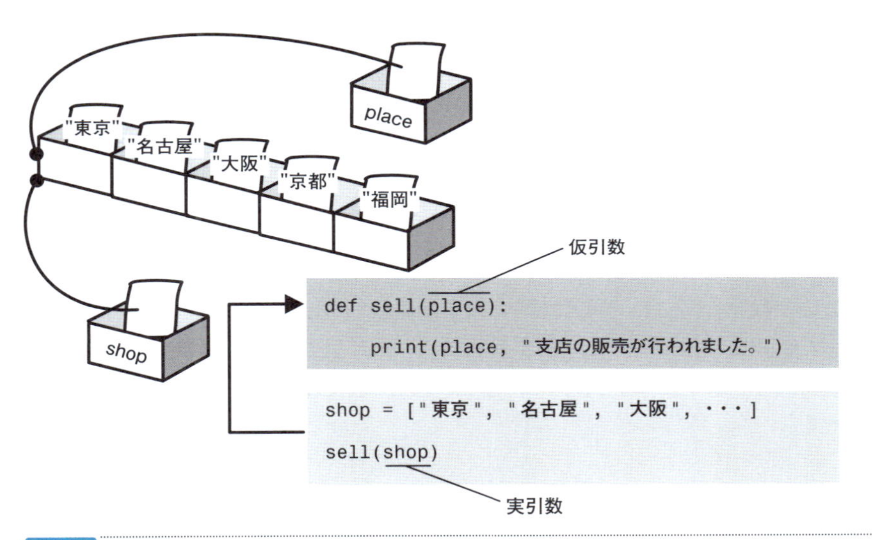

図7-8 参照渡し
引数が変更可能である場合には、呼び出し元と呼び出し先が同じものをさすことになります。

複数の引数をもつ関数を使う

これまでに定義した関数の引数は1つだけでしたが、2個以上の引数を関数にもたせることもできます。関数を呼び出すときに、複数の値を関数内に渡して処理することができるのです。

さっそくコードを作成してみることにしましょう。

Sample5.py ▶ 複数の引数をもつ関数を使う

```
def sell(place, num):
    print(place, "支店で", num, "万円の販売が行われました。")

sell("東京", 5)
```

2つの引数をもつ関数とします

1番目の引数を出力します

2番目の引数を出力します

2つの引数を渡します

Sample5の実行画面

```
東京 支店で 5 万円の販売が行われました。
```

複数の引数をもつ関数も、これまでと基本は同じです。ただし、呼び出す際に複数の引数を「,」(カンマ)で区切って指定してください。この複数の引数を**引数リスト**と呼ぶこともあります。すると、カンマで区切った順に、実引数の値が仮引数に渡されます。つまり、Sample5のsell()関数では、次のように値が渡されるのです。

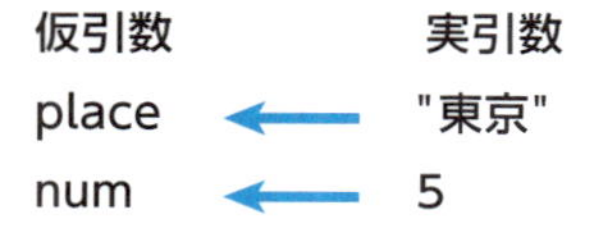

関数内では、受け取った2つの値を出力する処理をしているのがわかりますね。

関数には複数の引数を渡すことができる。

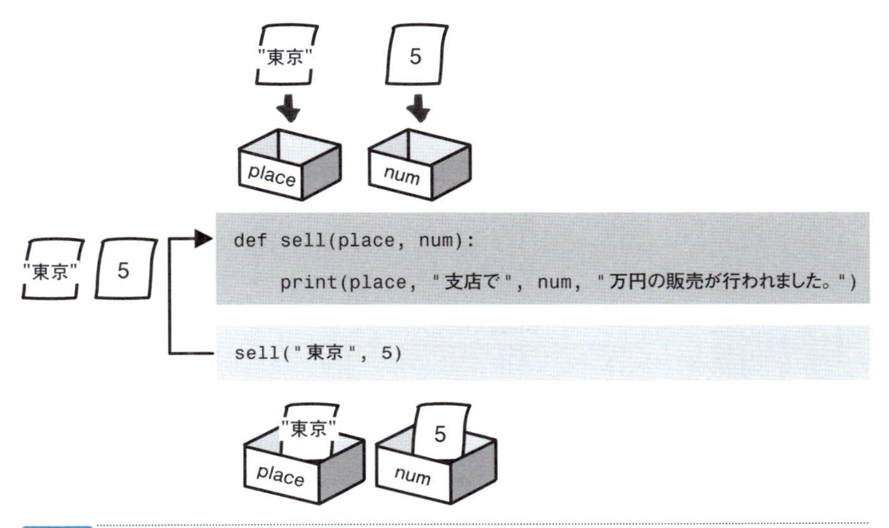

図7-9 複数の引数

引数は複数指定することができます。原則として引数リストの順に値が渡されます。

Lesson 7

なお、原則として、仮引数と異なる数の実引数を渡して関数を呼び出すことはできません。たとえば、次のように2つの引数を使うsell()関数を定義した場合は、引数を1つだけ指定して呼び出すことはできないので注意しておいてください。

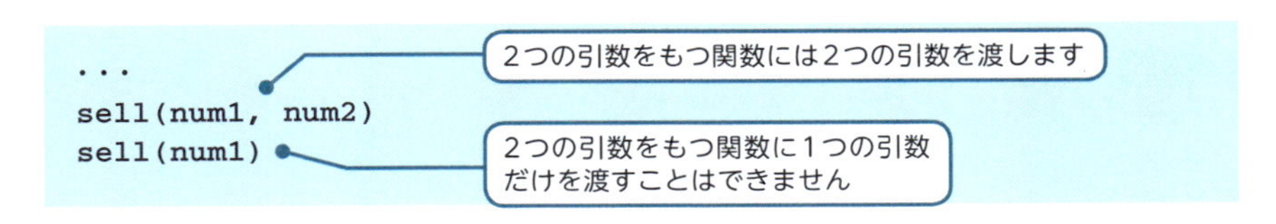

引数のない関数を使う

ところで、関数の中には、この章の最初で定義したsell()関数のように、引数のない関数というものもあります。引数のない関数を定義するときには、( )のなかに何も記述しないものとします。

```
def sell():
    print("販売が行われました。")
```

引数のない関数を定義することができます

このような引数のない関数を呼び出す際には、( )内に値を指定しないで呼び出します。この章の最初では、引数を指定しないでsell()関数を呼び出していたことを復習してみてください。これが引数のない関数の呼び出し方になります。

```
sell()
```

引数のない関数の呼び出し方です

引数をもたない関数では、()のみ指定する。

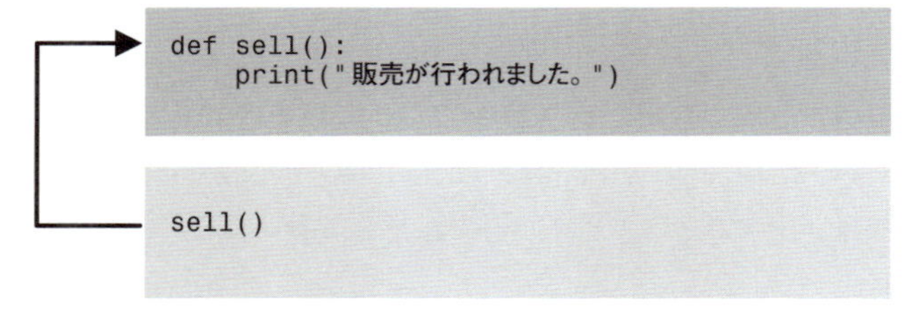

図7-10 引数のない関数
引数のない関数を作成することもできます。

デフォルト引数を定義する

引数の基本を理解することができたでしょうか。なお、Pythonでは引数の応用的な使い方がありますので、ここで紹介しておきましょう。

まずPythonでは、引数を定義する際に、「**引数名=デフォルト値**」というかたちで、引数にあらかじめデフォルトの値を与えておくことができます。これを**デフォルト引数**（default argument）といいます。

たとえば、sell()関数の引数numに「10」というデフォルト値を設定するには、次のように行います。

```
def sell(num = 10):
    ...
```

デフォルト引数を指定します

デフォルト引数を指定しておくと、関数を呼び出す際に、実引数を省略することができます。実引数を省略したときに、デフォルト引数として指定した値を使用することができるのです。つまり、この関数の場合には、次のように引数を省略して呼び出すと、引数numに「10」を指定して呼び出したことになるのです。

ただし、関数が引数を複数もつ場合には、デフォルト引数の指定のしかたに注意しなければなりません。ある引数のデフォルト値を設定した場合は、

その引数以降にある引数（右に書かれている引数）もすべてデフォルト引数を設定しなければならない

ということになっています。

たとえば、5つの引数をもつ関数の場合には、func1のように右から順にデフォルト引数を設定することができます。func2のように2番目と5番目の引数にだけデフォルト値の設定をすることはできません。

右から順にデフォルト引数を設定することができます

```
#正しい
def func1(a, b, c, d=2, e=10):
    ...

#誤り
def func2(a, b=2, c, d, e=10):
    ...
```

このようなデフォルト引数の指定はできません

このように複数のデフォルト引数を設定した場合、func1は次のように引数を省略して呼び出すことができます。

```
func1(10, 5, 20)
func1(10, 5, 20, 30)
func1(10, 5, 20, 30, 50)
```

2つの引数を省略して呼び出しています
1つの引数を省略して呼び出しています
すべての引数を指定して呼び出しています

最初の例では、デフォルト引数を設定した2つの引数を省略して呼び出しています。つまり引数dは「2」、eは「10」となります。

2番目の例では、1番最後の引数を省略して呼び出しています。つまり、最後の引数eは「10」となります。

最後の例では、すべての引数を指定して呼び出しています。

引数名をキーワード指定して呼び出す

またPythonでは、関数を呼び出す際に、「**引数名=値**」というかたちで、仮引数の名前を指定して、実引数の値を渡すことができます。これを**引数のキーワード指定**（**キーワード引数**）といいます。

```
func1(10, 5, 1, d=1)
```

引数名（キーワード）を指定して値を渡し、関数を呼び出すことができます

ただし、キーワード指定を行う際には注意が必要です。キーワード引数で指定した引数よりも右の引数に値を渡す際には、すべてキーワード指定にする必要があります。このため、通常キーワード引数は、デフォルト引数のうちのいくつかに独自の値を渡すために使われています。

なお、キーワード引数で指定すると、引数を渡す順序を変更することもできます。

関数にデフォルト引数を定義できる。
引数をキーワード指定して関数を呼び出すことができる。

可変長引数を使う

さて、さらにPythonでは、関数を定義する際に、仮引数の先頭に「*」をつけておくことで、「,」（カンマ）で区切った引数をいくつでも渡すことができるようになっています。

```
def func(*args):
    print(args)

func(1,2,3,4,5)
```

仮引数に*をつけておくと・・・

引数をいくつでも渡して呼び出すことができます

このようにして渡された値は、関数内ではタプルとして格納されます。つまり、上のコードを実行すると、画面にタプル「(1,2,3,4,5)」が表示されるわけです。

また同様に、仮引数に「**」をつけておくことで、キーワード引数をいくつでも渡すことができるようになっています。

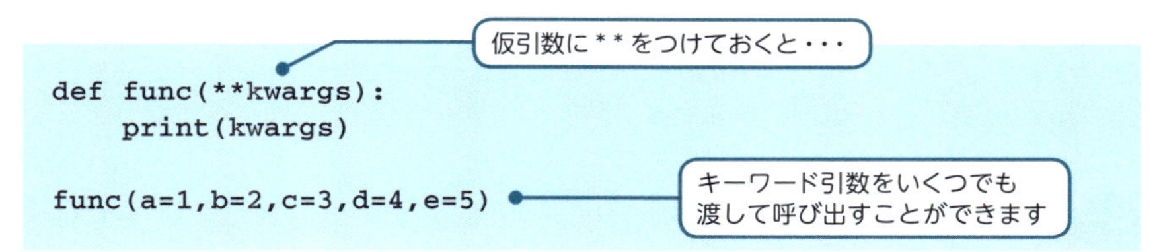

このようにして渡された値は、ディクショナリとして格納されます。つまり、上のコードを実行すると、画面にディクショナリ「{'a':1, 'b':2, 'c':3, 'd':4, 'e':5}」が表示されるわけです。

これらの引数は、引数の個数を決めずに定義しておくことができるため、**可変長引数**（variadic argument）と呼ばれています。

可変長引数を使うことができる。

7.4 戻り値

戻り値のしくみを知る

引数の基本と応用を理解できたでしょうか。さて関数では、引数とちょうど逆に、

関数の呼び出し元に、関数本体から特定の情報を返す

というしくみを作成することができるようになっています。関数から返される情報を、戻り値（return value）といいます。

さて、7.2節で紹介した関数の定義のスタイルをもう一度みてください。戻り値を返すには、次のように、関数のブロックのなかでreturnという文を使って、実際に値を返す処理を記述しておきます。

関数の定義

```
def 関数名(引数リスト):
    文
    ...
    return 戻り値
```


この構文では、ブロックの最後にreturn文を記述していますが、関数のブロックのなかほどに記述された場合も、returnが処理されたところで関数の処理が終了し、呼び出し元に処理が戻るようになっています。このreturn文のしくみには気をつけるようにしてください。

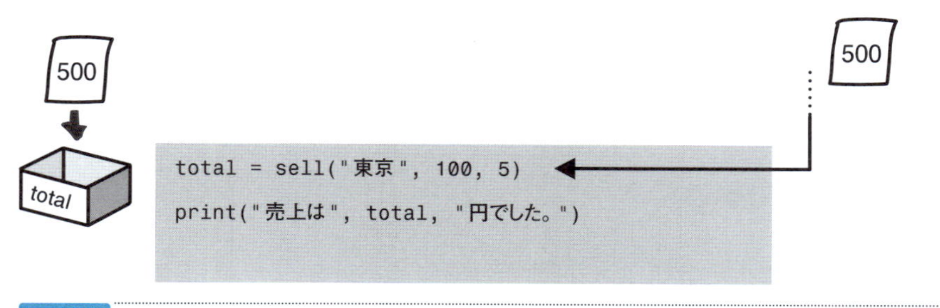

図7-11 戻り値
関数内から戻り値を呼び出し元に返すことができます。

戻り値を使って、関数から値を受け取ることができる。

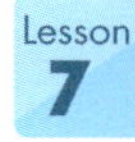

では、戻り値をもつ関数をみてみましょう。次のコードが戻り値をもつ関数です。

```
def sell(place, price, num):          ← 戻り値をもつ関数です
    print(place, "支店で", num, "社に", price,
                                "万円の販売が行われました。")
    tt =  price * num
    return tt          ← 戻り値を返します
```

この関数では、受け取った引数のうち、priceとnumをかけあわせる処理をします。この結果は変数ttに格納されます。

そして最後に、戻り値としてttの値を返す処理をします。実際にコードを記述して、この関数を使ってみることにしましょう。

Sample6.py ▶ 戻り値をもつ関数

```
def sell(place, price, num):
    print(place, "支店で", num, "社に", price,
                                "万円の販売が行われました。")
    tt = price * num
    return tt          ← 戻り値を返します
```

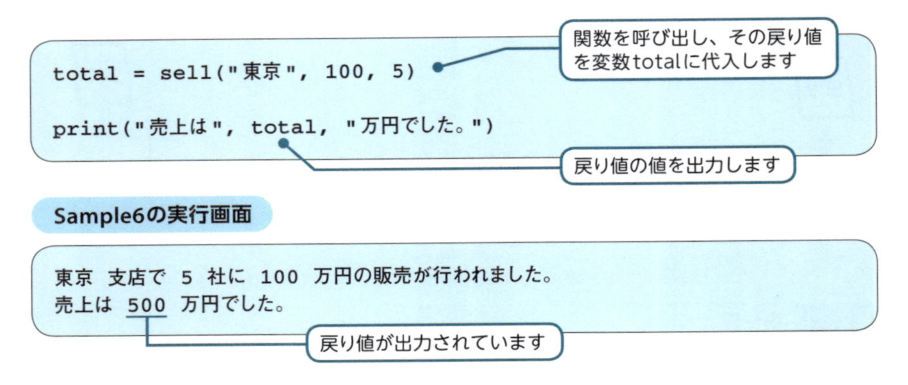

ここでは、関数内で計算された結果の戻り値を、呼び出し元のtotalという変数に格納するようにしています。戻り値を利用するには、関数の呼び出し文から、代入演算子を使って代入してください。

```
...
total = sell("東京", 100, 5)
```

戻り値を変数totalに代入します

呼び出し元では、この変数totalの内容を出力しています。このように、関数の戻り値を変数に代入して、呼び出し元で利用することができるのです。

なお、戻り値は必ずしも呼び出し元で利用しなくてもかまいません。戻り値を利用しないときには、

```
sell("東京", 100, 5)
```

戻り値は利用しなくてもかまいません

とだけ記述します。すると、関数の処理だけが行われて、呼び出し元では戻り値が無視され、単純に処理の続きが行われます。

関数の呼び出し元に情報を返すには、戻り値を使用する。

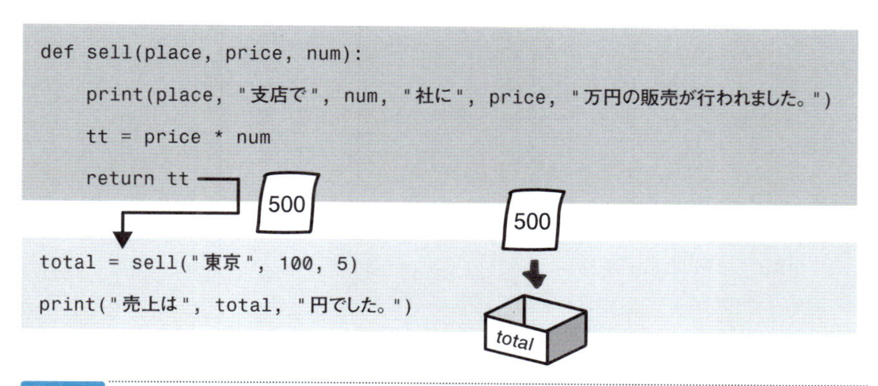

図7-12 戻り値の利用
戻り値を使うと、呼び出し元ではこの情報を使って処理を行うことができます。

戻り値のない関数を使う

なお、引数のない関数を定義することができたように、戻り値のない関数も定義することができます。たとえば、7.3節で定義したsell()関数は、戻り値をもたない関数です。

戻り値をもたない関数です

```
def sell():
    print("販売が行われました。")
```

戻り値のない関数が呼び出されて処理された場合には、ブロックの終了までいきつくか、次のような文によって関数が終了することになっています。

構文 return文

```
return
```

このsell()関数をreturn文を使って記述してみました。ただし、このような単純な関数では、ブロックの最後で処理が終わるので、return文は記述してもしなくても同じです。

```
def sell():
    print("販売が行われました。")
    return
```

呼び出し元の処理に戻ります

```
def sell():
    print("販売が行われました。")
```

```
sell()
```

図7-13 戻り値のない関数
戻り値をもたない関数があります。

戻り値として複数の値を返す

一般的に、関数は1つまたは0個の値を戻り値として返します。ただしPythonでは、実質的に2つ以上の複数の値を返して利用することもできるようになっています。このようすをみてみましょう。

Sample7.py ▶ 複数の戻り値を返す

```
def sell():
    y = 2018
    m = 10
    d = 1
    print(y, "年", m, "月", d, "日に販売が行われました。")

    return y, m, d

sy, sm, sd = sell()

print("販売完了:", sy, sm, sd)
```

❶複数の戻り値を（1つのタプルとして）戻しています

❷複数の戻り値を（アンパックして）代入しています

Sample7の実行画面

```
2018 年 10 月 1 日に販売が行われました。
販売完了： 2018 10 1
```

この関数は、「,」（カンマ）で区切って複数の値を戻り値として返しています（❶）。このカンマで区切った複数の値は、実は1つのタプルとなっています。受け取る側では通常、第5章で紹介したアンパック代入を行います（❷）。

こうしたしくみを使って、Pythonでは実質的に、値を複数戻す関数を利用することができるようになっています。

組み込み関数

この章では関数の基本について、さまざまなしくみを学んできました。ところで、私たちはこれまでにも関数を使用しています。これまでに使ってきた「**組み込み関数**」は、Pythonによってすでに定義された関数となっています。

たとえば、私たちはキーボードから入力するための処理として、すでに定義されているinput()関数を使いました。input()関数では、引数として入力メッセージを渡し、戻り値として入力された文字列を受け取っています。

関数に引数を渡して処理を呼び出し、戻り値を利用してきたのです。これまでの章で使った組み込み関数についても復習してみてください。

7.5 関数に関する高度なトピック

関数を変数に代入する

関数のしくみについて理解できたでしょうか。さてこの節では、関数についての高度なトピックをとりあげ、みていくことにしましょう。

まず、Pythonでは、関数の名前を指定して変数に代入することができるようになっています。関数のような処理も、変数に代入することができるのです。代入した変数では、( )を使って関数の処理を呼び出すことができます。

```
def func(a):
    ...
f = func
f(1)
```

関数を変数に代入できます

( )を使って、関数を呼び出すことができます

関数をリストに代入する

このような方法は、リストの要素の値として関数を代入する場合に特に重要となります。次のコードをみてください。

Sample8.py ▶ 関数をリストにする

```
def append():
    print("データを追加します。")
def update():
    print("データを変更します。")
def delete():
    print("データを削除します。")

list = [append, update, delete]
```

関数をリストの要素にすることができます

```
res = int(input("操作番号を入力してください。(0～2)"))

if 0 <= res and res < len(list):
    list[res]()
```

リストの要素として関数を呼び出すことができます

Sample8の実行画面

```
操作番号を入力してください。(0～2)1 ↵
データを変更します。
```

指定した要素の関数が呼び出されます

ここでは3つの関数、append()、update()、delete()を定義しています。そして、この3つの関数をリストの要素としています。関数もリストの要素に格納する値とすることができるのです。

この要素は、通常のリストの要素と同じように、「リスト名[インデックス]」というかたちで取得することができます。そこでここでは、キーボードから入力した番号によってリストの要素である関数を指定し、( )を使って呼び出しています。このような方法を使えば、さまざまな関数の処理をリストで管理し、呼び出すこともできるようになるでしょう。

ラムダでかんたんな関数を記述する

さて、Pythonでの関数の定義には、さまざまなバリエーションがあります。まず、ごくかんたんな関数の定義については、関数の名前を定めずに定義することができるようになっています。この場合は**ラムダ演算子**（lambda operator）である**lambda**を使います。

ラムダ演算子

```
lambda 引数: 式
```

lambdaを使うと、式のかたちで記述できるごくかんたんな関数を定義できます。たとえば、引数xを受け取って、それを2倍にする関数を、次のように定義することができるのです。

この関数には名前がついていません。このため、こうした関数を**無名関数**（**匿名関数**：anonymous function）と呼ぶことがあります。

ラムダによる無名関数を利用するコードをみてみましょう。

Sample9.py ▶ ラムダを使う

```
data = [1, 2, 3, 4, 5]

for d in map(lambda x: x*2, data):

    print(d)
```

無名関数と・・・
リストを・・・
map()関数で組み合わせます

Sample9の実行画面

ここでは、map()関数の呼び出しのなかに、lambdaを使って名前のない無名関数を定義しています。

組み込み関数の**map()**は、引数に「関数（の処理）」と「繰り返し反復処理できるしくみ」を指定し、組み合わせる関数です。このため、ここではfor文を使って無名関数による処理が行われた結果を取得できます。

なお、map()関数は、無名関数ではない通常の関数名も指定できるのでおぼえておくと便利でしょう。繰り返し反復処理できるしくみとして、リストやイテレータなどのイテラブルを指定することもできます。戻り値はイテレータとなっています。

map()関数

```
map(関数, イテラブル)
```

リスト内包表記

このサンプルの処理は、第5章で紹介したリスト内包表記（コンプリヘンション）によっても記述することができます。さまざまな方法でコードを書けるようになると便利です。

```
for d in [x*2 for x in data]:
    print(d)
```

リスト内包表記を使うこともできます

デコレータで関数に機能を追加する

ラムダによって、名前のないかんたんな関数を定義することができました。そこで今度は逆に、複雑な関数の定義についてみてみましょう。

関数を定義するときに、関数内部でさらに関数を定義することがあります。また、関数を戻り値として返す関数を定義することもできます。関数を引数として受け取ることも可能です。

たとえば、次のdeco()関数の定義のなかでは、wrapper()関数の定義を記述しています。また、この外側のdeco()関数は、内側のwrapper()関数を戻り値として返すようにしています。引数も関数func()を引数として受け取るものと考えています。こうした複雑な関数を定義することもできるのです。

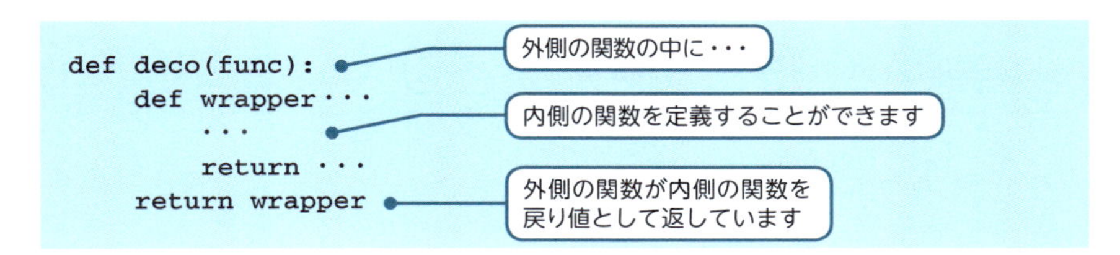

```
def deco(func):
    def wrapper・・・
        ・・・
        return ・・・
    return wrapper
```

このようなかたちの関数は、「@」という指定をして、ほかの関数に機能を追加するために使うことがあります。これをデコレータ（decorator）といいます。

```
@deco
def printmsg():
    ...
```

- `@deco` … デコレータとして指定して・・・
- `def printmsg():` … ほかの関数に機能を追加できます

デコレータは次のように指定します。

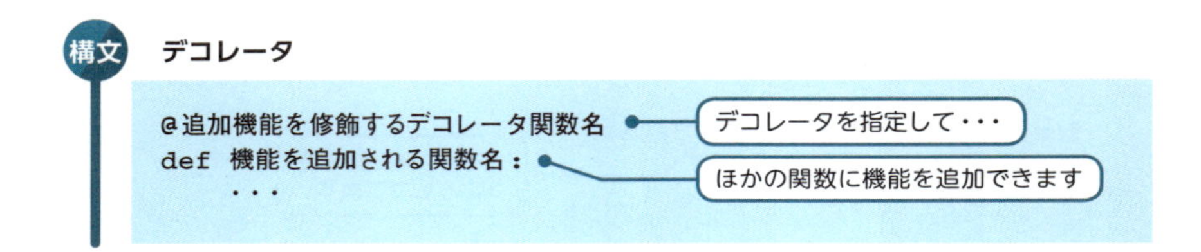

デコレータとして指定された関数（ここではdeco()関数）は、機能を追加される関数（ここではprintmsg()関数）を実引数として受け取ります。この様子を実際のコードでみてみましょう。

Sample10.py ▶ デコレータを使う

```
def deco(func):
    def wrapper(x):
        wx = "---" + x + "---"
        return func(wx)
    return wrapper

@deco
def printmsg(x):
    print(x, "を入力しました。")

str = input("メッセージを入力してください。")

printmsg(str)
```

- `def deco(func):` … 外側の関数でもとの関数を引数として受け取り・・・
- `return func(wx)` … 内側の関数で処理を行い、もとの関数も処理します
- `return wrapper` … 外側の関数が内側の関数を戻り値として返しています
- `@deco` … デコレータとして指定して・・・
- `print(x, "を入力しました。")` … 関数に機能を追加できます
- `printmsg(str)` … 関数を呼び出すと・・・

Sample10の実行画面

```
メッセージを入力してください。こんにちは ↵
---こんにちは---を入力しました。 ← 機能が追加されています
```

printmsg()関数は、本来メッセージを表示するだけの処理を行う関数となっています。しかしここでは、デコレータとしてdeco()関数を指定し、前後に「---」をつける機能が追加されています。

実際に追加される機能は、デコレータ関数の内側の関数であるwrapper()が定義しています。このwrapper()関数は、受け取る引数の前後に「---」を追加して新しい引数とします。そして、外側のdeco()関数が引数funcとして受け取るもとの関数printmsg()を、この新しい引数で呼び出す処理をしています。

デコレータを指定することによって、もとのprintmsg()関数の内容を変更することなく、wrapper()関数で機能を追加することができているのです。

このように、デコレータは、ほかの関数に機能を追加する際に使われることがあります。

デコレータで関数に機能を追加できる。

ジェネレータを定義できる

デコレータとなる関数のかたちを理解することができたでしょうか。それでは最後に、もう1つ関数のバリエーションを紹介しましょう。

Pythonでは関数の形式を使い、反復して要素を返すイテレータと同様のしくみを定義できます。この関数は**ジェネレータ**(generator)と呼ばれています。

ジェネレータは、**yield文**によって、各要素を繰り返し返す内容としておきます。戻り値のようにして返しますが、return文は使いません。

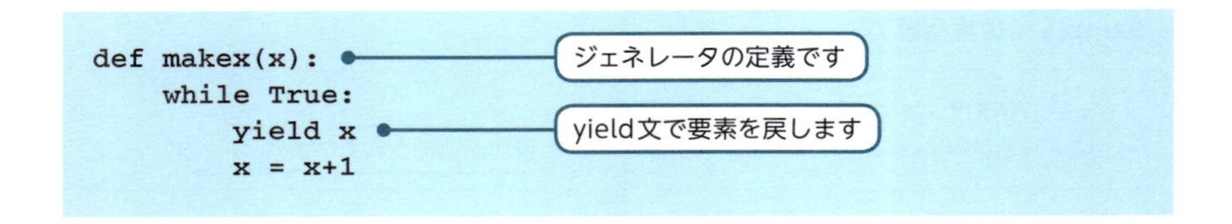

このmakex()関数は、while文によって無限に繰り返すかたちとなっていることに注意してください。繰り返しのたびに1つずつ値が加算されて、yield文で返されるようになっています。

さて、こうしたジェネレータを呼び出すと、

yield文で指定した要素を返すイテレータ

を取得できます。つまり、for文で処理したり、next()関数を指定することで、ジェネレータのyield文で指定された要素を繰り返し取得できるようになっています。

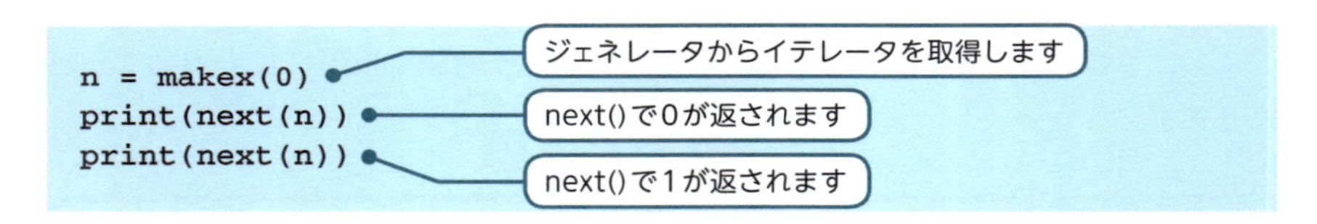

こうしたジェネレータの機能についても、イテレータとあわせて知っておくと便利でしょう。

ジェネレータを定義してイテレータを取得できる。

7.6 変数とスコープ

変数の種類を知る

さて関数の章のまとめとして、関数の中で変数などを使うしくみについて学んでおくことにしましょう。

関数を定義するようになると、変数は関数の中や外で使われることになります。このうち、関数内で名前が決められ、値の代入が行われる変数を、ローカル変数(local variable)と呼んでいます。

```
def func(price, num):
    ...
    tt = price*num;
```

ローカル変数ttです

関数の仮引数もローカル変数です。

これに対して関数の外で名前が決められ、値の代入が行われる変数をグローバル変数(global variable)と呼んでいます。

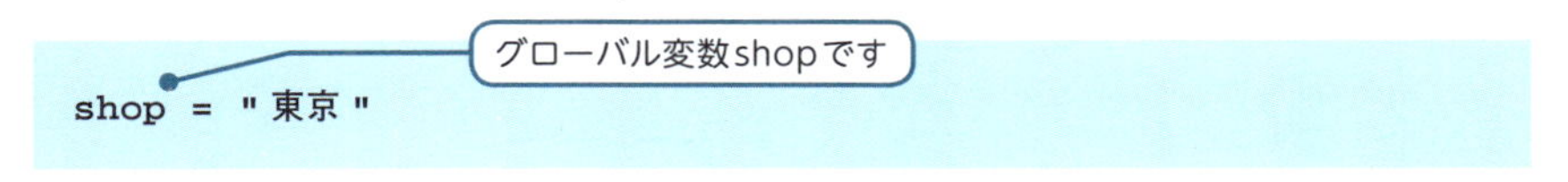

a = 0 ―――― グローバル変数

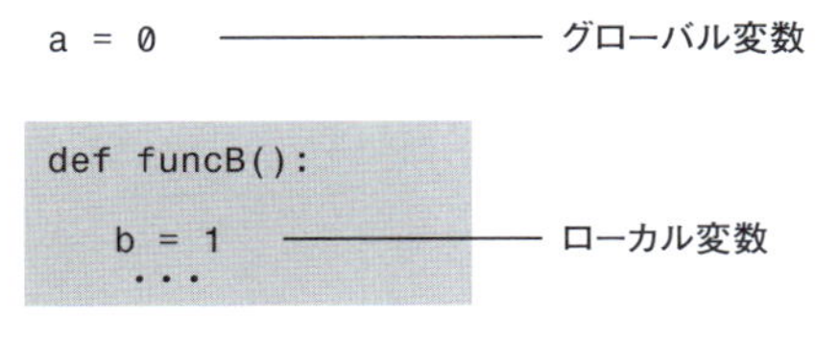

ローカル変数

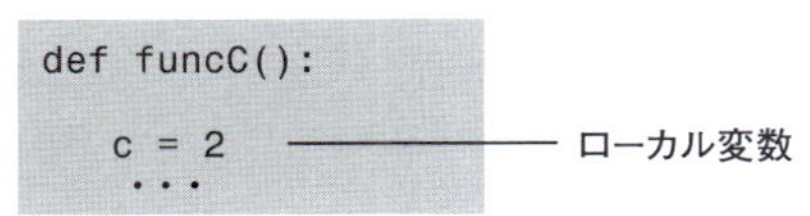

ローカル変数

図7-14 ローカル変数とグローバル変数
関数の中の変数をローカル変数と呼びます。関数の外の変数をグローバル変数と呼びます。

スコープのしくみを知る

ローカル変数は、その関数内でしか利用できません。一方、グローバル変数は関数の外でも中でも利用することができます。

これを確認するために、次のコードをみてください。

Sample11.py ▶ 変数のスコープを知る

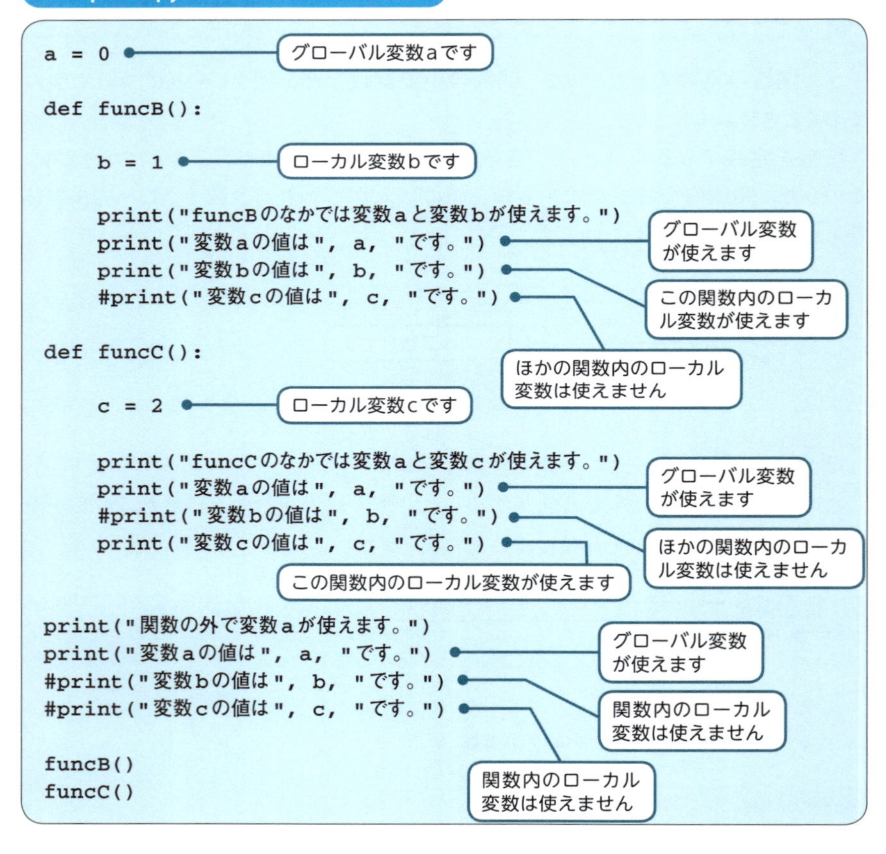


```
a = 0

def funcB():

    b = 1

    print("funcBのなかでは変数aと変数bが使えます。")
    print("変数aの値は", a, "です。")
    print("変数bの値は", b, "です。")
    #print("変数cの値は", c, "です。")

def funcC():

    c = 2

    print("funcCのなかでは変数aと変数cが使えます。")
    print("変数aの値は", a, "です。")
    #print("変数bの値は", b, "です。")
    print("変数cの値は", c, "です。")

print("関数の外で変数aが使えます。")
print("変数aの値は", a, "です。")
#print("変数bの値は", b, "です。")
#print("変数cの値は", c, "です。")

funcB()
funcC()
```

Sample11の実行画面

```
関数の外で変数aが使えます。
変数aの値は 0 です。
```

```
funcBのなかでは変数aと変数bが使えます。
変数aの値は 0 です。
変数bの値は 1 です。
funcCのなかでは変数aと変数cが使えます。
変数aの値は 0 です。
変数cの値は 2 です。
```

このコードでは、次の3つの変数を利用しています。

変数a …… 関数の外にあるグローバル変数
変数b …… funcB()関数内にあるローカル変数
変数c …… funcC()関数内にあるローカル変数

まず、ローカル変数は、

変数の名前が決められた関数内だけで利用することができる

ということになっています。たとえば、ローカル変数bはfuncB()の外で利用することはできません。また、ローカル変数cはfuncC()の外で利用することはできません。

さらに、グローバル変数は、

(ファイル内の) どこでも利用することができる

ということになっています。つまり、グローバル変数aは、関数funcB()、funcC()の中で利用することができます。

変数の名前が通用する範囲のことを**スコープ**（scope）と呼んでいます。

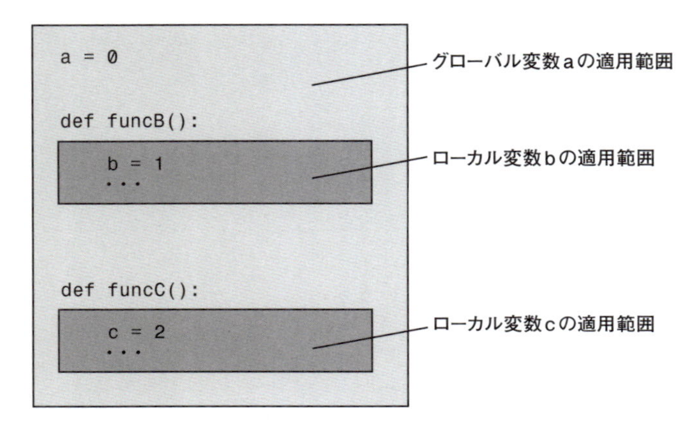

図7-15 ローカル変数とグローバル変数
関数の中で使う変数をローカル変数と呼びます。関数の外で使う変数をグローバル変数と呼びます。

変数の名前が通用する範囲をスコープという。

globalを使う

ただし、ローカル変数の通用範囲を変更して、関数の外で利用するグローバル変数とすることができます。このときにはglobal文で変数名を指定します。

なお、グローバル変数として使う前に、global文の処理が行われている必要があります。

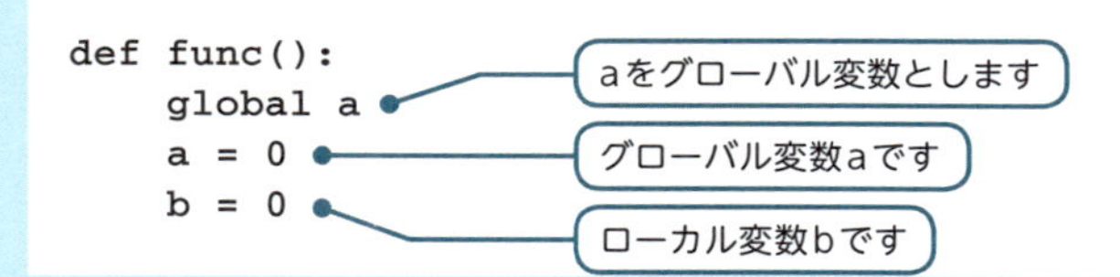

ローカル変数の名前が重なると？

変数を使う際には注意しておくことがあります。同じ関数内のローカル変数には同じ名前をつけることはできません。ただし、異なる関数内で使うローカル変数には同じ名前をつけてもかまわないものとなっています。

```
def func1():
    a = 0
    ...

def func2():
    a = 0
    ...
```

2つのローカル変数は、まったく別のものです

このコードでは、func1()関数とfunc2()関数の両方で「変数a」を利用しています。この2つのローカル変数は、別の変数をあらわしています。同じ名前がついていても、異なる関数内のローカル変数は、別の変数なのです。

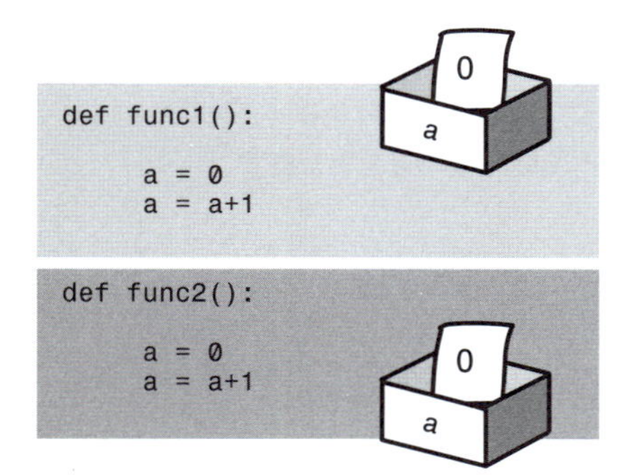

図7-16　ローカル変数の名前の重複

異なる関数内で宣言されたローカル変数は、異なる2つの変数となっています。

グローバル変数と名前が重なると？

また、グローバル変数とローカル変数は、同じ変数名を使ってもかまいません。たとえば、次のコードをみてください。

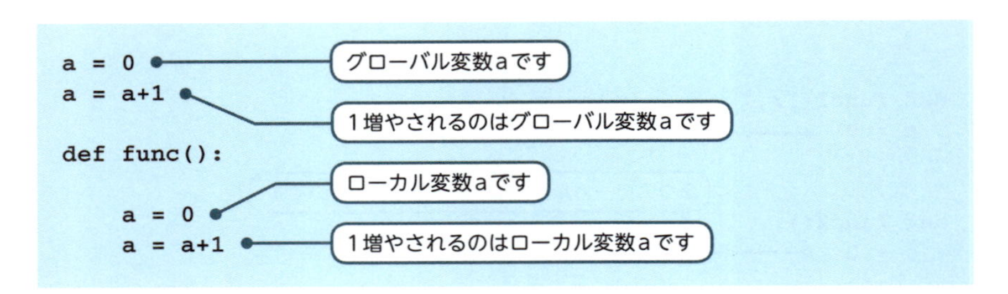

ここでは、グローバル変数として「変数a」に代入を行い、func()関数内でさらにローカル変数として「変数a」に代入を行いました。グローバル変数とローカル変数では、このように名前を重複させることができます。

ただし、「a = 0」などによってローカル変数が作成されたfunc()関数内で、「a = a+1」などの値の変更を行う記述をすると、それはローカル変数aのことをさします。つまり、このコードでは、func()関数内で1増やされるのはローカル変数のaということになります。

一方、関数外で1増やされるのは、グローバル変数のaとなります。

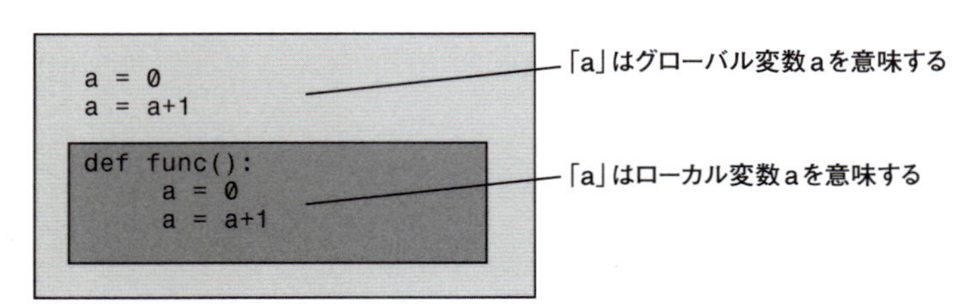

図7-17 グローバル変数とローカル変数の名前の重複
グローバル変数とローカル変数の名前が重複すると、関数内ではローカル変数、関数外ではグローバル変数が使用されます。

名前の取得

Pythonでは、組み込み関数**dir()**によって、その場所で定義されている名前を取得することができます。特に関数の内部で使うと、関数のローカル変数を取得することができます。コードの誤りを探す際などに知っておくと便利です。

```
def func():
    print(dir())
```

func()関数内のローカル変数名を表示できます

7.7 記憶寿命

変数の記憶寿命を知る

ところで、変数はプログラムを開始してから終了するまで、ずっと続けて値を記憶しているわけではありません。これまでもみたように、変数を使う際には、値を記憶するためのハコがコンピュータの記憶装置であるメモリ内に準備されます（❶）。この変数に値を格納したり出力したりして利用するわけですが（❷）、最後にハコが廃棄されることによって、メモリが別の用途に使われるようになります（❸）。

変数のハコが存在し、値を記憶していられる期間のことを**記憶寿命**といいます。

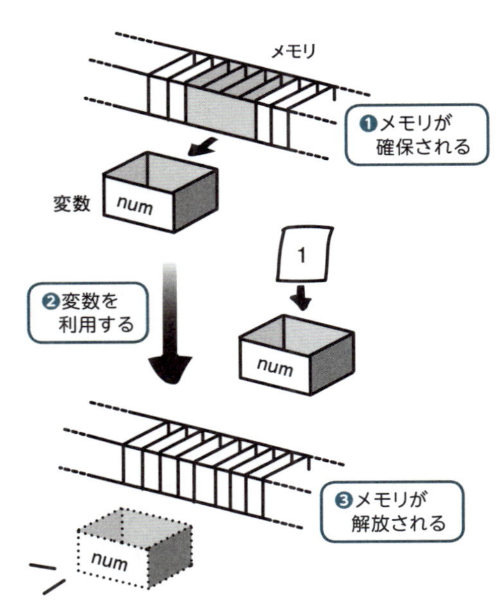

図7-18 変数の記憶寿命

❶値を記憶するためのハコがメモリ内に準備され、❷変数に値を格納したり出力したりして利用します。❸最後に変数のハコは廃棄されて、メモリは別の用途に使われます。

変数がどのような記憶寿命をもつのかということは、変数を利用する位置にも関係しています。

通常のローカル変数は、

関数内で値を与えられて作成されたときに、変数のハコがメモリ内に準備され

関数が終了する際にハコが廃棄されてメモリが別の用途に使われるようになる

という一生をたどります。つまり、通常のローカル変数は、値を与えられて定義されてから関数が終了するまでの間だけ、値を格納しておくことができるのです。

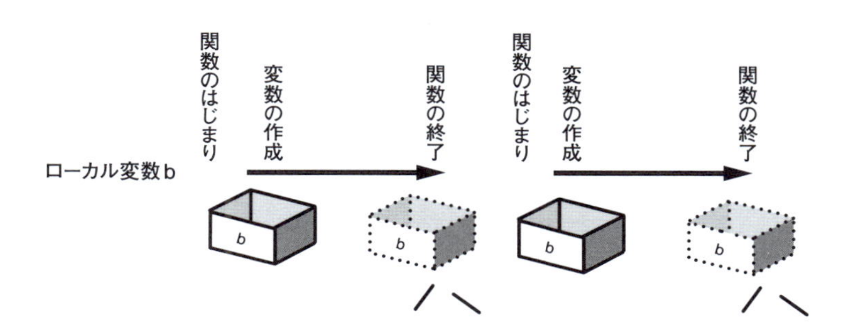

一方、グローバル変数は、

プログラムの本体の処理がはじまる前に、一度だけメモリが確保され

プログラムの終了時にメモリが解放される

という一生をたどります。つまり、グローバル変数は値を与えられて作成されてからコードを記述したファイルの処理が終了するまでの間、ずっと値を格納しておくことができるのです。

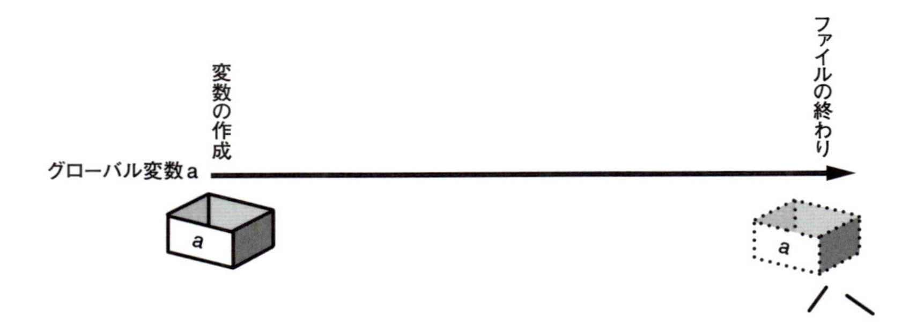

変数の一生をたしかめるために、次のコードをみてみましょう。

Sample12.py ▶ 変数の記憶寿命を知る

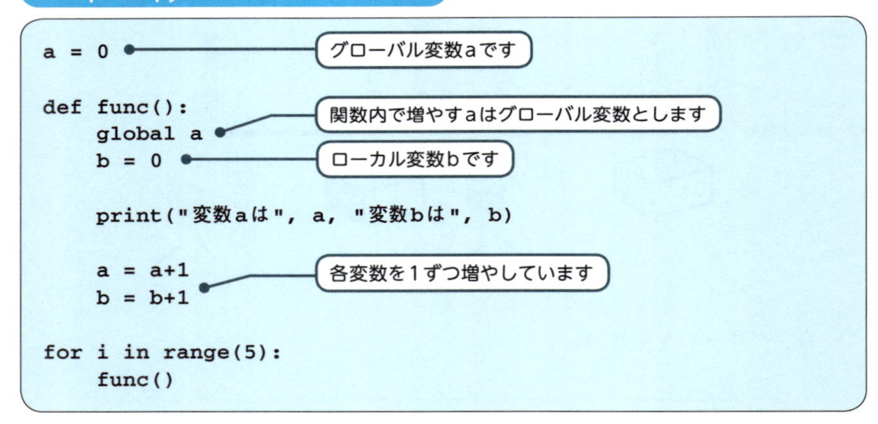

```
a = 0                         # グローバル変数aです

def func():
    global a                  # 関数内で増やすaはグローバル変数とします
    b = 0                     # ローカル変数bです

    print("変数aは", a, "変数bは", b)

    a = a+1                   # 各変数を1ずつ増やしています
    b = b+1

for i in range(5):
    func()
```

Sample12の実行画面

```
変数aは 0 変数bは 0
変数aは 1 変数bは 0
変数aは 2 変数bは 0
変数aは 3 変数bは 0
変数aは 4 変数bは 0
```

func()関数は、変数a、bの値を出力してから、値を1つずつ増やしている関数です。グローバル変数aは、作成されてからコードの終了まで値を記憶しているので、1つずつ値が増えていきます。一方、ローカル変数bは、関数が呼び出されるたびに最初に「0」が格納され、関数の終了ごとにハコが廃棄されます。このため、出力はいつも「0」のままになっています。

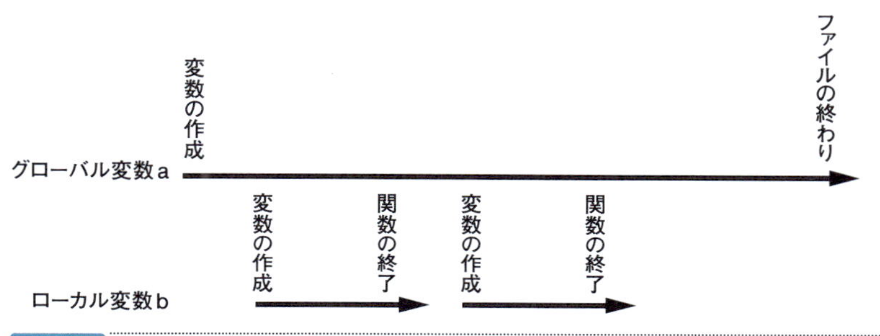

図7-19 **各変数の寿命**

グローバル変数は定義されてからファイルの処理が終了するまでの寿命をもちますが、通常のローカル変数は関数内の寿命をもちます。

Lesson 7

7.8 レッスンのまとめ

この章では、次のようなことを学びました。

- 一定の処理をまとめて関数として定義し、呼び出すことができます。
- 関数の本体に引数を渡して処理させることができます。
- デフォルト引数を設定することができます。
- 引数をキーワード指定することができます。
- 可変長の引数を設定することができます。
- 関数の本体から戻り値を受け取ることができます。
- lambda演算子で無名関数を定義することができます。
- デコレータ関数で関数に機能を追加することができます。
- ジェネレータを定義してイテレータを取得することができます。
- 変数にはローカル変数とグローバル変数があります。

適切な処理を関数としてまとめ、関数を呼び出すことによって、複雑なコードをよりかんたんに記述できるようになります。また、Pythonの関数は、デフォルト引数やキーワード引数など、さまざまな指定ができるようになっています。これまでに使った組み込み関数のかたちについても復習してみてください。

練習

1. 指定した個数の「*」を表示する関数rpast(num)を作成してください。キーボードから入力した指定個数の「*」を表示できるようにしてください。

```
個数を入力してください。5 ↵
*****
```

2. 指定した個数の文字列を繰り返し表示する関数rpstr(num, str="*")を作成してください。デフォルトの文字列は「*」とします。

```
文字列を入力してください。はい。 ↵
個数を入力してください。5 ↵
文字列あり---
はい。はい。はい。はい。はい。
文字列なし---
*****
```

3. ジェネレータを使って次のコードを作成してください。

```
開始値（整数）を入力してください。3 ↵
停止値（整数）を入力してください。10 ↵
3
4
5
6
7
8
9
```

クラス

プログラムが複雑なものとなるにつれて、効率よくプログラムを作成していく機能が必要となります。この章ではクラスの概念を学びます。クラスは、コードを再利用し、効率よくコードを作成していくためのしくみです。クラスは本格的なプログラムを作成する際に使われています。この章では、クラスや関数を利用するために、モジュールの概念についても学びましょう。

Check Point!

- クラスとインスタンス
- データ属性とメソッド
- クラス変数とクラスメソッド
- 基底クラスと派生クラス
- 継承
- オーバーライド
- モジュール
- パッケージ

8.1 クラスの基本

「データ」と「処理」をまとめるクラス

プログラムが複雑なものになるにつれて、効率よくプログラムを作成していく機能が必要となってきます。この章では、クラス（class）と呼ばれる概念を学ぶことにしましょう。

クラスは、モノの概念に着目して効率よくプログラムを作成していくためのしくみです。クラスは、

「データ」と「処理」をまとめる

ためのしくみとなっています。

私たちはこれまでにも、さまざまなかたちで「データ」や「処理」を利用してきました。たとえば第3章では、変数について学びました。変数にさまざまな「データ」を記憶して利用しました。また、第5章・第6章でも、リストや各種のコレクションによってさまざまな「データ」を利用しています。

さらに、第7章では、関数について学びました。関数では、何度も利用できる「処理」をまとめ、効率よくコードを作成しました。

クラスは、こうした「データ」と「処理」をまとめるものとなっているのです。

クラスでは、「モノ」の概念に着目して、「データ」と「処理」をまとめていきます。たとえば企業においては、「顧客」などというモノの概念に着目してクラスを考えることができるかもしれません。このとき、顧客に関するデータを「変数」や「リスト」に入れ、顧客について行う処理を「関数」にしてまとめることを考えることになります。

「顧客」というモノに着目してデータと処理をまとめれば、顧客に関するコードを、さまざまなプログラムから利用して効率よくプログラムを作成できるようになります。

図8-1 クラス
クラスは、「データ」と「処理」をまとめ、効率よくプログラムを作成していくためのしくみです。

クラスを定義する

それではクラスの書き方から学んでいきましょう。クラスには、変数・関数などをまとめて記述します。これをクラスの定義といいます。

構文 クラスの定義

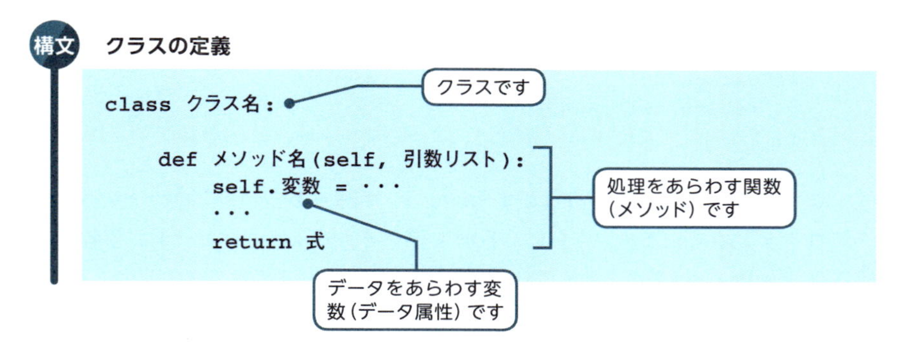

```
class クラス名:

    def メソッド名(self, 引数リスト):
        self.変数 = ・・・
        ・・・
        return 式
```


classという指定に続けてクラス名と「:」(コロン)を記述します。クラス名は、変数や関数の名前と同様に、識別子の規則にしたがっていれば自由につけることができます。たとえば、「Person」などというクラス名を選んでつけます。

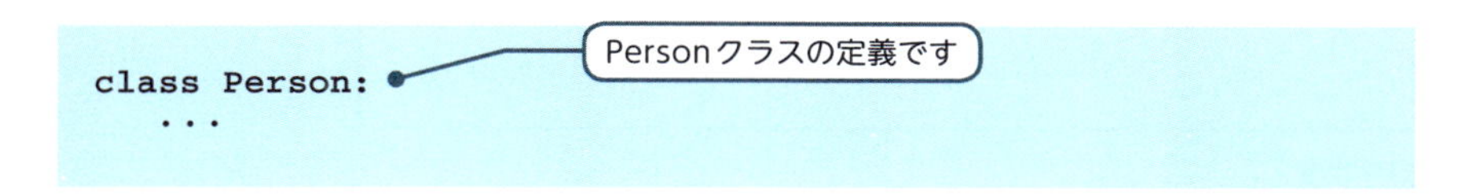

```
class Person:
  ・・・
```


クラスの定義のなかではインデントを行い、データや処理をまとめていきます。まず通常、「self.」という指定をつけた変数にデータとなる値を代入して使うことができます。この変数は、

データ属性 (data attribute)

と呼ばれています。データ属性としてデータをまとめるのです。

また、1つ目の引数を「self」とした関数を定義できます。この関数は、

メソッド (method)

と呼ばれています。メソッドとして処理をまとめるのです。

なお、Pythonではデータ属性とメソッドをまとめて、単純に属性（attribute）とも呼ぶこともあります。「self」をつけたデータ属性はメソッドのなかで使います。

たとえば、2つのデータ属性を用意し、2つのメソッドを定義すると、次のようなかたちのクラスになります。

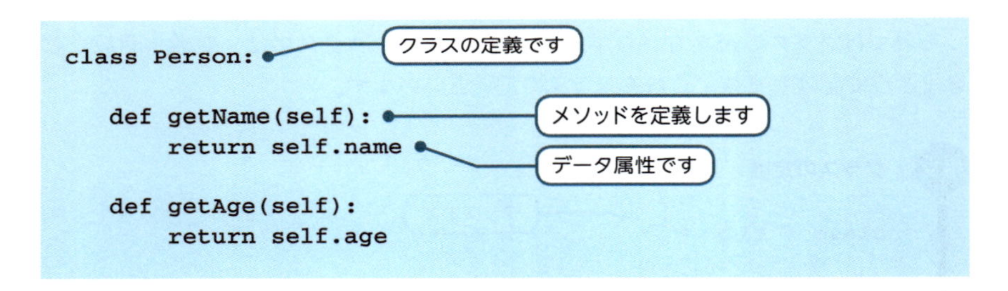

ここでは、人物の名前をあらわす「name」、年齢をあらわす「age」というデータ属性をまとめています。さらに、名前を調べるgetName()メソッド、年齢を調べるgetAge()メソッドをまとめています。

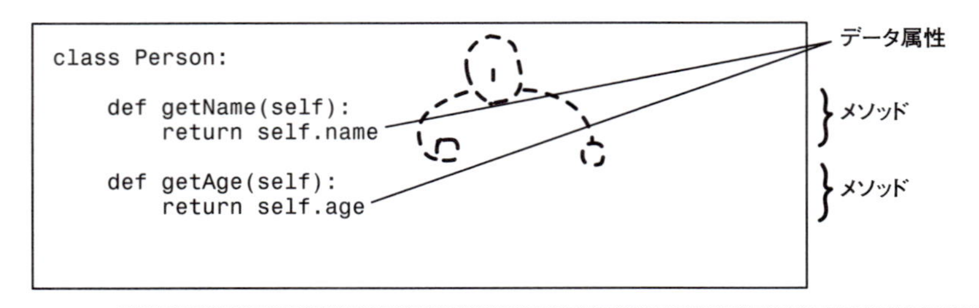

図8-2 クラスの定義

クラスにはデータ属性とメソッドを記述します。

インスタンスを作成する

さて、こうして定義したクラスを利用するには、通常、

インスタンスを作成する

という処理を行います。

クラスは、特定のモノに着目してデータ（情報）や処理（機能）をまとめたものです。たとえばPersonクラスは、一般的な「人間」がどういうものであるかをまとめたものです。これを実際に利用するには、このクラスから1人1人の情報・機能を作成していく必要があります。

クラスから作成されるこの個々の存在が、インスタンス（instance）です。たとえば、Personクラスから作成された1人1人の人間がインスタンスにあたることになります。

インスタンスは「クラス名()」という指定で作成し、インスタンスをあらわす変数（インスタンス名）に代入します。

インスタンスの作成

```
インスタンス名 = クラス名()
```

つまり、Personクラスの場合は、次のようにしてインスタンスを作成することになります。

```
pr = Person()
```

prはインスタンスをあらわします

この結果、変数prがPersonクラスのインスタンスをあらわすことになります。このインスタンスprによって、Personクラスのデータ属性・メソッドを利用できるようになるのです。

データ属性・メソッドを利用する

さっそくクラスからインスタンスを作成し、データ属性・メソッドを利用してみましょう。これらを利用するには、「.」(ピリオド) を使います。

属性の利用

```
インスタンス名.データ属性名
インスタンス名.メソッド名(引数リスト)
```

つまり、次のようなコードで、インスタンスのデータ属性に値を代入したり、メソッドを呼び出したりするのです。

```
pr.name= "鈴木"      ← データ属性に値を代入します
...
pr.getName()         ← メソッドを呼び出します
```

このように記述することで、Personのデータ属性であるnameに名前を代入したり、getName()メソッドを使って名前を調べたりすることができるようになります。

ここで、クラスからインスタンスを作成するコードを確認しておきましょう。

Sample1.py ▶ クラスを利用する

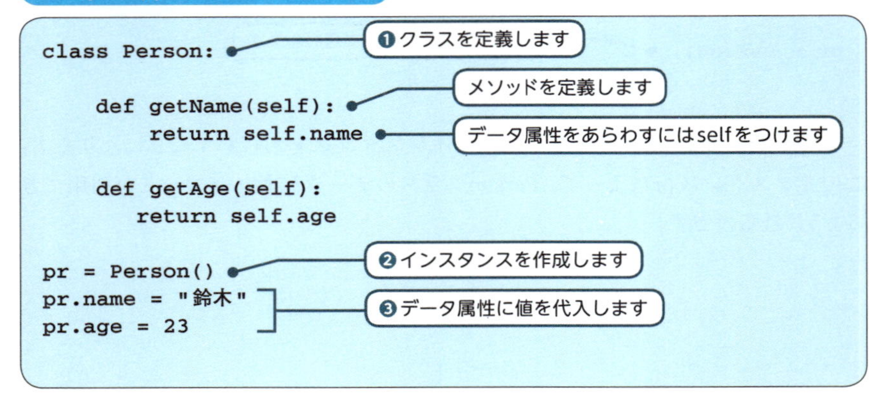

```
n = pr.getName()
a = pr.getAge()

print(n, "さんは", a, "才です。")
```

❸メソッドを呼び出します

Sample1の実行画面

```
鈴木 さんは 23 才です。
```

このコードでは、❶でPersonクラスを定義しています。❷でPersonクラスのインスタンスを作成しています。

❸ではインスタンスのデータ属性・メソッドを利用しています。名前と年齢をあらわすデータ属性に値を設定し、名前と年齢を調べるメソッドを呼び出して利用しているのです。

実行結果では、1人の人間の情報が表示されました。このように、クラスからインスタンスを作成することで、1人の人間の情報を扱うことができたのです。

クラスからインスタンスを作成することができる。
インスタンスのデータ属性・メソッドを利用することができる。

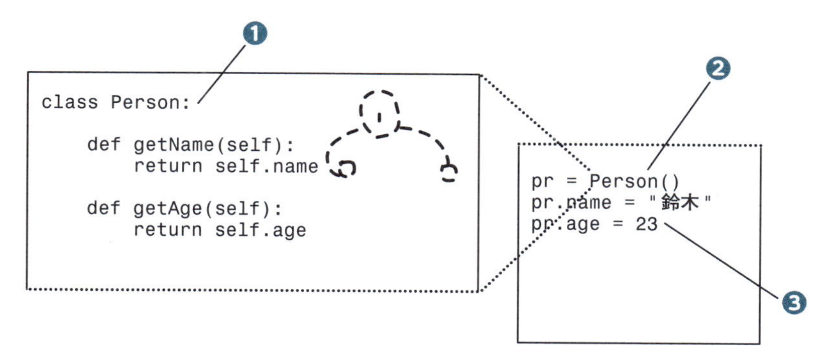

図8-3 クラスの利用

クラスを定義すると(❶)、インスタンスを作成し(❷)、データ属性・メソッドを利用することができます(❸)。

複数のインスタンスを作成する

クラスからインスタンスを作成することができました。1人の人間をあらわすインスタンスを作成することで、1人の人間に関する情報を取り扱うことができたのです。

インスタンスはいくつも作成することができます。このため、2人の人間のデータを管理することもかんたんです。インスタンスを2つ作成すればよいのです。さっそくコードを作成してみましょう。

Sample2.py ▶ 複数のインスタンスを作成する

```
class Person:

    def getName(self):
        return self.name

    def getAge(self):
        return self.age

pr1 = Person()
pr1.name = "鈴木"
pr1.age = 23
n1 = pr1.getName()
a1 = pr1.getAge()

pr2 = Person()
pr2.name = "佐藤"
pr2.age = 38
n2 = pr2.getName()
a2 = pr2.getAge()

print(n1, "さんは", a1, "才です。")
print(n2, "さんは", a2, "才です。")
```

- pr1 = Person() ：1人目をあらわすインスタンスです
- pr2 = Person() ：2人目をあらわすインスタンスです
- print(n1, …) ：1人目の情報を出力します
- print(n2, …) ：2人目の情報を出力します

Sample2の実行画面

```
鈴木 さんは 23 才です。
佐藤 さんは 38 才です。
```

2つのインスタンスを管理することができます

2つのインスタンスを作成し、「鈴木さん・23才」と「佐藤さん・38才」として設定しています。2人の情報を管理することができています。インスタンスを2つ作成することで、2人の情報を扱うことができたのです。

第5章・第6章で学んだリストなどのコレクションを使えば、さらに多くのインスタンスを管理できます。たとえば、「people」という名前のリストを、次のように作成できるわけです。さらに複雑なプログラムを作成していくことができるでしょう。

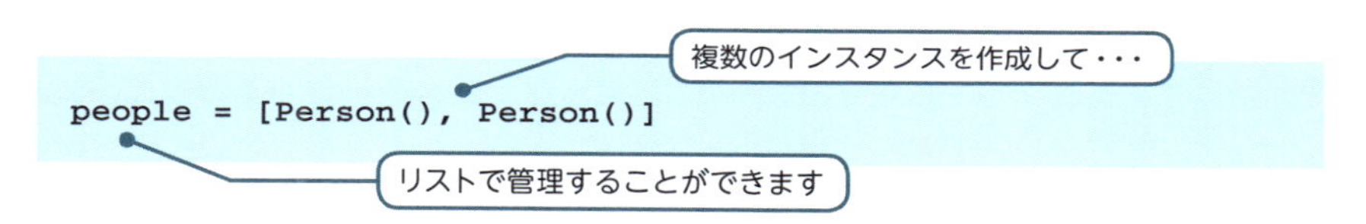

複数のインスタンスを作成することができる。

Lesson 8

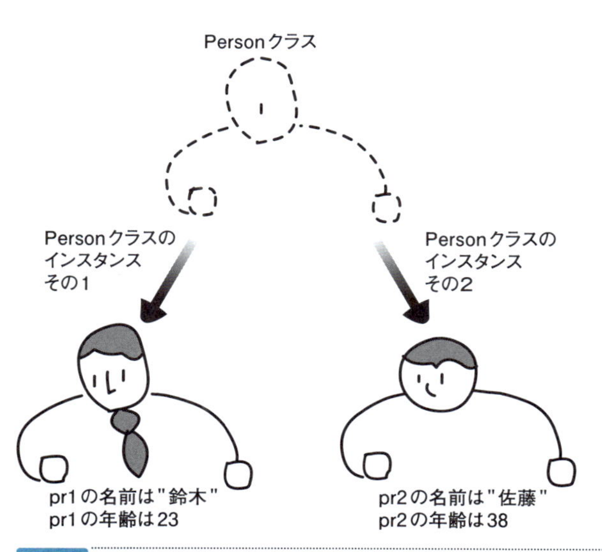

図8-4 複数のインスタンス

インスタンスを複数作成することができます。

データ属性・メソッドのself

データ属性・メソッドには、「self」という指定を使うことを忘れないでください。クラスの内部には、selfを使わない変数・メソッドも定義して利用することができます。ただし、それらはインスタンスを通して外部から利用することはできません。属性にselfを指定し忘れると、このような変数・関数となってしまい、外部から利用するまでエラーとならないので注意が必要です。

なお、「self」はインスタンスをあらわす慣習的な引数名となっています。

8.2 コンストラクタ

コンストラクタのしくみを知る

この節と次の8.3節では、特別なデータ属性とメソッドについて学ぶことにしましょう。まずこの節では、「コンストラクタ」と呼ばれる特殊なメソッドについて学ぶことにします。

インスタンスを作成するとき、最初にさまざまな処理をしたい場合があります。たとえば、インスタンスを作成したときに初期値を与えたり、値が正しいかどうかのチェックをしたりといった、初期化処理を行いたい場合があるでしょう。

このとき、

インスタンスが作成されるときに最初に必ず処理されるメソッド

を記述しておくことができます。このメソッドがコンストラクタ（constructor）と呼ばれるメソッドです。

コンストラクタは、「__init__」という名前をもつメソッドとして扱われます。2本のアンダースコアからはじまり、2本のアンダースコアで終わりますので注意してください。

コンストラクタ

```
def __init__(self, 引数リスト):
    ...
```

インスタンスを作成する際に呼び出されるメソッドです

Personクラスのコンストラクタは、次のように定義することができます。このコンストラクタには、selfのほかに名前・年齢をあらわす引数を2つもたせるようにしています。

```
def __init__(self, name, age):
    self.name = name
    self.age = age
```

インスタンスを作成する際に呼び出されます

すると、

```
pr = Person("鈴木", 23)
```

インスタンスを作成します

という記述でインスタンスを作成できるようになります。このときコンストラクタが自動的に呼び出されて処理されるのです。ここではnameに「鈴木」、ageに「23」が格納されることになります。

コンストラクタを使ってインスタンスを作成してみることにしましょう。

Sample3.py ▶ コンストラクタ

```
class Person:

    def __init__(self, name, age):
        self.name = name
        self.age = age

    def getName(self):
        return self.name

    def getAge(self):
        return self.age

pr = Person("鈴木", 23)

n = pr.getName()
a = pr.getAge()

print(n, "さんは", a, "才です。")
```

❷インスタンスを作成する際に呼び出されます

❶インスタンスを作成します

Sample3の実行画面

```
鈴木 さんは 23 才です。
```

ここでは、インスタンスを作成する際に、値を渡しています（❶）。コンストラクタを記述しておくことで（❷）、コンストラクタが呼び出され、初期化が行われるのです。

コンストラクタでは、インスタンスが作成されるときに行いたい処理を記述しておくと便利です。

インスタンスが作成されるときにコンストラクタが呼び出される。

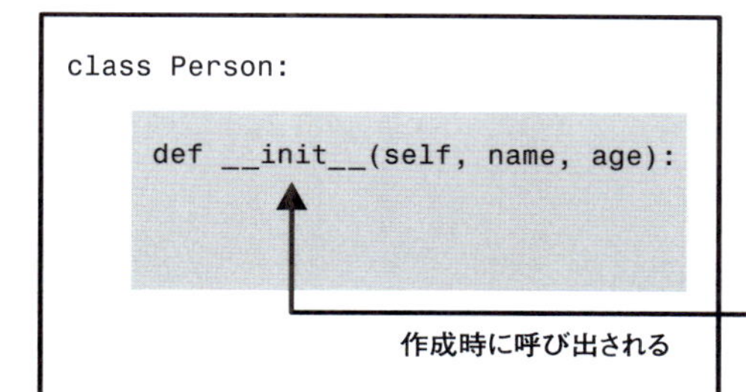

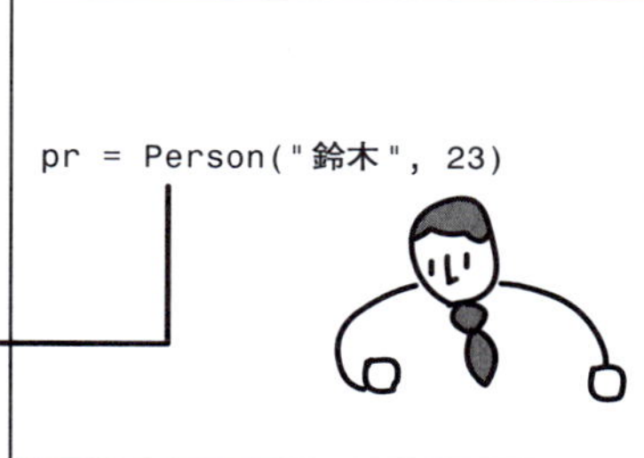

図8-5 コンストラクタ
コンストラクタはインスタンスが作成されるときに呼び出されます。

8.3 クラス変数・クラスメソッド

クラスに関連づけられるデータ属性とメソッド

この節では、さらに特殊なデータ属性とメソッドについて学びましょう。

これまでにみてきたデータ属性は、個々のインスタンスごとに存在しています。たとえば、年齢をあらわすデータ属性は、1人の人間をあらわすインスタンスごとに「23」才や「38」才という値をもつことができました。メソッドも、1人のインスタンスを作成したあとで呼び出すことができました。つまり、これまでのデータ属性やメソッドは、

「個々のインスタンス」に関連づけられていた

わけです。

これに対して、クラス全体で値を格納したり、処理をしたい場合があります。このとき、クラス全体で共有できるデータ属性やメソッドをもつことができれば便利です。たとえば、Personクラス全体でいくつインスタンスがあるかを記憶したい場合などには、クラス全体で共有して値をもつことが必要になります。

クラスでは、こうした共有できるデータ属性やメソッドを定義することができます。このようなデータ属性やメソッドは、

「クラス全体」に関連づけられる

ものとなっています。この節では、クラスに関連づけられるデータ属性とメソッドについて学びましょう。

クラスのデータ属性のしくみを知る

まず、データ属性をクラス全体に関連づけるためには、次のようにクラスの定

義を行うブロック内で、データ属性をあらわす変数を定義します。

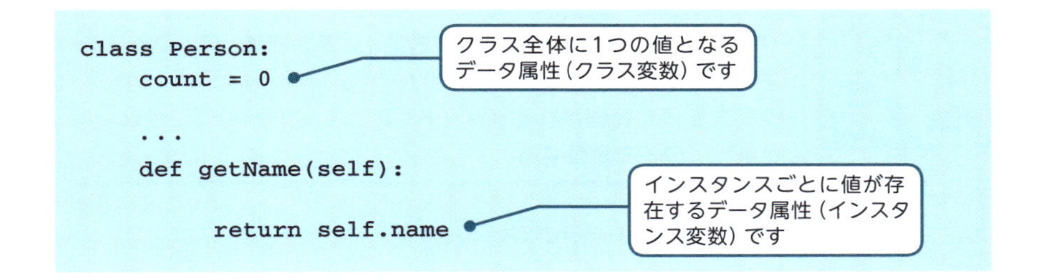

クラスの下で定義されたデータ属性は、クラスに1つだけ値が存在します。このデータ属性は**クラス変数**（class variable）と呼ばれることがあります。

なお、これまでにみてきたような、「self」がつけられたデータ属性は、インスタンスごとに値が存在します。このデータ属性は、クラス変数と比較して、**インスタンス変数**（instance variable）と呼ばれることもあります。

クラスメソッドのしくみを知る

また、クラスに関連づけられるメソッドを定義することもできます。このメソッドは**クラスメソッド**（class method）と呼ばれます。クラスメソッドは、クラスの定義内に記述した@classmethodという指定の下に定義します。

たとえば、クラス変数countの値を戻すクラスメソッドを定義してみましょう。

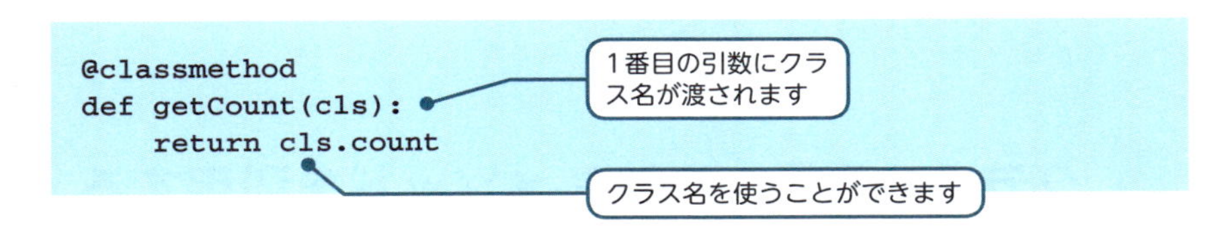

「cls」はクラス名を受け取るための引数です。クラスメソッドの1番目の引数にはクラス名が渡されます。ここではクラス名をあらわす引数clsを使って、クラスのデータ属性を戻しているのです。このように、クラスメソッドには一般的に「cls」を1つ目の引数としてもたせることになります。

なお、これまでにみてきたような、「self」を引数としてもつメソッドは、クラスメソッドと比較して、**インスタンスメソッド**（instance method）と呼ばれることがあります。「self」はインスタンス自身（自分自身）をあらわすものとなっています。

クラス全体で管理されるデータ属性（クラス変数）は、クラスの下で定義する。
クラス全体で管理されるメソッド（クラスメソッド）は、@classmethodの下で定義する。

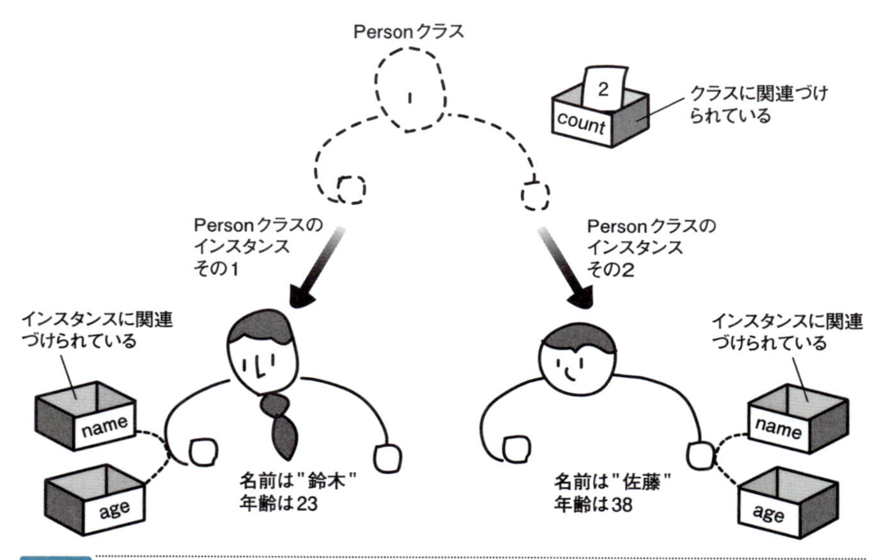

図8-6 **クラス変数・クラスメソッド**
クラスに関連づけられたデータ属性（クラス変数）・メソッド（クラスメソッド）を定義することができます。

クラスの変数・クラスメソッドを利用する

これまでみてきたクラス変数・クラスメソッドを、クラスの外部から利用する際には、「クラス名.」をつけて利用します。

たとえば、次のようにクラス名である「Person」と「.」（ピリオド）をつけて、クラス変数countの値を知ることができるのです。

クラス名をつけてあらわします

```
Person.count
```

クラスメソッドも同様に呼び出すことができます。

クラス名をつけて呼び出します

```
Person.getCount()
```

それでは、クラス変数・クラスメソッドを利用してみましょう。次のコードをみてください。

Sample4.py ▶ クラス変数・クラスメソッド

```
class Person:
    count = 0

    def __init__(self, name, age):
        Person.count = Person.count + 1

        self.name = name
        self.age = age

    def getName(self):
        return self.name

    def getAge(self):
        return self.age

    @classmethod
    def getCount(cls):
        return cls.count

pr1 = Person("鈴木", 23)
pr2 = Person("佐藤", 38)

print(pr1.getName(), "さんは", pr1.getAge(), "才です。")
print(pr2.getName(), "さんは", pr2.getAge(), "才です。")
print("合計人数は", Person.getCount(), "です。")
```

クラス変数です

インスタンスが作成されるときに・・・

クラス変数であるcountを1増やします

クラスメソッドです

クラスメソッドを呼び出します

Sample4の実行画面

```
鈴木 さんは 23 才です。
佐藤 さんは 38 才です。
合計人数は 2 です。
```

作成されたインスタンスの数が表示されます

まず、クラスの定義内で、クラス変数countを「0」として作成しています。次にコンストラクタ内でこのcountを1つ増やしています。インスタンスを作成したときにこのコンストラクタが呼び出されますから、インスタンスが作成されるたびにcountが1つ増えるわけです。

また、クラスメソッドgetCount()を定義しています。このメソッドはクラス変数であるcountを戻り値として返しています。このため、インスタンスを2つ作成したあとにクラスメソッドを呼び出すことで、合計人数である2が出力されるのです。

8.4 カプセル化

オブジェクト指向とは

この節までに、私たちはクラスの基本について学んできました。この節では、クラスを利用するときの注意ときまりについてみていきましょう。

クラスには、モノの概念にもとづいてデータと処理をまとめてきました。このことによって、あたかも実際に名前や年齢をもつ人間を作成するように、プログラムを作成することができたのです。このように、モノの概念にもとづいてプログラムを設計していく方法のことを、プログラミングの世界では**オブジェクト指向**（object oriented）と呼んでいます。

ところで、オブジェクト指向では本来、モノのデータをあらわすデータ属性を勝手に変更できないようにしておくことが必要となっています。たとえば、人物の年齢が、マイナスの値に設定されてしまったらどうなるでしょうか。

```
pr = Person()
pr.age = -10
```

マイナスの値が設定されると問題が起こる場合があります

こうした誤った値が代入されることによって、このPersonクラスを利用するプログラムの問題につながってしまうことがあります。

オブジェクト指向では、モノの概念に着目してプログラムを設計します。モノに着目することで、クラスを、誤りの起きにくいプログラムの部品として扱えるようにすることを目的としています。このため、オブジェクト指向では、このような誤った値が設定されないようなしくみとしておくことが求められているのです。

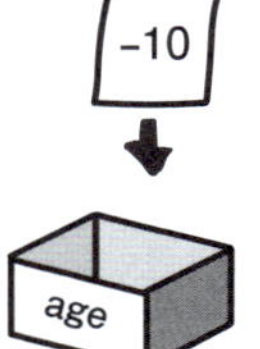

図8-7 誤った値の代入
データ属性には、誤った値が代入されないようにする必要があります。

Lesson 8

このため、一般的にオブジェクト指向によるプログラミング言語では、クラスの定義の外部から属性にアクセスできないようにするしくみをもたせるしくみとなっています。「pr.age ＝・・・」のような「.」（ピリオド）を使ったアクセスができないようにしておくのです。属性にアクセスすることができなければ、誤った値を代入することはできず、プログラム上の問題は起きません。オブジェクト指向では、外部から属性にアクセスできないようにしてプログラムに起こる問題を防ぐようにしているのです。

属性へのアクセスを行わないようにする

しかし、Pythonの場合には注意が必要です。Pythonでは、言語のシンプルさが重視されています。このためPythonでは、クラスの外部からデータ属性を利用し、このようなマイナスの値を設定することができてしまうのです。

そこで、Pythonのクラスを定義する際には、

アクセスを制限したい属性の名前を、
アンダースコア1つ（_）からはじまる名前とする

という方法が、慣習として行われています。

たとえば、Personクラスの年齢をあらわすデータ属性が勝手に書き換えられないようにするために、次のようにデータ属性の名前の先頭に「_」（アンダースコア）をつけて、「_age」などとするのです。

```
class Person:
    ...
    def __init__(self, name, age):
        self._age =  age
```

外部からアクセスされたくない属性の名前には、先頭に「_」をつけます

そして、Personクラスを利用する際には、次のような「_」のついた変数を使わないことにします。

「_」をつけた属性に外部からアクセスしないようにします

```
#pr._age = -10
```

Pythonではこのような方法によって、誤りのおきにくいクラスを定義するようにしているのです。

このように、データを保護し、外部から勝手にアクセスできないように示すことを、オブジェクト指向の世界ではカプセル化（capsulization）と呼んでいます。

属性へのアクセスを制限するには

Pythonでは慣習的な名前をつけることで、カプセル化を行うものとなっています。ただし、Pythonには、値を書き換えられないように強制しておく方法も用意されています。このためには、

属性の名前を、アンダースコア2つ（__）からはじまる名前とする

という方法で記述します。つまり、値を変更されたくない属性に、次のような名前をつけることができるのです。

```
class Person:
    ...
    def __init__(self, name, age):
        self.__age =  age
```

外部からアクセスできないようにするには先頭に「__」をつけます

「__」（2つのアンダースコア）のついた属性には、クラスの外部からアクセスすることはできなくなります。

「__」をつけた属性に外部からアクセスすることはできません

```
#pr.__age = -10
```

ただし、Pythonではこのような名前をつけた場合であっても、実際には属性の名前が別の名前に変更されるしくみとなっています。本当にこの属性へのアクセスができないようにはなっていないのです。

このように、属性の名前が別の名前に変更されてアクセスできないようになるPythonのしくみは、マングリング（name mangling：難号化）と呼ばれています。Pythonはこうしたシンプルな方法でオブジェクト指向を実現しているのです。

セッターとゲッターを指定できる

Pythonには、このほかにもカプセル化のしくみが用意されていますので紹介しておきましょう。

Pythonでは、データの設定と取得を適切に行うメソッドを定義し、組み込み関数property()によって指定できます。データを設定するメソッドはセッター(setter)、データを取得するメソッドはゲッター(getter)と呼ばれています。

```
class Person:

    def データを設定するメソッド名(self, ･･･):
        ...
    def データを取得するメソッド名(self, ･･･):
        ...
    age = property(データを取得するメソッド名, データを設定するメソッド名)
```


この指定をしておくと、次の形式でクラスの外からデータを設定・取得するメソッドを呼び出すことができるようになります。

```
pr = Person()
pr.age = 値
変数 = pr.age
```


このため、「_」や「__」などで属性に直接アクセスできないようにしても、これらのメソッドによってデータに誤りがないかチェックしたうえで、データの設定・取得を行えるようにし、カプセル化を行うことができるようになっているのです。

シンプルなPythonのカプセル化

このように、Pythonでは、名前に「_」または「__」をつける方法などを使って、カプセル化を行うことができるようになっています。ただし、Pythonで採用されているオブジェクト指向は、とてもシンプルなものです。そこで本書では、データ属性に「_」や「__」をつけずにクラスを記述することにしましょう。

オブジェクト指向

オブジェクト指向の世界では、本書で記述しているインスタンスのことを「オブジェクト」と呼ぶことが多くなっています。ただし、Pythonではクラスやインスタンス、変数や関数などを含めすべてのしくみを「オブジェクト」と呼ぶことになっています。用語に注意しておきましょう。

8.5 新しいクラス

継承のしくみを知る

この節ではクラスを発展させる方法を学びましょう。Pythonでは、すでに定義したクラスをもとに、新しいクラスを定義することができるようになっています。

新しいクラスを定義することを、

クラスを拡張する（extends）

といいます。

新しいクラスは、既存のクラスのデータ属性・メソッドを「受け継ぐ」しくみになっています。既存のクラスのデータ属性・メソッドを記述する必要はありません。既存のクラスに新しく必要となるデータ属性・メソッドをつけたすようにコードを書いていくことができるのです。

このように、新しく拡張したクラスが既存のクラスの資産を受け継ぐことを、**継承**（inheritance）といいます。このとき、もとになる既存のクラスを**基底クラス**（base class）と呼びます。そして、新しいクラスを**派生クラス**（derived class）と呼びます。

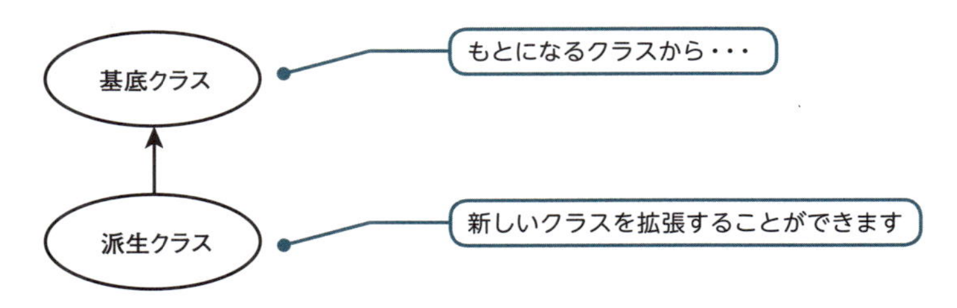

図8-8 クラスの派生
既存のクラス（基底クラス）から新しいクラス（派生クラス）を拡張することができます。

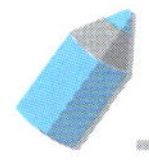

クラスを拡張する

それではクラスを拡張する方法をおぼえましょう。派生クラスは、クラス名のあとに「(基底クラス名)」と記述して、基底クラスを指定します。

構文 **派生クラスの定義**

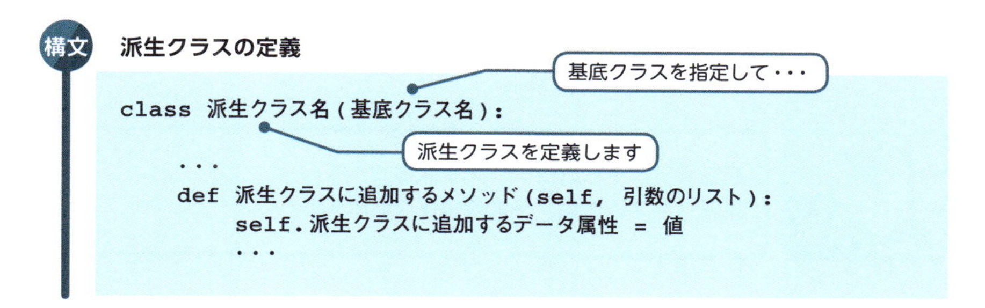

たとえば、人間をあらわすPersonクラスをもとにして、顧客をあらわすCustomerクラスを定義してみることにしましょう。

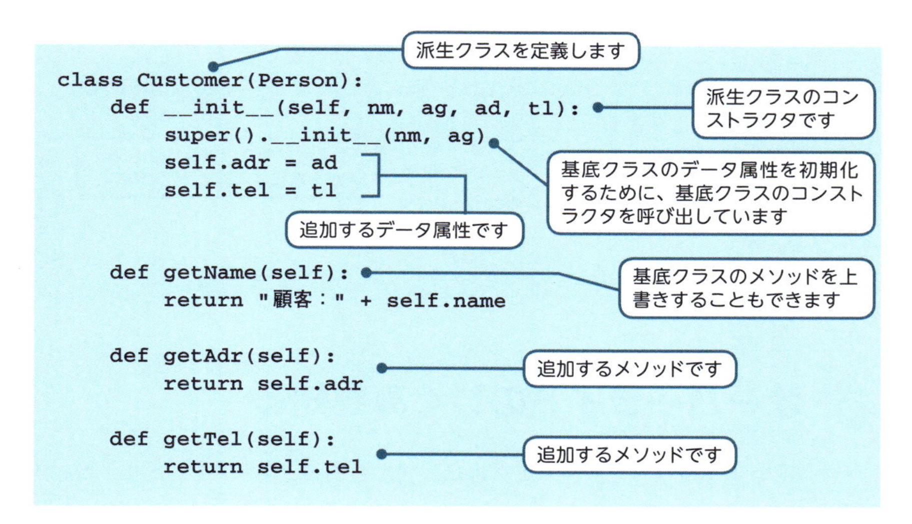

PersonクラスからCustomerクラスを拡張すると、Customerクラスは、Personクラスのデータ属性・メソッドを受け継ぐことができます。このため、Customerクラスは受け継いだ属性に関して、特にコードを記述する必要はありません。派生クラス独自のデータ属性・メソッドを書けばよいのです。

ここではCustomerクラスとして、データ属性adr・telと、メソッドgetAdr()・getTel()を追加しました。コンストラクタも定義しています。

なお、派生クラスでコンストラクタを定義したときには注意が必要です。基底クラスのデータ属性を初期化したい場合には、基底クラスのコンストラクタを記述して呼び出す必要があるからです。このとき、「super().基底クラスのコンストラクタ()」という指定で、基底クラスのコンストラクタを呼び出します。「super()」は基底クラスのインスタンスを取得するメソッドとなっています。

基底クラスから派生クラスを拡張できる。
基底クラスは派生クラスの属性を継承する。

多重継承

Pythonでは、複数の基底クラスから拡張することもできます。このとき、派生クラスは複数の基底クラスの属性を継承します。派生クラスが複数のクラスの属性を継承することを、多重継承（multiple inheritance）と呼びます。

```
class Customer(Person, Account):
    ...
```

PersonクラスとAccountクラスから拡張することができます

オーバーライドのしくみを知る

ところで、基底クラスと派生クラスには、同じ名前のメソッドをもたせることができます。たとえば、PersonクラスはgetName()メソッドをもっています。このとき、CustomerクラスでもgetName()メソッドを定義することができるのです。

```
class Person:
    ...
```

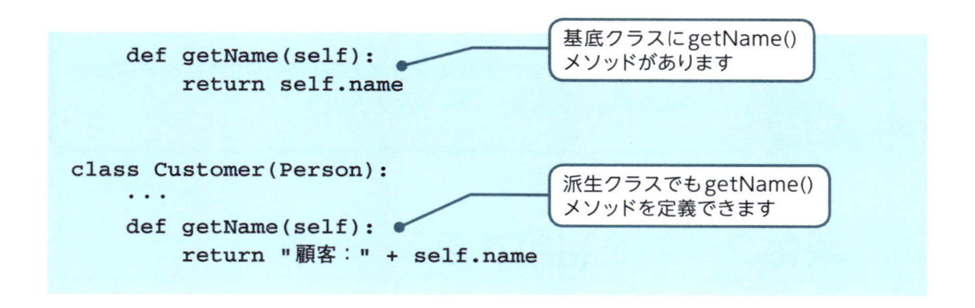

このとき、派生クラスではどちらのメソッドが機能するのでしょうか？ 次のコードを考えてみてください。

```
pr = Person()
print (pr.getName())

cs = Customer()
print (cs.getName())
```

基底クラスのメソッドが処理されます

派生クラスのメソッドが処理されます

基底クラスのインスタンスをあらわす変数からgetName()メソッドを呼び出すと、基底クラスのgetName()メソッドが機能します。

しかし、派生クラスのインスタンスをあらわす変数からgetName()メソッドを呼び出すと、派生クラスのgetName()メソッドが機能します。基底クラスで定義したメソッドではなく、派生クラスで定義したほうのメソッドが機能するのです。

派生クラスのメソッドが、基底クラスのメソッドにかわって機能することを**オーバーライド**（override）と呼んでいます。同じ名前のメソッドがインスタンスのクラスに応じて機能するので、わかりやすいコードを記述することができるようになっています。

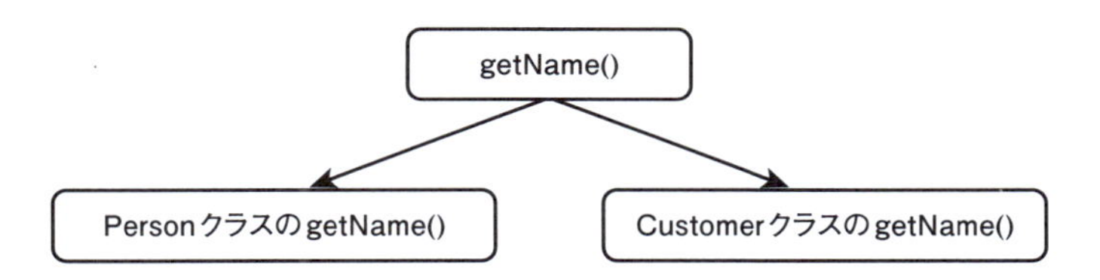

派生クラスのメソッドが基底クラスの同じ名前のメソッドにかわって機能することをオーバーライドという。

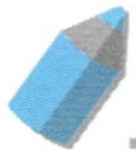

派生クラスを利用する

それでは、継承とオーバーライドについてまとめてみましょう。コードを確認してみてください。

Sample5.py ▶ 継承とオーバーライド

```
class Person:                                  ← 基底クラスの定義です

    def __init__(self, name, age):
        self.name = name
        self.age = age

    def getName(self):
        return self.name

    def getAge(self):
        return self.age

class Customer(Person):                        ← 派生クラスの定義です
    def __init__(self, nm, ag, ad, tl):
        super().__init__(nm, ag)               ← 基底クラスのデータ属性を初期化するために、基底クラスのコンストラクタを呼び出しています

        self.adr = ad                          ← 追加するデータ属性です
        self.tel = tl

    def getName(self):                         ← 基底クラスのメソッドを上書きすることもできます
        return "顧客：" + self.name

    def getAdr(self):                          ← 追加するメソッドです
        return self.adr

    def getTel(self):                          ← 追加するメソッドです
        return self.tel
```

```
pr = Customer("鈴木", 23, "mmm@nnn.nn.jp", "xxx-xxx-xxxx")

nm = pr.getName()
ag = pr.getAge()
ad = pr.getAdr()
tl = pr.getTel()

print(nm, "さんは", ag, "才です。")
print("アドレスは", ad, "電話番号は", tl, "です。")
```

Sample5の実行画面

```
顧客：鈴木 さんは 23 才です。
アドレスは mmm@nnn.nn.jp 電話番号は xxx-xxx-xxxx です。
```

派生クラスのメソッドが呼び出されています

派生クラスに追加したメソッドが呼び出されています

組み込み型のクラス

Pythonには、これまで学んだ文字列・リスト・タプル・ディクショナリなどをあらわすクラスが用意されています。クラスを定義する際には、これらのクラスを基底クラスとして指定し、拡張することもできます。これらのクラスに独自の機能を追加した派生クラスを定義すれば、効率的にコードを作成することができるでしょう。

なお、これらのクラスのコンストラクタや主なメソッドについては、第5章・第6章などで紹介しています。巻末の付録にも掲載していますので復習してみてください。

表8-1：主な組み込み型のクラス

クラス	内容
int	整数
float	小数
list	リスト
tuple	タプル
dict	ディクショナリ
set	セット
str	文字列

Lesson 8

8.6 クラスに関する高度なトピック

特殊なメソッドを定義する

この章では、クラスについて学んできました。この節ではクラスに関する高度なトピックを紹介しておきましょう。

クラスを定義する際、名前の決められたメソッドを定義することがあります。たとえば、「__str__()」という名前のメソッドを定義しておくことができます。

```
class Person:
    ...
    def __str__(self):
        str = self.name + "さん"
        return str
```

「__str__」という決められた名前のメソッドを定義することで・・・

「str()関数」に対するふるまいを定義することができます

すると、組み込み関数str()の引数にこのクラスのインスタンスを指定したときに、この__str__()メソッドの戻り値が返されるようになっています。

つまり、__str__()メソッドは、

str()関数でクラスに関する文字列を得るために定義しておく特別なメソッド

となっているのです。

```
pr = Person()
pr.name = "鈴木"
print(str(pr))
```

str()関数で文字列を得ることができるようになります

__str__()メソッドでは、自由に処理内容を定義することができますが、str()関数は文字列に変換するための組み込み関数です。このため、__str__()メソッドでも、その目的にあった処理を行う必要があります。この__str__()メソッドでは、文字列として「○○さん」というPersonクラスのための文字列を返すようにしています。なお、引数のselfは自分自身をあらわすために用いることができます。

Pythonでは、このほかにも次のような目的の決められたメソッドを定義することができます。

表8-2：主な特殊メソッド

定義するメソッド	対応する組み込み関数	内容
__str__(self)	str()	文字列を返す
__format__()	format()	フォーマットした文字列を返す
__int__(self)	int()	整数を返す
__float__(self)	float()	浮動小数点数を返す
__repr__(self)	repr()	式の評価となる文字列を返す

演算子の処理を定義する

Pythonでは、このほかにも特定の名前のメソッドを定義することによって、

クラスに関する演算を行う演算子の処理を定義する

ということができるようになっています。

たとえば、+演算子の処理を定義するために、「__add__()」というメソッドを定義することができます。Aという名前のクラスの場合をみてみましょう。

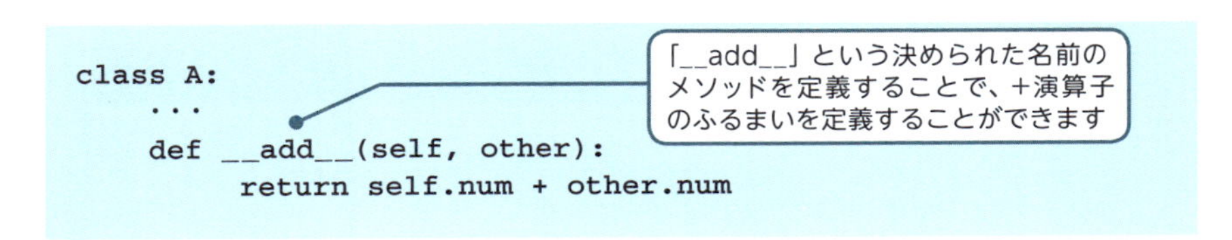

```
class A:
    ...
    def __add__(self, other):
        return self.num + other.num
```


このようなメソッドを定義することによって、「a1+a2」のような、Aクラスのインスタンスの計算ができるようになるのです。

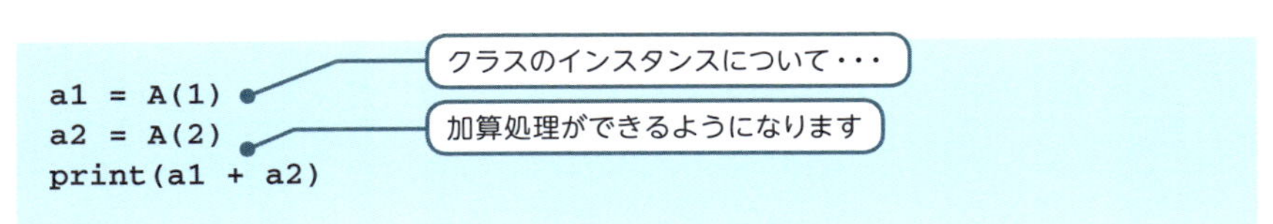

```
a1 = A(1)
a2 = A(2)
print(a1 + a2)
```

引数の「self」は左オペランドとなる自分自身を、「other」は右オペランドをあらわし、メソッド内の処理で用いることができます。

各メソッドは、該当する演算子のはたらきに応じた処理として定義する必要があります。たとえば、+演算子を定義する際には、そのクラスに応じた「加算処理」を行うものとする必要があります。

表8-3：主な演算子のメソッド

定義するメソッド	対応する演算子	内容
__add__(self, other)	+	加算
__sub__(self, other)	-	減算
__mul__(self, other)	*	乗算
__truediv__(self, other)	/	除算
__mod__(self, other)	%	剰余

各種コレクションのメソッドを定義する

Pythonでは、リストなどをはじめとする組み込み型のコレクションクラスを拡張することができます。各種コレクションクラスを拡張する場合には、次の名前のメソッドを定義すると便利です。これらのメソッドを定義すると、長さを取得するlen()関数や、要素の取得・代入・削除を行う際に[ ]を使うことができるようになります。

表8-4：主なコレクションクラスのメソッド

定義するメソッド	対応する操作（aはインスタンス）	内容
__len__(self)	len(a)	長さを返す
__getitem__(self, インデックスまたはキー)	a[インデックス または キー]	要素を取得する
__setitem__(self, インデックスまたはキー, 値)	a[インデックス または キー] = 値	要素に代入する
__delitem__(self, インデックスまたはキー)	del a[インデックス または キー]	要素を削除する
__iter__(self)	iter(a)	イテレータを返す
__reversed__(self)	reversed(a)	逆順にするイテレータを返す

8.7 モジュール

ファイルを分割する

私たちはこれまで、さまざまな関数やクラスを記述してきました。こうして作成した便利な関数やクラスを、ほかのプログラムから使えることができればとても便利です。一度作成した関数やクラスを、さまざまなプログラムで再利用することは、本格的なプログラムを効率よく作成していくにはとても重要なこととなっています。

Pythonでは、再利用するコードを別のファイルに分割して記述しておくことができます。ファイルを分割しておくことによって、作成した関数やクラスを使い、本格的なプログラムをすぐに開発しやすくなります。一度作成したコードを、いろいろなプログラムから利用しやすくできるのです。

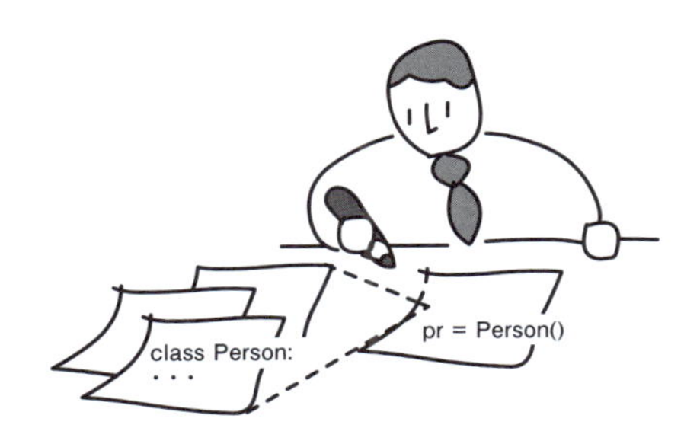

モジュールとして作成する

そこでこの節では、ファイルを分割する手法についてみていくことにしましょう。どのようにファイルを分割していったらよいのでしょうか。

ここでは、これまでに作成したPersonクラス・Customerクラスをほかのファイルに分割する方法をみていきましょう。次のように2つのファイルを作成してみてください。2つのファイルは同じディレクトリに配置してください。

myclass.py

```
class Person:

    def __init__(self, name, age):
       self.name = name
       self.age = age

    def getName(self):
        return self.name

    def getAge(self):
        return self.age

class Customer(Person):
    def __init__(self, nm, ag, ad, tl):
        super().__init__(nm, ag)

        self.adr = ad
        self.tel = tl

    def getName(self):
        return "顧客：" + self.name

    def getAdr(self):
        return self.adr

    def getTel(self):
        return self.tel
```

クラスの定義を別モジュール（ファイル）に記述します

Sample6.py ▶ ファイルを分割する

```
import myclass

pr = myclass.Customer("鈴木", 23, "mmm@nnn.nn.jp", "xxx-xxx-
xxxx")

nm = pr.getName()
ag = pr.getAge()
ad = pr.getAdr()
tl = pr.getTel()
```

別モジュール（ファイル）をインポートします

別モジュール（ファイル）のクラスを呼び出します

```
print(nm, "さんは", ag, "才です。")
print("アドレスは", ad, "電話番号は", tl, "です。")
```

ここでは、これまでに作成したファイルを2つに分割しています。Sample6.pyとmyclass.pyに分割しているのです。

Pythonではこうした個々のファイルを、

モジュール(module)

と呼んでいます。モジュールの名前は、ファイル名から拡張子をのぞいたものです。ここでは、コードを2つのモジュールSample6モジュール・myclassモジュールとして作成したわけです。

このプログラムを実行するにはSample6を実行してください。

Sample6の実行方法

```
python Sample6.py ↵
```

Sample6の実行画面

```
顧客：鈴木 さんは 23 才です。
アドレスは mmm@nnn.nn.jp 電話番号は xxx-xxx-xxxx です。
```

ファイルをモジュールに分割できる。

モジュールをインポートする

さて、分割したそれぞれのモジュールをみていきましょう。まず、Sample6モジュール（Sample6.py）では、コードの先頭に次のように記述しています。

```
import myclass
```
モジュール（ファイル）を読み込みます

import文は、ほかのモジュール（ファイル）を指定して読み込む処理を行う文です。ここでは、myclassモジュール（myclass.py）を読み込むように指定しています。myclass中で定義されたクラスを利用しようとしているためです。

まずは、このように別のモジュールをインポートする方法について、おぼえておきましょう。

インポートしたモジュールの関数・クラスを利用する

さて、こうしてインポートしたモジュール内の関数やクラスは、次のように「モジュール名.」をつけて利用することができます。

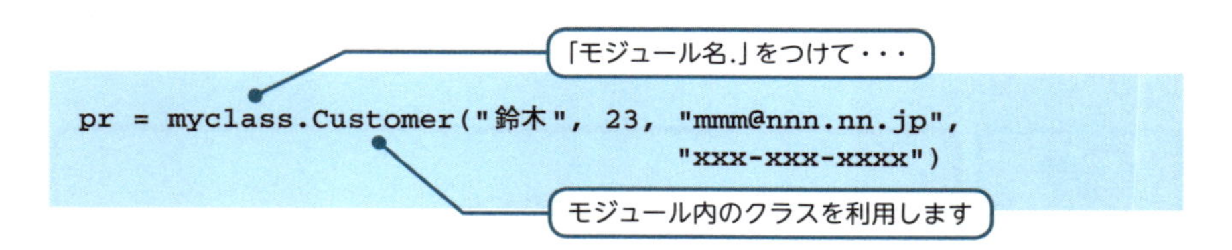

つまり、次のようなかたちでモジュール内の関数やクラスを利用できるわけです。

インポートした関数・クラスの利用

```
モジュール名.モジュール内の関数名やクラス名など・・・
```

こうして分割した別モジュールのクラスを利用することができました。Sample6

モジュールから、myclassモジュールのCustomerクラスを利用することができたわけです。このように、よく利用されるクラスや関数などは、別のファイルに分割しておくと便利です。分割したモジュールの関数やクラスを、ほかのプログラムでも利用しやすくなるからです。

ここでは、myclassモジュールのCustomerクラスを、Sample6モジュールから利用していますが、Customerクラスは、Sample6以外のさまざまなモジュールからも利用することができるでしょう。

myclass.py

```
class Person:
    ・・・

class Customer(Person):
    ・・・
```

Sample6.py

```
import myclass

pr = myclass.Customer(・・・)
```

図8-9 モジュール(ファイル)の分割

コードをモジュールとして分割すれば、一度作成したコードを再利用しやすくなります。

8.8 モジュールの応用

モジュールをインポートする際に名前をつける

この節では、モジュールを扱う際に役立つ知識を紹介しましょう。

まず、モジュールをインポートする際に、「as 自分でつける名前」を指定し、インポートして利用するモジュールに、自分で名前をつけることができるようになっています。

名前をつける

```
import モジュール名 as 自分でつける名前
```

たとえば、次のように自分で名前をつけることができるのです。

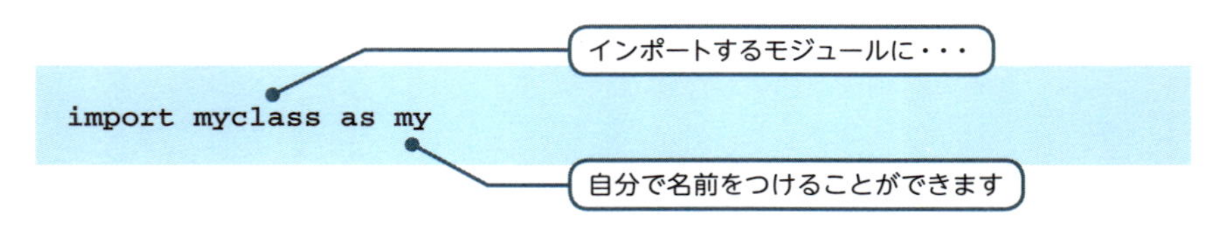

ここでは、myclassモジュールに「my」という名前をつけたわけです。するとmyclassモジュールのなかのCustomerクラスは、次のように利用できるようになります。

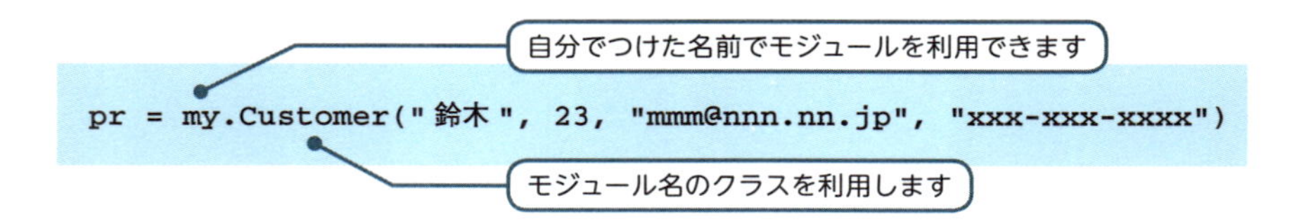

こうした方法は、ほかの開発元から提供されているモジュールや、名前の長いモジュールを使用する場合に便利です。この構文を利用することで、わかりやすくコードを記述できることがあります。

名前を直接インポートする

また、モジュール内の機能をさらにかんたんに利用するために、「from モジュール名」に続けて直接関数やクラスの名前をインポートすることができます。

直接インポートする

```
from モジュール名 import 関数名やクラス名など
```

直接インポートすることができます

この指定を使うと、関数名やクラス名を使う際、先頭に「**モジュール名.**」という指定をつけることなく、直接使うことができるようになります。

たとえば、Customerクラスを次のように使うことができるのです。

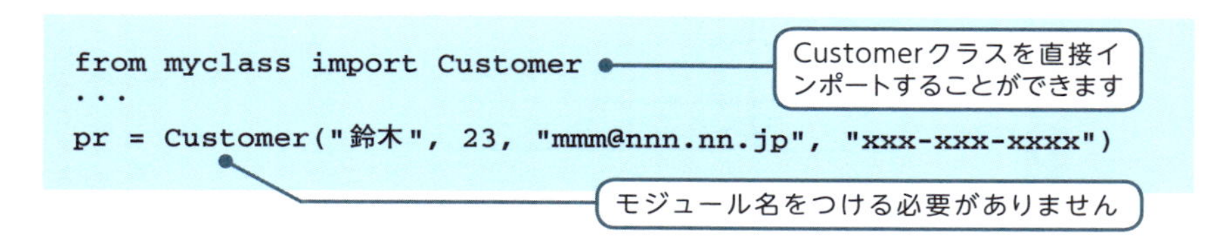

頻繁に利用する関数やクラスの場合は、コードをかんたんに記述することができて便利でしょう。

まとめてインポートする

また、特定のモジュールから多くの関数・クラスなどをインポートする場合には、これらの記述でも煩雑となる場合があります。このときには「*」という指定で関数やクラスをまとめてインポートをすることもできます。

Lesson 8

まとめてインポートする

```
from モジュール名 import *
```

まとめて直接インポートすることができます

「*」を使うと、「from モジュール名」で指定されたモジュール内のすべての関数・クラスなどが直接インポートされます。ただし、さまざまな名前がインポートされてコードの誤りにつながることもありますから、注意して使用する必要があります。

パッケージで分類する

ところで、たくさんの似た機能をもつモジュールがあるとき、モジュールを**パッケージ**（package）という概念で分類することがあります。パッケージ名は、モジュール（ファイル）が存在するディレクトリ（フォルダ）名です。モジュールをディレクトリに整理（配置）したものとするのです。

たとえば、myclass.pyを「mydir」ディレクトリ（フォルダ）に保存し、「mydir」をパッケージとすることができます。

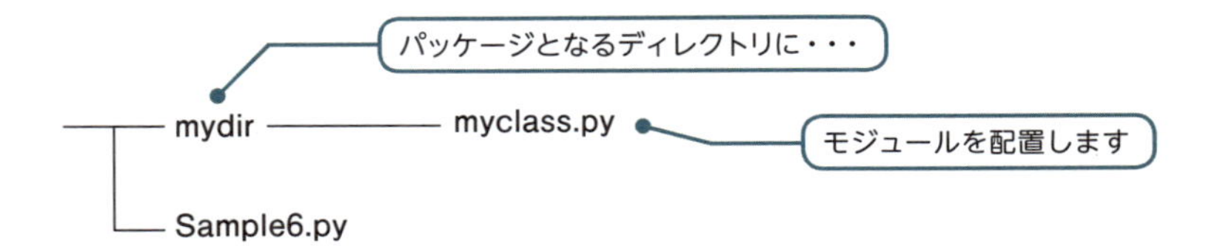

このようにすると、このモジュールを利用する側では、「**パッケージ名.**」をこのモジュール名につけて利用することができるようになります。

myclassにパッケージ名をつけて指定するときには、Sample6.pyを次のように変更します。

Sample6.py ▶ パッケージ名をつける場合

```
import mydir.myclass
...
pr = mydir.myclass.Customer("鈴木", 23, "mmm@nnn.nn.jp",
                            "xxx-xxx-xxxx")
```

パッケージに含まれるモジュールは・・・

パッケージ名をつけて利用します

また、fromを使用してモジュール名を直接インポートすることもできます。このとき、コード中ではパッケージ名を省略することができます。

Sample6.py ▶ モジュールを直接インポートする場合

```
from mydir import myclass
...
pr = myclass.Customer("鈴木", 23, "mmm@nnn.nn.jp",
                      "xxx-xxx-xxxx")
```

モジュール名を直接インポートすることもできます

パッケージ名をつける必要はありません

Lesson 8

8.9 標準ライブラリ

標準ライブラリのモジュールを利用する

Pythonの環境には、どのプログラムでも使える標準的な処理を定義した関数やクラスが多数モジュールとして提供されています。これを**標準ライブラリ**（standard library）といいます。

標準ライブラリの関数・クラスは、モジュール名を指定し、インポートをすることで利用できるようになります。

たとえば、標準ライブラリのcalendarモジュールをインポートすると、カレンダーをあらわすTextCalendarクラスを利用することができます。TextCalendarのインスタンスを作成して、prmonth()というメソッドを呼び出すと、指定年月のカレンダーを取得することができるようになっています。

Sample7.py ▶ 標準ライブラリのモジュールを使う

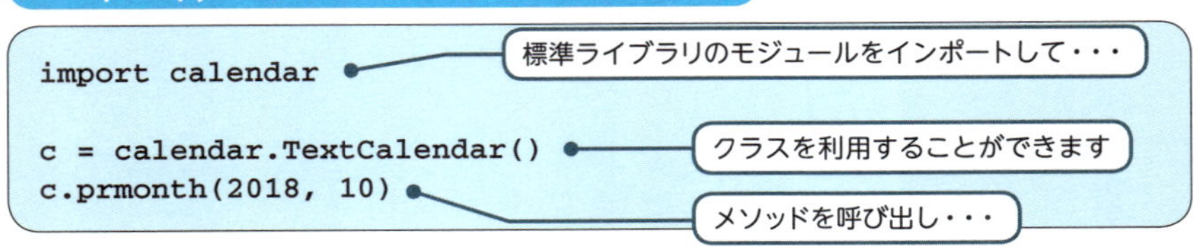

```
import calendar

c = calendar.TextCalendar()
c.prmonth(2018, 10)
```


Sample7の実行画面

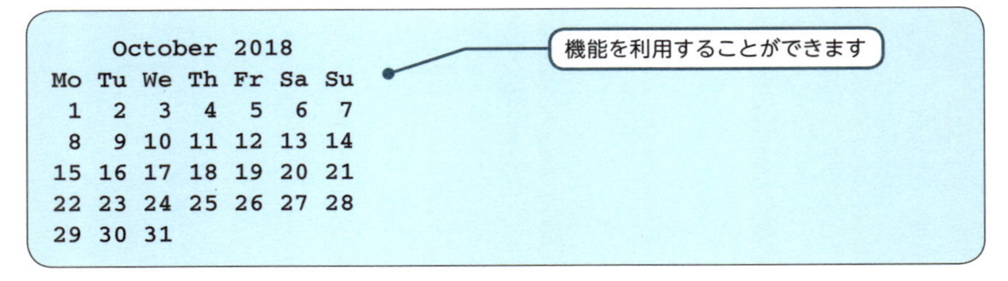

```
    October 2018
Mo Tu We Th Fr Sa Su
 1  2  3  4  5  6  7
 8  9 10 11 12 13 14
15 16 17 18 19 20 21
22 23 24 25 26 27 28
29 30 31
```

このほかにもさまざまな機能が標準ライブラリとして提供されています。標準ライブラリの主なモジュールには、次のような種類があります。

表8-5：標準ライブラリの主なモジュール

モジュール名	内容	モジュール名	内容
datetime	日時	xml.dom	XML DOM
calendar	カレンダー	xml.sax	XML SAX
time	時間	pickle	シリアライゼーション
re	正規表現	sqlite3	SQLite
math	数学	zipfile	zip
random	乱数	tarfile	tar
statistics	統計	html	HTML
os	OS関連	html.parser	HTML解析
os.path	パス	http	HTTP
sys	Pythonインタプリタ	urllib	URL
io	入出力	urllib.request	URLに関するリクエスト
json	JSON	socket	ソケット
csv	CSV	email	メール

またPythonでは、標準ライブラリ以外にもさまざまな用途をもつモジュールをインターネットから入手できます。こうしたモジュールはPythonプログラムの開発に広く利用されています。

Pythonでは、便利なモジュールを利用することで、高度なプログラムを効率的に作成できるようになっています。

本書でもこれから多くのモジュールを利用していきます。各種モジュールを利用した高度なプログラムを作成していきましょう。

標準ライブラリ以外のモジュール

インターネットではさまざまなモジュール・パッケージが公開されています。PyPI (the Python Package Index) では、PyPIに登録された各種のパッケージを検索できるようになっています。

■ **PyPI**

https://pypi.python.org/

PyPIで公開されているパッケージは、コマンド入力ツールから「pip install インストールするパッケージ名」を入力してインストールするか、パッケージ自体をダウンロードし、そのディレクトリ内で「python setup.py install」を実行してインストールすることができます。

また、パッケージを利用するばかりでなく、自分で開発したパッケージをアップロードしてPyPIに登録することもできます。

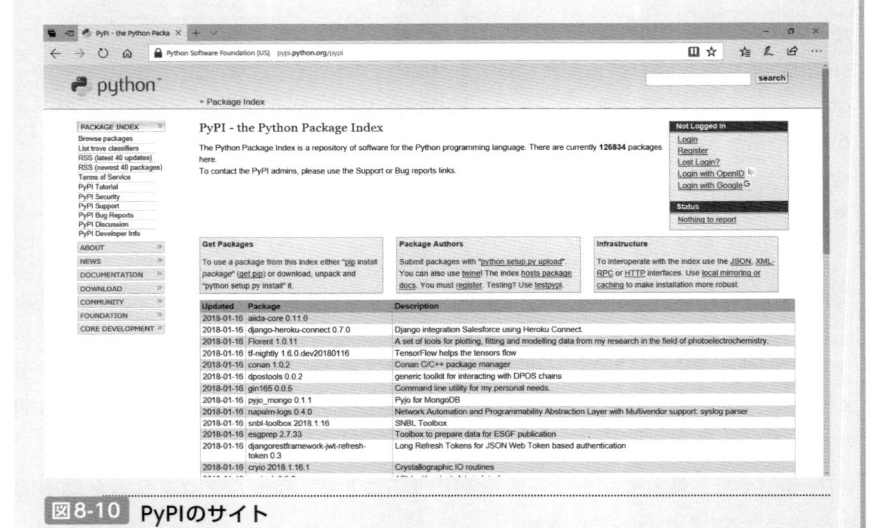

図8-10 **PyPIのサイト**

多くの有用なパッケージが多数公開されているPyPIのページ

さらに、本書でインストールしているAnacondaでは、よく利用されているデータサイエンス系のモジュールが一緒にインストールされるようになっています。本書でもこうしてインストールされたモジュールを、第12章・第13章などで利用します。

また、Anacondaには、さまざまなモジュールをインストールするツールcondaが含まれています。インストールできるモジュールは、コマンド入力ツールから「conda search モジュール名」で検索ができます。そして、インストールするには「conda install モジュール名」というコマンドを実行します。開発に必要なライブラリを入手・インストールするときに活用すると便利です。

8.10 レッスンのまとめ

この章では、次のようなことを学びました。

- クラスは、データ属性とメソッドをもちます。
- クラスからインスタンスを作成することができます。
- コンストラクタは、インスタンスを作成するときに呼び出されます。
- クラス変数とクラスメソッドは、クラスに関連づけられます。
- 基底クラスから派生クラスを拡張することができます。
- 派生クラスは、基底クラスの属性を継承します。
- 基底クラスと同じメソッド名をもつメソッドを派生クラスで定義して、オーバーライドすることができます。
- ファイルをモジュールとして分割することができます。
- モジュールを利用するには、インポートを行います。
- モジュールをパッケージに分類することができます。
- さまざまな関数・クラスが標準ライブラリのモジュールとして提供されています。

この章では、クラスの利用方法について学びました。クラスを利用すれば、誤りのおきにくいコードを記述し、本格的なプログラムを構築していくことができます。

また、Pythonでは多数のモジュールを利用することができます。本書でもこうしたしくみを活用していきましょう。

練習

1. Carクラスを作成し、次のように表示する、車のナンバーとガソリン量を管理するコードを記述してください。

```
ナンバーは 1234 ガソリン量は 25.5 です。
ナンバーは 2345 ガソリン量は 30.5 です。
```

文字列と正規表現

この章では、文字列の利用について学びます。Pythonにはさまざまな文字列メソッドが用意されており、各種のテキスト検索や操作が行えるようになっています。また、Pythonでは正規表現を利用することもできます。正規表現によって、パターンを使った強力な文字列処理が行えるようになります。

Check Point!

- 文字列の変換
- 正規表現
- re
- メタ文字

9.1 文字列のチェックと操作

文字列の基本操作を知る

この章では、これまでの知識を生かし、第2章でもとりあげた文字列についてさらにくわしくみていくことにしましょう。文字列について学ぶことで、テキストをさらに強力に取り扱っていくことができるようになります。

さて、Pythonの文字列は、リストやタプルなどと同様にシーケンスの一種となっています。したがって文字列には、リストなどのシーケンスに対する操作と同じことを行うことができます。

たとえば、文字列中の先頭の文字を知るには、インデックスに0を指定することで取得できます。

スライスを使って、範囲を指定することもできます。第5章の「リスト」で学んだように、逆順に取得することなどもできます。

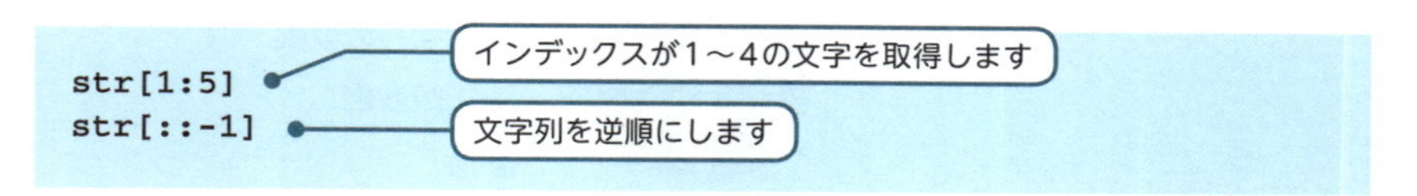

また、for文を使って、文字列中の文字を1文字ずつ繰り返し調べることもできます。

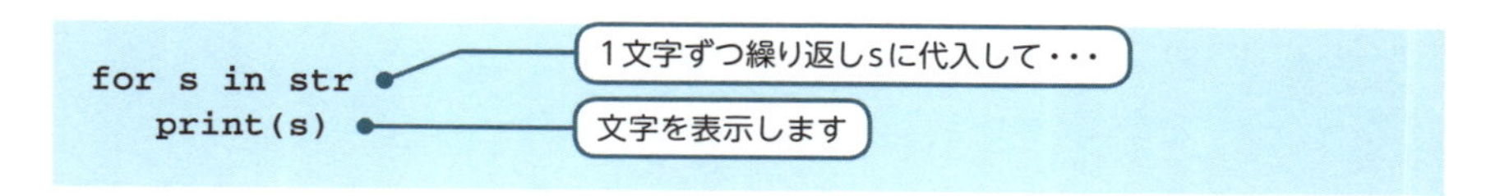

さらに、長さを知るための組み込み関数len()を使うことができます。

ただし、文字列は変更不可能なシーケンスとなっています。タプルと同様に値を変更することができませんので注意してください

```
#str[0] = "あ"
```
このような変更操作はできません

ここで、文字列に対して行える基本的な操作を確認しておきましょう。

Sample1.py ▶ 文字列の操作を知る

```
str = input("文字列を入力してください。")

print("文字列は", str, "です。")
print("0番目の文字は", str[0], "です。")
print("文字列を逆順にすると", str[::-1], "です。")
print("文字列の長さは", len(str), "です。")
```
インデックスが0の文字を取得します

文字列の長さを取得します

Sample1の実行画面

```
文字列を入力してください。ありがとう ↵
文字列は ありがとう です。
0番目の文字は あ です。
文字列を逆順にすると うとがりあ です。
文字列の長さは 5 です。
```

Lesson 9

文字列を変換する

Pythonには、文字列の特徴を生かし、文字列をさらに強力に操作するための組み込みメソッドが用意されています。

たとえば、英字の文字列については、大文字と小文字の変換を行うことができます。小文字を大文字にするにはupper()メソッドを使います。大文字を小文字にするにはlower()メソッドを使います。

Sample2.py ▶ 大文字・小文字に変換する

```
str = input("文字列を入力してください。")

print("文字列は", str, "です。")
print("大文字にすると", str.upper(), "です。")
print("小文字にすると", str.lower(), "です。")
```

大文字に変換します
小文字に変換します

Sample2の実行画面

```
文字列を入力してください。Hello↵
大文字にすると HELLO です。
小文字にすると hello です。
```

大文字に変換されます
小文字に変換されます

文字列をフォーマットする

また、文字列のformat()メソッドを使うと、引数として埋め込む文字列を指定しておき、フォーマットして返すことができます。

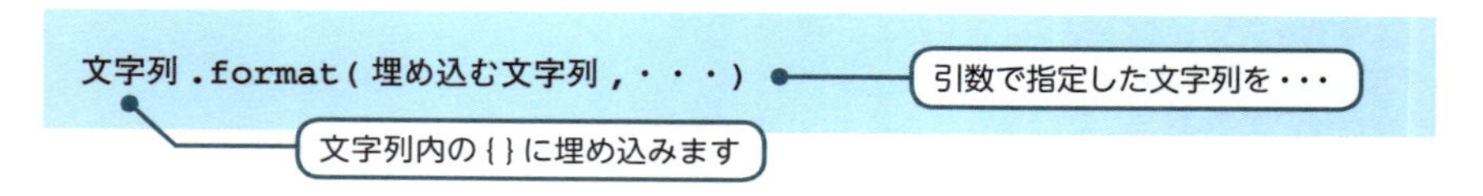

この文字列のなかには、埋め込む部分に{ }を指定しておきます。そしてformat()メソッドの引数で埋め込む文字列を指定します。

このとき文字列中に{ }で0、1、2・・・と番号を指定すると、その番号に対応する文字列が{ }の部分に埋め込まれます。埋め込む文字列が1つの場合は、番号を指定しないで{ }としてもかまいません。

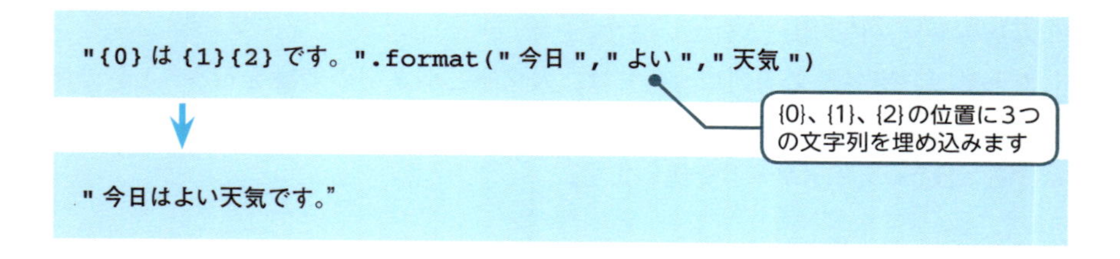

また、{ }でキーとなる語を指定すると、キーワード引数の形式で指定した値が文字列のなかに埋め込まれます。

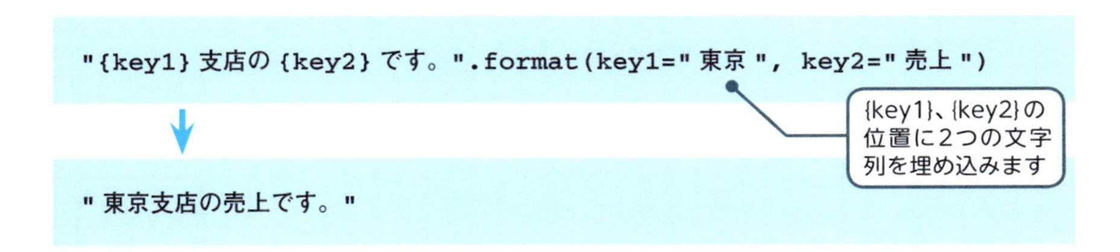

また、{ }中の「:」(コロン) のあとに書式を指定することもできます。たとえば、「,」(カンマ) を指定することで、カンマ区切りとすることができます。

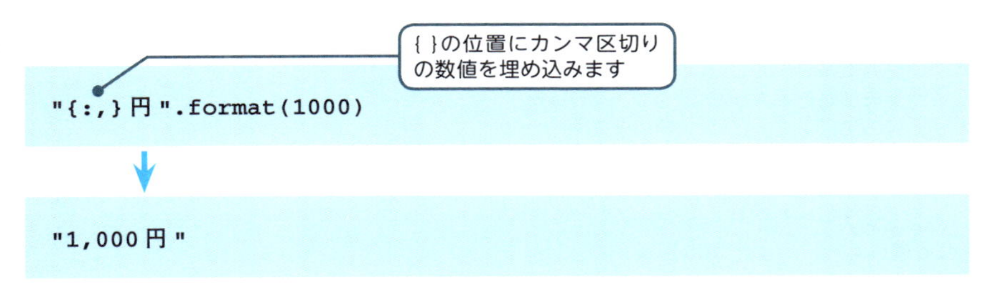

指定できる主な書式は次のようになっています。書式は複数指定することができます。

表9-1：文字列をフォーマットする主な書式

書式	内容	書式	内容
数値	けた数	s	文字列
空白	正数の前に空白	c	文字
+	+-記号をつける	b	2進数
-	-のみつける	o	8進数
,	カンマを入れる	d	10進数
%	%表示	x	16進数
<	左揃え	f	固定小数点数
>	右揃え	e	指数表記
^	中央揃え		

実際に入力して確認してみましょう。

Sample3.py ▶ 文字列をフォーマットする

```
word0 = input("1つ目の単語を入力してください。")
word1 = input("2つ目の単語を入力してください。")
word2 = input("3つ目の単語を入力してください。")

print("{0}は{1}{2}です。{2}です。".format(word0, word1, word2))

num0 = int(input("個数を入力してください。"))
num1 = int(input("金額を入力してください。"))

print("{0:<}個{1:>10,}円".format(num0, num1))
```

入力した3つの文字列を埋め込みます

入力した2つの数値を埋め込みます

Sample3の実行画面

```
1つ目の単語を入力してください。今日 ↵
2つ目の単語を入力してください。よい ↵
3つ目の単語を入力してください。天気 ↵
今日はよい天気です。天気です。
個数を入力してください。10 ↵
金額を入力してください。10000 ↵
10個        10,000円
```

3つの単語の表示については、3つ目の語を繰り返し埋め込みました。2つの数値の表示については、「個数」を左揃え、「金額」をカンマ区切りで10けた分の右揃えとしています。

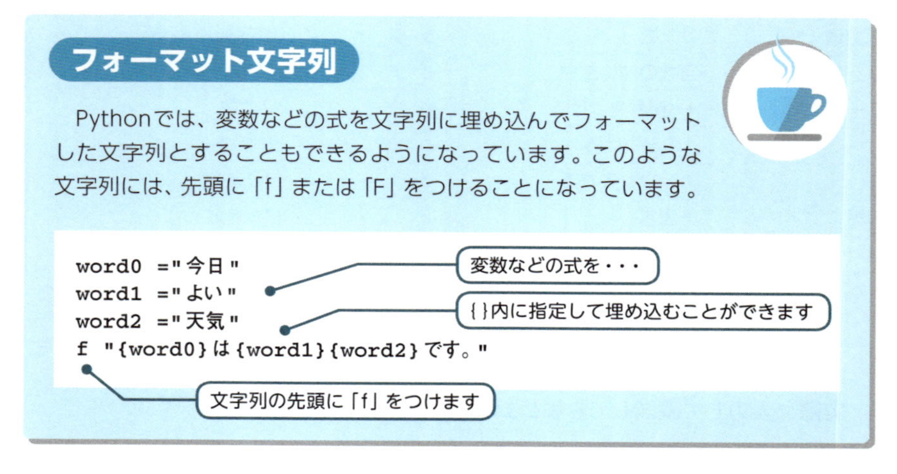

文字列を変換するメソッドを知る

このほかにも、表9-2にあげているようなメソッドを使って、各種変換を行ったあとの文字列を取得できます。文字列のあとに「.」(ピリオド)をつけ、メソッド名を指定することで、変換された文字列を得るのです。さまざまなメソッドを使ってみるとよいでしょう。なお引数リスト中の[ ]の部分は省略することができます。

表9-2:文字列の主なメソッド(各種変換)

メソッド	内容
文字列.upper()	大文字に変換した文字列を取得する
文字列.lower()	小文字に変換した文字列を取得する
文字列.swapcase()	大文字を小文字に、小文字を大文字に変換した文字列を取得する
文字列.capitalize()	先頭を大文字に、残りを小文字に変換した文字列を取得する
文字列.title()	タイトル文字(単語ごとの大文字)を取得する
文字列.center(幅[, 文字])	指定幅で中央揃えにした文字列を取得する(埋める文字を指定可能)
文字列.ljust(幅[, 文字])	指定幅で左寄せにした文字列を取得する(埋める文字を指定可能)
文字列.rjust(幅[, 文字])	指定幅で右寄せにした文字列を取得する(埋める文字を指定可能)
文字列.strip([文字])	空白文字または指定文字を除去した文字列を取得する
文字列.lstrip([文字])	先頭の空白文字または指定文字を除去した文字列を取得する
文字列.rstrip([文字])	末尾の空白文字または指定文字を除去した文字列を取得する
文字列.split(sep=None, maxsplit=-1)	文字列を分割した各単語のリストを取得する(区切り文字と分割回数を指定可能)
文字列.splitlines(改行有無)	文字列を行で分割した各行のリストを取得する(改行を含めるか指定可能)
文字列.join(イテレータ)	イテレータで返される文字列を結合した文字列を取得する
文字列.format(埋め込み文字列)	文字列を指定書式で埋め込む

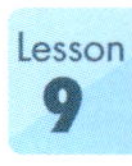

文字列を検索する

文字列のかんたんな検索・置換に関してもメソッドが用意されています。文字列を検索するためには、文字列のfind()メソッドを使うことができます。「find(部分文字列)」で、指定した部分文字列を検索します。

Sample4.py ▶ 文字列を検索する

```
str = input("文字列を入力してください。")
key = input("検索する文字列を入力してください")

res = str.find(key)

if res != -1:
    print(str, "の", res, "の位置に", key, "がみつかりました。")
else:
    print(str,  "の中に", key, "がみつかりませんでした。")
```

検索を行います

みつかった位置を表示します

Sample4の実行画面

```
文字列を入力してください。こんにちは ↵
検索する文字列を入力してください。に ↵
こんにちは の 2 の位置に に がみつかりました。
```

ここでは、find()メソッドを使って、文字列を検索しています。find()メソッドは、検索対象文字列のなかに、指定した部分文字列がみつかった場合、みつかった部分の先頭のインデックスを返します。みつからなかった場合には「-1」を返します。このため、ここではみつかった場所の位置を表示することができているのです。

なお、文字列が存在するかどうかだけを調べたい場合は、in演算子を使うことができます。位置を知る必要がない場合には、こちらのかんたんな方法を使うとよいでしょう。

```
if key in str:
   print(str, "の中に" , key, "がみつかりました。")
```

みつかった場合はTrueとなります

文字列を置換する

次に、文字列の置換をしてみましょう。今度は文字列のreplace()メソッドを使います。

Sample5.py ▶ 文字列を置換する

```
str1 = input("文字列を入力してください。")
old = input("置換される文字列を入力してください。")
new = input("置換する文字列を入力してください。")

if old in str1:
    str2 = str1.replace(old, new)
    print(str2, "に置換しました。")
else:
    print(str1 + "の中に" + old + "がみつかりませんでした。")
```

置換を行い・・・

置換された文字列を表示します

Sample5の実行画面

```
文字列を入力してください。こんにちは ↵
置換される文字列を入力してください。にち ↵
置換する文字列を入力してください。ばん ↵
こんばんは に置換しました。
```

replace()メソッドでは、置換される文字列と置換する文字列を指定して、置換を行います。なお、置換される文字列が複数存在する場合に置換される回数を指定することもできるようになっています。次のように3つ目の引数として指定します。

```
str2 = str1.replace(old, new, 1)
```

みつかった場合に1回だけ置換します

文字列を検索・置換するメソッドを知る

文字列の検索・置換に関するメソッドは、find()メソッド・replace()メソッド以外の種類も用意されています。次の表にまとめておきましょう。

表9-3：文字列の主なメソッド（検索・置換）

メソッド	内容
文字列.find(部分文字列[, 開始[, 終了]])	部分文字列を検索する（開始位置と終了位置を指定可能）
文字列.rfind(部分文字列[, 開始[, 終了]])	部分文字列を逆順に検索する（開始位置と終了位置を指定可能）
文字列.index(部分文字列[, 開始[, 終了]])	find()メソッドと同じ処理で例外を送出する
文字列.replace(old, new[, 回数])	oldをnewで置換した文字列を取得する（置換回数を指定可能）
文字列.count(部分文字列[, 開始[, 終了]])	部分文字列が何回出現するかを返す（開始位置と終了位置を指定可能）
文字列.startswith(検索文字列[, 開始[, 終了]])	先頭が検索文字列ではじまればTrueを返す
文字列.endswith(検索文字列[, 開始[, 終了]])	末尾が検索文字列で終わればTrueを返す

9.2 正規表現

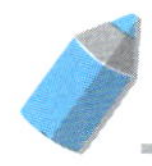

正規表現を知る

前節では、文字列のかんたんな検索・置換方法を学びました。Pythonでは、正規表現（regular expression）と呼ばれる方法を使って、さらに文字列を強力にチェック・操作することができます。正規表現に関する処理を行うには、標準ライブラリのreモジュールをインポートします。

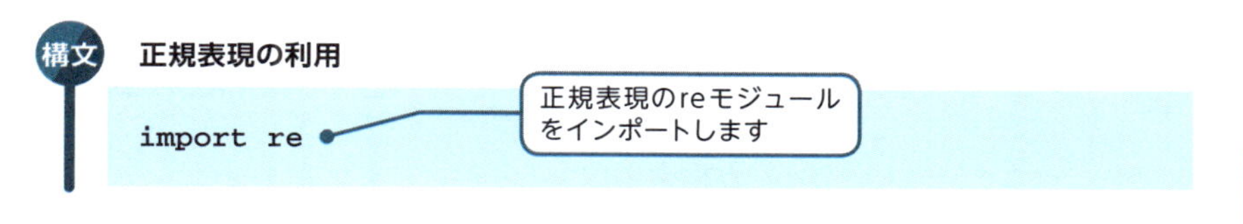


```
import re
```

このモジュールを使うと、検索条件に正規表現を使って、きめこまかい検索・置換を行うことができるようになっています。

正規表現を利用する

それでは、まず正規表現を使った検索方法を知っておきましょう。

正規表現を用いた検索条件はパターン（pattern）とも呼ばれます。Pythonで正規表現を利用するには、まずこのパターンを指定してコンパイル（compile）という処理を行っておきます（❶）。そして、このコンパイル済みのパターンのメソッドを使用して検索や置換を行います（❷）。この処理は次のように行います。

構文 正規表現による検索

```
コンパイル済みのパターンをあらわす変数 = re.compile(パターン)
コンパイル済みのパターンをあらわす変数.search(検索対象文字列)
```

❶パターン文字列をコンパイルします
❷検索を行います

パターンが検索対象文字列に含まれることを、

パターンが文字列にマッチ（match）**する**

といいます。検索が行われ、パターンが文字列にマッチした場合、search()メソッドの戻り値はマッチした部分の情報を含むインスタンスとなります。マッチしない場合、None（空の値）となります。このため、search()メソッドの戻り値を調べることでさまざまな処理ができるようになっているのです。

シンプルな文字列をパターンとして検索する

それではまず、最もかんたんな検索条件であるシンプルな文字列をパターンとして指定し、検索を行ってみましょう。

Sample6.py ▶ 正規表現を使う

```
import re

ptr = ["Apple", "GoodBye", "Thankyou"]
str = ["Hello", "GoodBye", "Thankyou"]

for valueptr in ptr:
    print("------")
    pattern = re.compile(valueptr)
    for valuestr in str:
        res = pattern.search(valuestr)
        if res is not None:
            m = "○"
        else:
            m = "×"
        msg = "(パターン)" + valueptr + "(文字列)" + valuestr
                          + "(マッチ)" + m
        print(msg)
```

- import re：正規表現のreモジュールをインポートします
- ptr：パターン文字列を用意します
- str：検索対象文字列を用意します
- re.compile(valueptr)：パターン文字列をコンパイルします
- pattern.search(valuestr)：検索（パターンマッチング）を行います

Sample6の実行画面

```
------
(パターン)Apple(文字列)Hello(マッチ) ×
(パターン)Apple(文字列)GoodBye(マッチ) ×
(パターン)Apple(文字列)Thankyou(マッチ) ×
------
(パターン)GoodBye(文字列)Hello(マッチ) ×
(パターン)GoodBye(文字列)GoodBye(マッチ) ○
(パターン)GoodBye(文字列)Thankyou(マッチ) ×
------
(パターン)Thankyou(文字列)Hello(マッチ) ×
(パターン)Thankyou(文字列)GoodBye(マッチ) ×
(パターン)Thankyou(文字列)Thankyou(マッチ) ○
```

ここでは、パターンとなる文字列と検索対象となる文字列を、3種類ずつ用意しています。これらをすべて突きあわせることで検索を行うようにしています。

実行画面をみると、パターンと文字列が一致している行では「○」が表示されています。それ以外では「×」が表示されています。たとえば、「Hello」という文字列のなかに「Apple」というパターンは存在しないため、「×」が表示されます。一方、「GoodBye」という文字列のなかには「GoodBye」が存在するので、「○」が表示されます。

これは、パターンが検索対象文字列にマッチするか否かで場合分けをし、「○」と「×」を表示しているためです。パターンが文字列にマッチしない場合にはsearch()メソッドの戻り値がNoneとなるので、Noneでない場合に「○」を表示するようにしています。それ以外は「×」を表示しているわけです。

ここでは、パターンを指定して検索する方法に慣れてみてください。

行頭と行末をあらわす正規表現を使う

さて、正規表現では、「パターン」の部分にさらに強力な指定方法ができます。きめこまかい指定を行って検索を行うことができるのです。

このとき、パターンのなかに**メタ文字**（meta character）と呼ばれる特殊な文字を使うことになります。ここでは、このメタ文字のうち、「^」と「$」について紹介しましょう。

「^」は行頭をあらわすメタ文字です。たとえば、「^TXT」というパターンは、「TXT」「TXTT」という文字列にマッチします。「TTXT」や「TTTXT」にはマッチしません。

「$」は行末をあらわすメタ文字です。たとえば、「TXT$」というパターンは、「TXT」「TTXT」という文字列にマッチします。「TXTT」や「TXTTT」にはマッチしません。

表9-4：行頭と行末

メタ文字	意味
^	行頭
$	行末

文字列が「^」や「$」を使ったパターンにマッチするかどうかを調べるため、次のコードを作成してみましょう。

Sample7.py ▶ 行頭・行末をあらわす正規表現を使う

```
import re

ptr = ["TXT", "^TXT", "TXT$", "^TXT$"]
str = ["TXT", "TXTT", "TXTTT", "TTXT"]

for valueptr in ptr:
    print("------")
    pattern = re.compile(valueptr)
    for valuestr in str:
        res = pattern.search(valuestr)
        if res is not None:
            m = "○"
        else:
            m = "×"
        msg = "(パターン)" + valueptr + "(文字列)"
                         + valuestr + "(マッチ)" + m
        print(msg)
```

「^」と「$」を使ったパターンを用意します

パターンマッチングを行います

Sample7の実行画面

```
------
(パターン)TXT(文字列)TXT(マッチ) ○
```

```
(パターン)TXT(文字列)TXTT(マッチ) ○
(パターン)TXT(文字列)TXTTT(マッチ) ○
(パターン)TXT(文字列)TTXT(マッチ) ○
------
(パターン)^TXT(文字列)TXT(マッチ) ○
(パターン)^TXT(文字列)TXTT(マッチ) ○
(パターン)^TXT(文字列)TXTTT(マッチ) ○
(パターン)^TXT(文字列)TTXT(マッチ) ×
------
(パターン)TXT$(文字列)TXT(マッチ) ○
(パターン)TXT$(文字列)TXTT(マッチ) ×
(パターン)TXT$(文字列)TXTTT(マッチ) ×
(パターン)TXT$(文字列)TTXT(マッチ) ○
------
(パターン)^TXT$(文字列)TXT(マッチ) ○
(パターン)^TXT$(文字列)TXTT(マッチ) ×
(パターン)^TXT$(文字列)TXTTT(マッチ) ×
(パターン)^TXT$(文字列)TTXT(マッチ) ×
```

「^」と「$」を
使った結果です

マッチする場合には、「○」を表示しています。結果を確認しながら、行頭と行末をあらわす記号の使い方をおぼえてみてください。

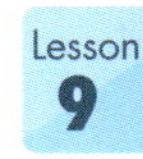

図9-1 行頭と行末
行頭を「^」で、行末を「$」で表記します。

1文字をあらわす正規表現を使う

さらに別のメタ文字についてみていきましょう。「.」（ピリオド）は、1文字をあらわすメタ文字です。たとえば、「T.T」というパターンは「TXT」にマッチします。「TT」や「TXXT」にはマッチしません。

表9-5：1文字

メタ文字	意味
.	任意の1文字

1文字をあらわすメタ文字を使って、正規表現による検索を行ってみましょう。

Sample8.py ▶ 1文字をあらわす正規表現を使う

```
import re

ptr = ["TXT.", "TXT..", ".TXT", "..TXT"]
str = ["TXT", "TXTT", "TXTTT", "TTXT", "TTTXT"]

for valueptr in ptr:
    print("------")
    pattern = re.compile(valueptr)
    for valuestr in str:
        res = pattern.search(valuestr)
        if res is not None:
            m = "○"
        else:
            m = "×"
        msg = "(パターン)" + valueptr + "(文字列)" + valuestr
                    + "(マッチ)" + m
        print(msg)
```

「.」を使ったパターンを用意します

パターンマッチングを行います

Sample8の実行画面

```
------
(パターン)TXT.(文字列)TXT(マッチ) ×
(パターン)TXT.(文字列)TXTT(マッチ) ○
(パターン)TXT.(文字列)TXTTT(マッチ) ○
(パターン)TXT.(文字列)TTXT(マッチ) ×
(パターン)TXT.(文字列)TTTXT(マッチ) ×
------
(パターン)TXT..(文字列)TXT(マッチ) ×
(パターン)TXT..(文字列)TXTT(マッチ) ×
(パターン)TXT..(文字列)TXTTT(マッチ) ○
(パターン)TXT..(文字列)TTXT(マッチ) ×
(パターン)TXT..(文字列)TTTXT(マッチ) ×
------
(パターン).TXT(文字列)TXT(マッチ) ×
(パターン).TXT(文字列)TXTT(マッチ) ×
(パターン).TXT(文字列)TXTTT(マッチ) ×
(パターン).TXT(文字列)TTXT(マッチ) ○
(パターン).TXT(文字列)TTTXT(マッチ) ○
------
(パターン)..TXT(文字列)TXT(マッチ) ×
```

「.」を使った結果です

```
(パターン)..TXT(文字列)TXTT(マッチ) ×
(パターン)..TXT(文字列)TXTTT(マッチ) ×
(パターン)..TXT(文字列)TTXT(マッチ) ×
(パターン)..TXT(文字列)TTTXT(マッチ) ○
```

図9-2 任意の1文字
任意の1文字を「.」で表記します。

文字クラスをあらわす正規表現を使う

[ ]で囲ったパターンは文字クラス（character class）と呼ばれます。[ ]内に記述した文字のいずれかが存在すればマッチします。

たとえば、「[012]」というパターンは「0」や「1」や「2」にマッチします。「5」や「56」や「a」にはマッチしません。

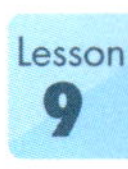

文字クラス内で「^」を使うと、否定をあらわします。たとえば、「[^012]」は「012」以外をあらわします。つまり、「5」や「a」にマッチしますが、「0」や「1」や「2」にはマッチしません。

「-」は範囲をあらわします。「[A-Z]」というパターンは「A」や「X」にマッチしますが、「a」や「12」にはマッチしません。「-」符号を文字クラス内に用いたい場合は、「[A-Z-]」などと最後に記述します。

[ ]を使ったパターンの実行例をみてみましょう。

表9-6：文字クラス

パターン	パターンの意味	マッチする文字列の例
[012345]	012345のいずれか	3
[0-9]	0～9のいずれか	5
[A-Z]	A～Zのいずれか	B
[A-Za-z]	A～Z、a～zのいずれか	b
[^012345]	012345ではない文字	6
[01][01]	00、01、10、11のいずれか	01
[A-Za-z][0-9]	アルファベット1つに数字が1つ続く	A0

Sample9.py ▶ 文字クラスをあらわす正規表現を使う

```
import re

ptr = ["[012]", "[0-3]", "[^012]"]
str = ["0", "1", "2", "3"]

for valueptr in ptr:
    print("------")
    pattern = re.compile(valueptr)
    for valuestr in str:
        res = pattern.search(valuestr)
        if res is not None:
            m = "○"
        else:
            m = "×"
        msg = "(パターン)" + valueptr + "(文字列)" + valuestr
                        + "(マッチ)" + m
        print(msg)
```

「[ ]」と「^」を使ったパターンを用意します

パターンマッチングを行います

Sample9の実行画面

```
------
(パターン)[012](文字列)0(マッチ) ○
(パターン)[012](文字列)1(マッチ) ○
(パターン)[012](文字列)2(マッチ) ○
(パターン)[012](文字列)3(マッチ) ×
------
(パターン)[0-3](文字列)0(マッチ) ○
(パターン)[0-3](文字列)1(マッチ) ○
(パターン)[0-3](文字列)2(マッチ) ○
(パターン)[0-3](文字列)3(マッチ) ○
------
(パターン)[^012](文字列)0(マッチ) ×
(パターン)[^012](文字列)1(マッチ) ×
(パターン)[^012](文字列)2(マッチ) ×
(パターン)[^012](文字列)3(マッチ) ○
```

[]と^を使った結果です

なお、よく使われる文字クラスは、表9-7のような「¥」を使ったかんたんな表記を使うことができます。おぼえておくと便利でしょう。

表9-7：文字クラスの簡易表現

表記	意味
¥s	空白
¥S	空白ではない
¥d	数字
¥D	数字ではない
¥w	英数字（単語）
¥W	英数字（単語）ではない
¥A	文字列の先頭
¥Z	文字列の末尾

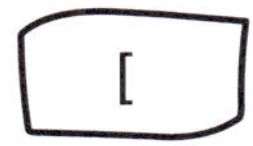

図9-3 文字クラス
文字クラスを[ ]で表記します。文字クラス中の「^」は否定の意味になります。

繰り返しをあらわす正規表現を使う

文字の繰り返しをあらわすメタ文字があります。次のメタ文字は、記号の直前の文字を繰り返すことをあらわします。

表9-8：繰り返し

メタ文字	意味
*	0回以上
+	1回以上
?	0または1
{a}	a回
{a,}	a回以上
{a, b}	a～b回

「*」は0回以上の繰り返し、「+」は1回以上の繰り返し、「?」は0または1回をあらわします。

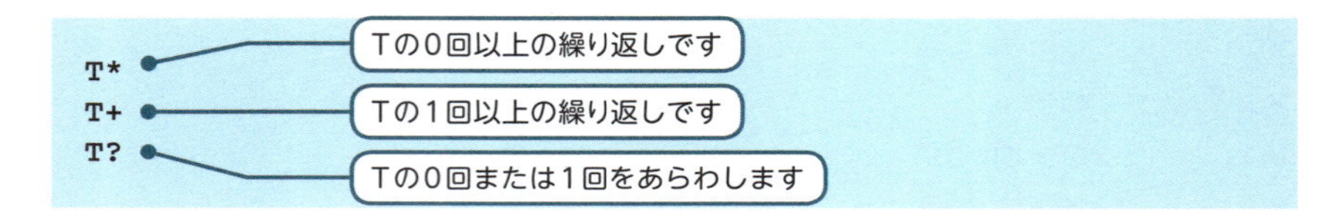

たとえば、「T*」はTの0回以上の繰り返し、「T+」はTの1回以上の繰り返し、「T?」はTの0または1回の繰り返しをあらわすわけです。

「{ }」は回数を指定します。

```
T{3}
T{2,3}
```

T{3}：Tの3回の繰り返しです
T{2,3}：Tの2回以上3回以下の繰り返しです

たとえば、「T{3}」はTの3回の繰り返しをあらわします。「T{2,3}」はTの2回以上3回以下の繰り返しをあらわします。

繰り返し記号によるパターンを確認してみることにしましょう。

Sample10.py ▶ 繰り返し記号による正規表現を使う

```
import re

ptr = ["T*", "T+", "T?", "T{3}"]
str = ["X", "TT", "TTT", "TTTT"]

for valueptr in ptr:
    print("------")
    pattern = re.compile(valueptr)
    for valuestr in str:
        res = pattern.search(valuestr)
        if res is not None:
            m = "○"
        else:
            m = "×"
        msg = "(パターン)" + valueptr + "(文字列)"
              + valuestr + "(マッチ)" + m
        print(msg)
```

繰り返し記号を使ったパターンを用意します

パターンマッチングを行います

Sample10の実行画面

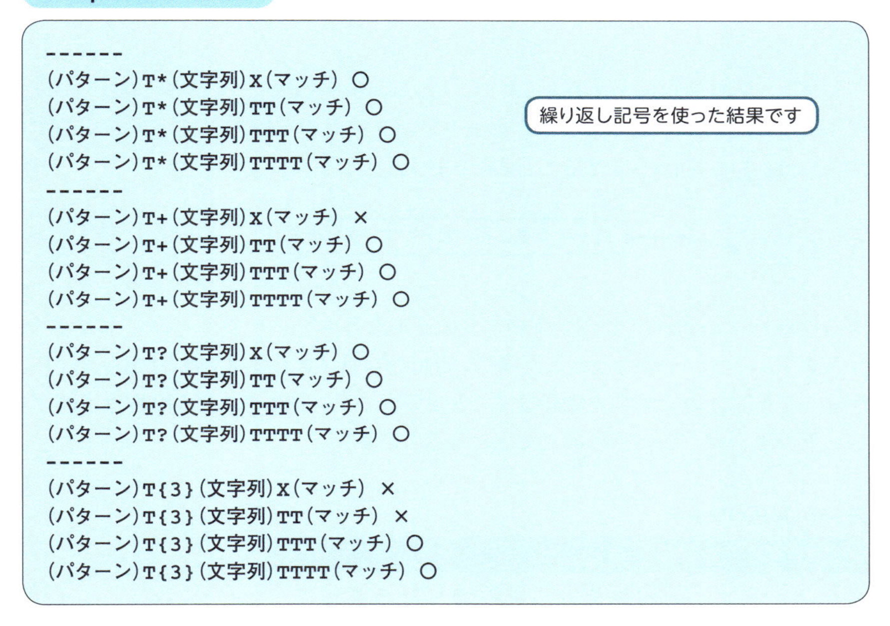

```
------
(パターン)T*(文字列)X(マッチ) ○
(パターン)T*(文字列)TT(マッチ) ○
(パターン)T*(文字列)TTT(マッチ) ○
(パターン)T*(文字列)TTTT(マッチ) ○
------
(パターン)T+(文字列)X(マッチ) ×
(パターン)T+(文字列)TT(マッチ) ○
(パターン)T+(文字列)TTT(マッチ) ○
(パターン)T+(文字列)TTTT(マッチ) ○
------
(パターン)T?(文字列)X(マッチ) ○
(パターン)T?(文字列)TT(マッチ) ○
(パターン)T?(文字列)TTT(マッチ) ○
(パターン)T?(文字列)TTTT(マッチ) ○
------
(パターン)T{3}(文字列)X(マッチ) ×
(パターン)T{3}(文字列)TT(マッチ) ×
(パターン)T{3}(文字列)TTT(マッチ) ○
(パターン)T{3}(文字列)TTTT(マッチ) ○
```


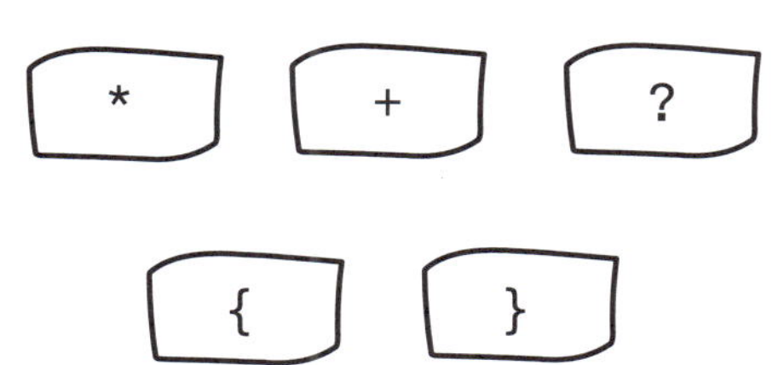

図9-4 **繰り返し**
繰り返しをあらわすメタ文字として「*」「+」「?」「{ }」があります。

最短部分に対するマッチを知る

なお、繰り返しのメタ文字である「+」と「*」では、繰り返しの最も長い部分にマッチするようになっています。たとえば、パターンが「T+」、文字列が「TTT」であれば、TやTTではなく、TTT全体に1回マッチするものとされることになっています。

TTT 「T+」は最も長い部分にマッチします

しかし、最短部分にマッチするようにすることもできます。この場合は「*」または「+」のあとに「?」をつけます。つまり、パターンが「T+?」、文字列が「TTT」であれば、Tに3回マッチすることになります。

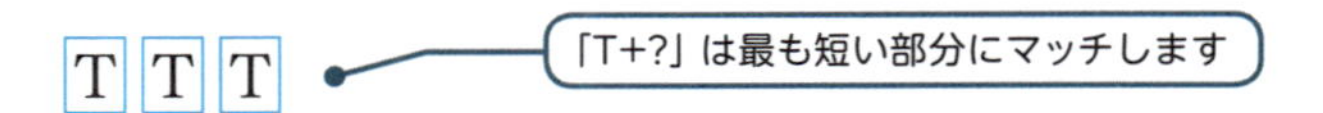

この違いは、search()メソッドの戻り値（本書のサンプルでは「res」）に影響を与えます。パターンがマッチした場合、search()メソッドの戻り値として、最初にマッチした部分の文字列を取得することができます。つまり、上の場合は「TTT」が、下の場合は「T」が得られることになるのです。

表9-9：最短のマッチ

メタ文字	意味
*?	0回以上の繰り返しのうち最も短い部分
+?	1回以上の繰り返しのうち最も短い部分

グループ化と選択をあらわす正規表現を使う

さらにメタ文字について学んでいきましょう。

一定のパターンをグループにするときには「( )」を使います。たとえば「(abc){2}」は、「abc」の2回以上の繰り返しをあらわします。「abcabc」や「abcabcabc」にマッチしますが、「abc」にはマッチしません。

いずれかをあらわす場合には「|」を使います。たとえば「abc|def」というパターンは「abc」または「def」にマッチします。

表9-10：グループ化と選択

メタ文字	意味
( )	まとめる
|	いずれか

Sample11.py ▶ グループ化と選択を行う正規表現を使う

```
import re

ptr = ["(TXT)+", "TXT|XTX"]
str = ["TX", "TXT", "XTX", "TXTXT"]

for valueptr in ptr:
    print("------")
    pattern = re.compile(valueptr)
    for valuestr in str:
        res = pattern.search(valuestr)
        if res is not None:
            m = "○"
        else:
            m = "×"
        msg = "(パターン)" + valueptr + "(文字列)" + valuestr
                        + "(マッチ)" + m
        print(msg)
```

グループ化と選択を行うパターンを使います

パターンマッチングを行います

Sample11の実行画面

```
------
(パターン)(TXT)+(文字列)TX(マッチ) ×
(パターン)(TXT)+(文字列)TXT(マッチ) ○
(パターン)(TXT)+(文字列)XTX(マッチ) ×
(パターン)(TXT)+(文字列)TXTXT(マッチ) ○
------
(パターン)TXT|XTX(文字列)TX(マッチ) ×
(パターン)TXT|XTX(文字列)TXT(マッチ) ○
(パターン)TXT|XTX(文字列)XTX(マッチ) ○
(パターン)TXT|XTX(文字列)TXTXT(マッチ) ○
```

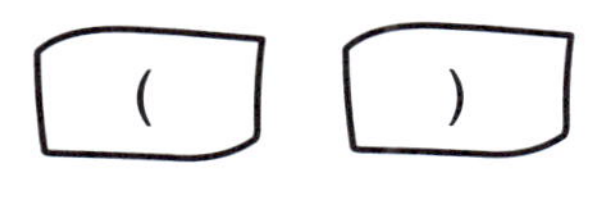

図9-5 グループ化と選択
グループ化をするには「( )」、選択を行うには「|」を使います。

メタ文字をパターンの文字列とする

さまざまなメタ文字を学びました。なお、メタ文字として使われている記号をそのまま文字として使いたい場合には「¥」をつけます。たとえば、次のようにパターンを記述するのです。

複雑な正規表現を考える

それでは最後に、複雑な正規表現について考えてみることにしましょう。たとえば、

ユーザー名@ドメイン名.国名

というメールアドレスであるかどうかをチェックしたいとします。標準的な次の基準で検証することを考えます。

- ユーザー名に使える文字は英数字と _（アンダースコア）と -（ハイフン）と .（ピリオド）
- ドメイン名に使える文字は英数字と _（アンダースコア）と -（ハイフン）と .（ピリオド）
- 国名に使える文字は英字

このときには、次のように正規表現を考えることができます。

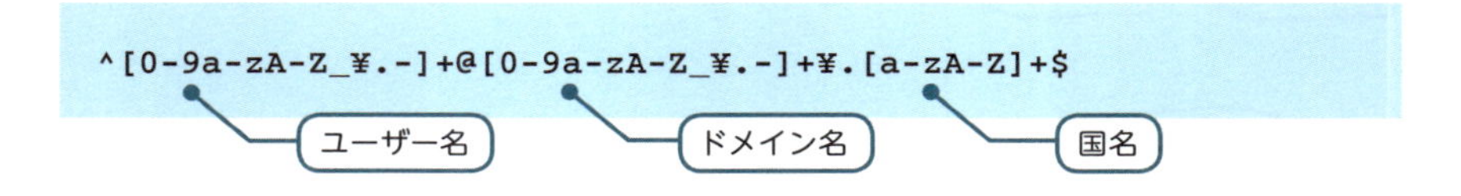

正規表現の記法は1つではありません。たとえば、英数字をあらわす「¥w」を使うことも考えられます。また、国名のように限定されている場合には、選択によ

ってより厳密に判別する方法も考えられます。

```
・・・¥.(jp|com|・・・)$
```

すべての検証を行う正規表現は複雑になりすぎる場合もあります。正規表現を使う目的に応じて、適切な表現を考えることが大切です。

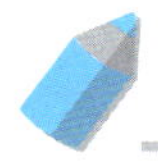

正規表現を使うメソッドを知る

さて、この節では、正規表現を使い、search()メソッドで検索を行ってきました。検索のほかにも、正規表現を使えるメソッドとその処理には、次のものがあります。

表9-11：正規表現のメソッド（reモジュール）

メソッド	内容
正規表現.search(検索対象文字列[, 開始[, 終了]])	正規表現で検索する
正規表現.match(検索対象文字列[, 開始[, 終了]])	正規表現で検索する（先頭のみ）
正規表現.findall(検索対象文字列[, 開始[, 終了]])	正規表現で検索する（マッチ部分すべてをリストで返す）
正規表現.sub(置換後文字列, 置換対象文字列[, 回数])	正規表現にマッチした部分を置換する
正規表現.split(分割対象文字列[, 開始[, 終了]])	正規表現にマッチした部分で分割する

たとえば、正規表現にマッチする場合に置換を行うことができます。そこで、置換を行うsub()メソッドを使ってみましょう。

たとえば、ファイル名の羅列があるとき、特定の拡張子を別の拡張子に置換する処理を考えてみます。たとえば、「.csv」や「.html」「.py」といった拡張子を、「.txt」に置換して変更する処理を考えてみましょう。

Sample12.py ▶ 正規表現で置換する

```
import re

ptr = "¥.(csv|html|py)$"
str = ["Sample.csv", "Sample.exe", "test.py", "index.html"]

pattern = re.compile(ptr)
for valuestr in str:
    res = pattern.sub(".txt", valuestr)
    msg = "(変換前)" + valuestr + "(変換後)" + res
    print(msg)
```

正規表現によるパターンです

パターンにマッチした文字列の置換を行います

Sample12の実行画面

```
(変換前)Sample.csv(変換後)Sample.txt
(変換前)Sample.exe(変換後)Sample.exe
(変換前)test.py(変換後)test.txt
(変換前)index.html(変換後)index.txt
```

パターンにマッチした文字列の置換が行われています

マッチしない場合は置換が行われません

置換の場合も、パターンを指定してコンパイルしておくことは同じです。置換する部分のパターンを指定してコンパイルするのです。

そして、sub()メソッドでは、1番目の引数に置換後文字列を、2番目の引数に検索対象となる置換前文字列を指定します。こうして置換が行われます。

ここでは拡張子が「.csv」「.html」「.py」のいずれかである場合に、「.txt」に置換する処理を行いました。パターンにマッチする文字列だけが置換されていることに注目してみてください。

9.3 レッスンのまとめ

この章では、次のようなことを学びました。

- 文字列は、変更不可能なシーケンスとしての処理ができます。
- 文字列のupper()メソッドを使って、小文字を大文字に変換できます。
- 文字列のlower ()メソッドを使って、大文字を小文字に変換できます。
- 文字列のfind()メソッドを使って、文字列を検索することができます。
- 文字列のreplace()メソッドを使って、文字列を置換することができます。
- reモジュールを使って、正規表現を扱うことができます。
- 正規表現のメタ文字として、行頭をあらわす「^」と行末をあらわす「$」があります。
- 正規表現のメタ文字として、1文字をあらわす「.」(ピリオド)があります。
- 正規表現のメタ文字として、範囲をあらわす「[ ]」があります。
- 正規表現のメタ文字として、繰り返しをあらわす「*」「+」「?」「{ }」があります。
- 正規表現のメタ文字として、パターンをまとめる「( )」と、選択をあらわす「|」があります。

Pythonは、テキストに対して強力な操作を行うことができます。特に正規表現を使うと、文字列を柔軟な検証をすることができるでしょう。使いこなせるようになっておくと便利です。

Lesson 9

練習

1. 次のコードを作成してください。

```
ファイルのリストは以下です。
Sample.csv
Sample.exe
Sample1.py
Sample2.py
Sample.txt
index.html
拡張子を入力してください。py ↵
該当するファイルのリストは以下です。
Sample1.py
Sample2.py
```

2. 次のパターンが文字列にマッチするかどうかを答えてください。

	パターン	文字列
①	[012]{3}	113
②		010
③	x[0-9A-Fa-f]{2, 4}	xA
④		xX1
⑤	^[a-zA-Z_][a-zA-Z0-9_]*	product
⑥		12A_
⑦	[0-9]{3}-[0-9]{4}	3330000
⑧		106-0001

3. 次の文字列にマッチするパターンを答えてください。

① 3けたの8進数

② 「3けたの数字-4けたの数字-4けたの数字」の形式をもつ電話番号

ファイルと例外処理

この章ではファイルを扱う方法を学びます。大量のデータを扱う場合には、ファイルにデータを読み書きすることが求められます。ファイルの読み書きをする際などのエラー処理に活用される、例外処理のしくみもあわせて学ぶことにしましょう。
Pythonでは、標準ライブラリなどのさまざまなモジュールを使えば、各種形式のファイルをかんたんに読み書きできます。ファイルに関する情報を調べるモジュールについても学びましょう。

Check Point!

- ファイル
- オープンモード
- csv
- json
- 例外処理
- os
- os.path

10.1 テキストファイル

テキストファイルを読み書きする

Pythonでは大量のデータを扱うことが多くあります。このとき、ファイルにデータを読み書きすることができれば便利です。

そこでこの節では、

ファイルの内容を読み書きする

という方法について学びましょう。

ここでは、かんたんに扱うことができる**テキストファイル**（text file）を利用することにします。テキストファイルは、文字を入力・編集するテキストエディタで扱うことができ、人間にとって利用しやすいファイルとなっています。

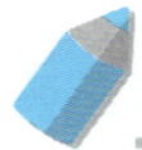

テキストファイルに書き込む

まず最初に、Pythonのコードによってテキストファイルを作成し、データを書き込む処理をしてみましょう。次のコードを実行してみてください。

Sample1.py ▶ テキストファイルに書き込む

```
f = open("Sample.txt", "w")

f.write("こんにちは¥n")
f.write("さようなら¥n")

f.close()
```

❶指定されたファイルをオープンします（f = open("Sample.txt", "w")）

❷ファイルに書き出します（f.write(…)）

❸ファイルをクローズします（f.close()）

このコードを実行すると、コードを実行したディレクトリ（フォルダ）内にファイル「Sample.txt」が作成されます。このファイルをテキストエディタで開くと、次のような内容であることがわかります。

Sample.txt

```
こんにちは
さようなら
```

ファイルの操作は、次の順序で扱います。

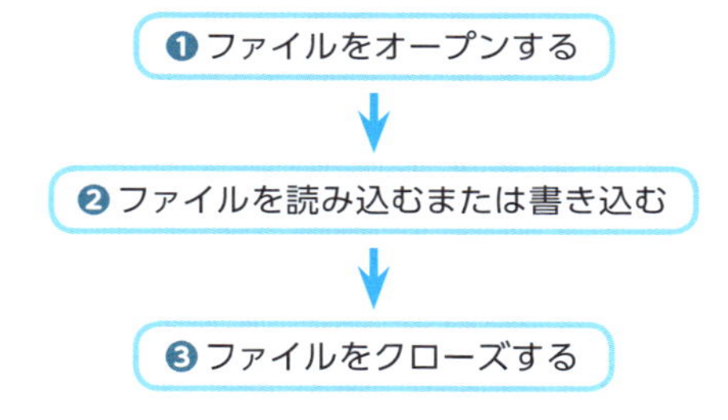

ファイルのオープンは、組み込み関数のopen()関数を使って行います（❶）。open()関数には、「ファイル名，オープンモード」という引数を渡すことができます。ここでは、書き込みを行うモードとして「"w"」(書き込み）を指定しています。

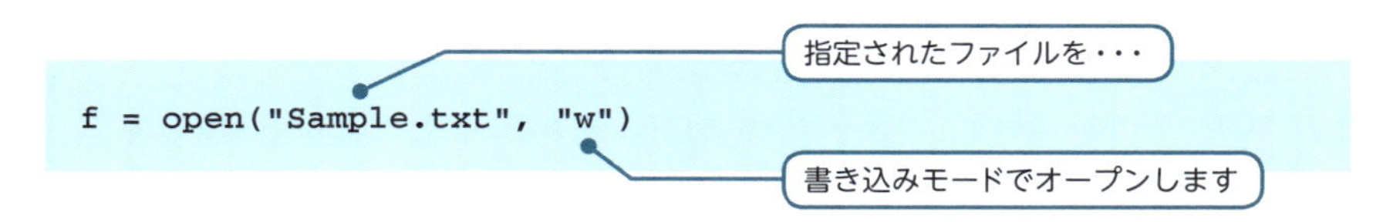

ファイルがオープンされると、ファイルをあらわすインスタンスが返されます。open()関数に指定できるオープンモードには、次のような種類があります。表にまとめておきましょう。

表10-1：主なオープンモード

オープンモード	意味
"w"	書き込み用にテキストファイルをオープンする
"r"	読み込み用にテキストファイルをオープンする
"a"	追記用にテキストファイルをオープンする
"x"	新規作成用にテキストファイルをオープンする
"w+"	更新のため書き込み用にテキストファイルをオープンする
"r+"	更新のため読み込み用にテキストファイルをオープンする
"a+"	更新のため追記用にテキストファイルをオープンする
"wb"	書み込み用にバイナリモードでオープンする
"rb"	読み込み用にバイナリモードでオープンする

ファイルをオープンしたら、データを読み書きすることができます。ここでは、ファイルのwrite()メソッドでファイルに書き出しています（❷）。また、このコードでは、末尾に改行を付加するように文字列の末尾には「¥n」を指定しています。

最後に、ファイルのclose()メソッドでファイルをクローズします（❸）。ファイルへの読み書きが終わったら、次のようにファイルをクローズする作業が必要です。この処理を行わないと、ファイルに問題が起こる場合があります。注意してください。

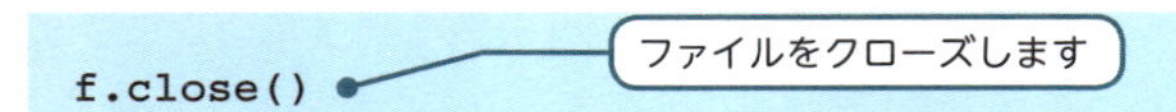

```
f.close()
```

ファイルをクローズします

ファイルをオープンするには、組み込み関数のopen()関数を使う。
ファイルをクローズするには、ファイルのclose()メソッドを使う。

with文でオープンする

ファイルを操作する場合には、最後にファイルをクローズしないと問題が起こる場合があります。この問題に対応するには、ファイルの処理を行うときにwith文（with statement）を使うと便利です。with文を使ってファイルをオープンすると、途中で処理が終了した場合にも、必ずファイルがクローズされます。

with文

```
with 処理 as ファイル変数:
```

```
with open("Sample.txt", "w") as f:
    f.write(・・・)
```

オープンしたファイルは必ずクローズされます

ただし、本書ではwith文を使わずに、ファイルをクローズするコードを記述することにしましょう。

テキストファイルを読み込む

それでは次に、作成したテキストファイルからデータを読み込んでみましょう。今度は、ファイルを読み込みモードでオープンします。コードを実行する際には、さきほど作成したテキストファイル（Sample.txt）が、コードと同じフォルダ内に存在することを確認しておいてください。

Sample2.py ▶ テキストファイルを読み込む

```
f = open("Sample.txt", "r")

lines = f.readlines()

for line in lines:
    print(line, end="")

f.close()
```

❶ファイルを読み込みモードでオープンします
❷すべての行を読み出します
❸1行ずつ繰り返し取り出して・・・
表示します

Sample2の実行画面

```
こんにちは
さようなら
```

Lesson 10

今度は、ファイルの内容が画面に表示されます。ここでは、ファイルを読み込みモードでオープンしたあと（❶）、ファイルのreadlines()メソッドを使って、すべての行を読み込んでいます（❷）。そして、この読み込んだ行をfor文で1行ずつ繰り返し表示しています（❸）。

ファイルを操作するメソッドを知る

さてここでは、ファイルに関するメソッドを使ってファイルの読み書きを行いました。ファイルのメソッドには、次のような種類があります。表にまとめておきましょう。

表10-2：ファイルの主なメソッド

メソッド名	内容
ファイル.write(文字列)	ファイルに文字列を書き込む
ファイル.writelines(シーケンス)	ファイルに複数行を書き込む
ファイル.readline()	ファイルから1行読み込んで文字列を返す
ファイル.readlines()	ファイルから複数行を読み込んでリストを返す
ファイル.read(サイズ)	ファイルからサイズ分読み込んでバイト列を返す（指定しない場合はすべて読み込む）
ファイル.seek(位置)	読み書き位置を移動する
ファイル.tell()	現在の読み書き位置を取得する
ファイル.close()	ファイルをクローズする

バイナリファイル

本書では、人間にとって扱いやすいファイルであるテキストファイルを使いました。ただし、オープンモードに"rb"または"wb"を指定し、バイナリファイルを扱うこともできます。

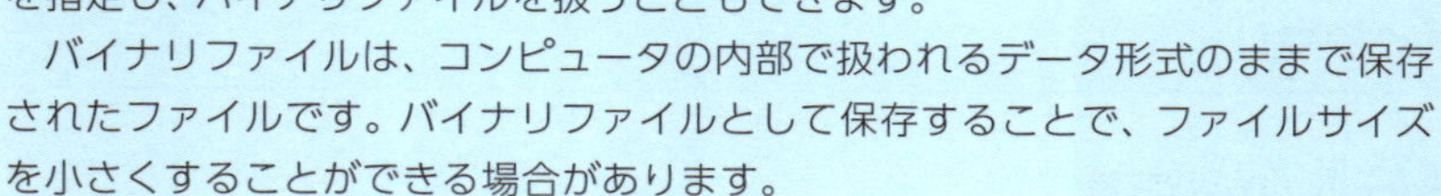

バイナリファイルは、コンピュータの内部で扱われるデータ形式のままで保存されたファイルです。バイナリファイルとして保存することで、ファイルサイズを小さくすることができる場合があります。

10.2 CSVファイル

CSVファイルを読み込む

テキストファイルとして保存されるデータには、さまざまな形式があります。このうち、データを「,」(カンマ) で区切る形式は、表計算ソフトやデータベースなどでよく利用されているデータ形式の1つです。このデータ形式は、CSV (Comma Separated Value) 形式と呼ばれています。

Sample.csv

```
東京,鉛筆,25
東京,消しゴム,30
名古屋,ノート,56
大阪,定規,100
福岡,ノート,73
```


CSV形式のデータを利用する際には、標準ライブラリのcsvモジュールを使うことができます。

構文 **csvモジュールの利用**

```
import csv
```


実際にCSVファイルを読み込んでみましょう。上記の内容をもつSample.csvファイルを、コードと同じフォルダ内に保存しておいてください。

Sample3.py ▶ CSVファイルを読み込む

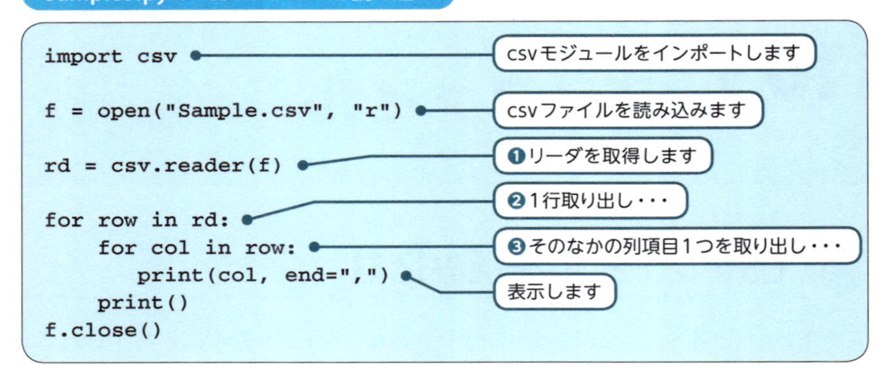

```
import csv

f = open("Sample.csv", "r")

rd = csv.reader(f)

for row in rd:
    for col in row:
        print(col, end=",")
    print()
f.close()
```


Sample3の実行画面

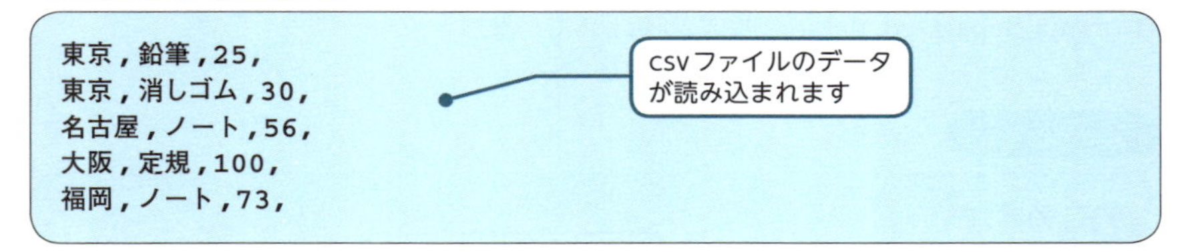

```
東京,鉛筆,25,
東京,消しゴム,30,
名古屋,ノート,56,
大阪,定規,100,
福岡,ノート,73,
```


このコードでは、CSVファイルを読み込み、「リーダ」と呼ばれるインスタンスを処理しています。csvモジュールのreader()関数を使うと、リーダを取得することができます（❶）。

リーダは、CSVファイルの各行を返すイテレータとなっています。このため、for文を使うと各行を取得できます（❷）。各行中の列は、さらに内側のfor文で取り出します（❸）。このようにしてCSVファイルを処理することができるのです。

CSVファイルに書き込む

CSVファイルを読み込むことができたでしょうか。なお、CSVファイルに書き込む際には、csvモジュールのwriter()関数を使います。この関数によって「ライタ」と呼ばれるインスタンスを取得するのです（❶）。

インスタンスを取得すると、ライタのwriterow()メソッドやwriterows()メソッドなどで、リストなどを指定して、書き込みを行うことができます（❷・❸）。

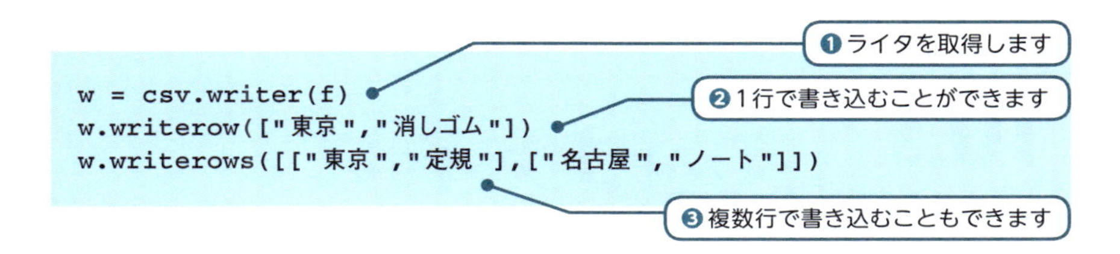

CSVファイルに読み書きするための主な関数・メソッドを表にまとめておきましょう。

表10-3：csvモジュールの主な関数・メソッド

関数・メソッド	内容
writer(ファイル)	ライタを取得する
reader(ファイル)	リーダを取得する
ライタ.writerow(シーケンス)	CSVファイルに1行で書き込む
ライタ.writerows(シーケンス)	CSVファイルに複数行で書き込む

CSVデータを読み込むには、reader()関数でリーダを取得する。
CSVデータを書き込むには、writer()関数でライタを取得する。

各種ファイルの利用

Pythonでは、モジュールを利用することで、さまざまな形式のデータを処理することができるようになっています。こうしたモジュールには、次節で紹介するJSON形式のデータを処理するjsonモジュールや、XML形式のデータを処理するxml.domモジュール、xml.saxモジュールなどがあります。

10.3 JSONファイル

JSONファイルを読み込む

インターネットでは、JSON（JavaScript Object Notation）形式のデータが使われることがあります。JSONファイルは、次のように「**名前:値**」の対応からなる列であらわす形式になっているデータです。値がさらに「名前:値」からなる列となることもあります。この列は{ }でまとめられます。

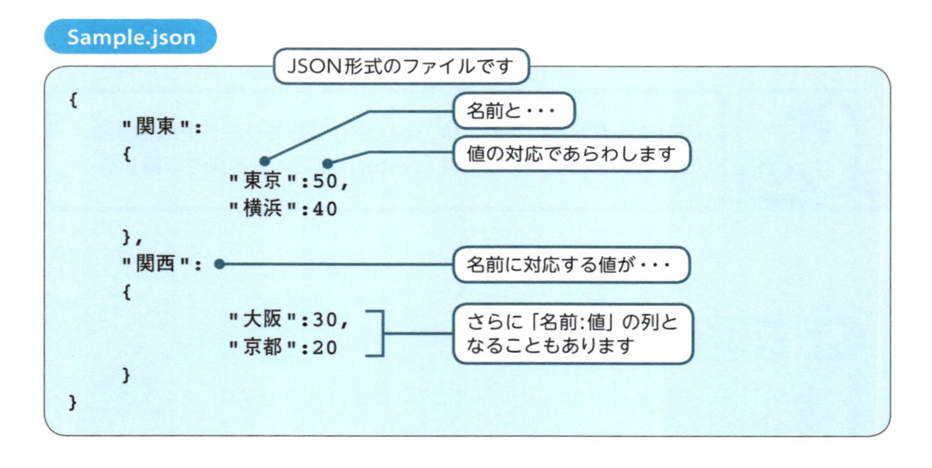


```
{
    "関東":
    {
            "東京":50,
            "横浜":40
    },
    "関西":
    {
            "大阪":30,
            "京都":20
    }
}
```

JSONデータを扱うには、標準ライブラリのjsonモジュールを使用します。

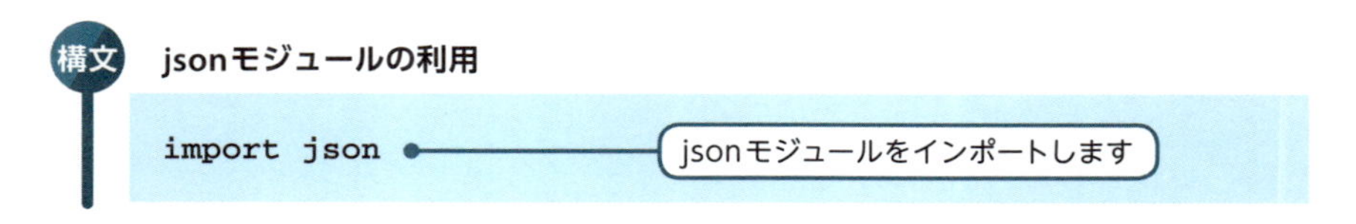


```
import json
```

JSONファイルを扱ってみることにしましょう。上記のJSONファイル（Sample.

json）を、コードと同じフォルダ内にテキストエディタで作成しておいてください。空白部分は半角スペースキーで入力するとよいでしょう。

JSONファイルの読み込みは、jsonモジュールのload()関数で行います。さっそく使ってみましょう。

Sample4.py ▶ JSONファイルを読み込む

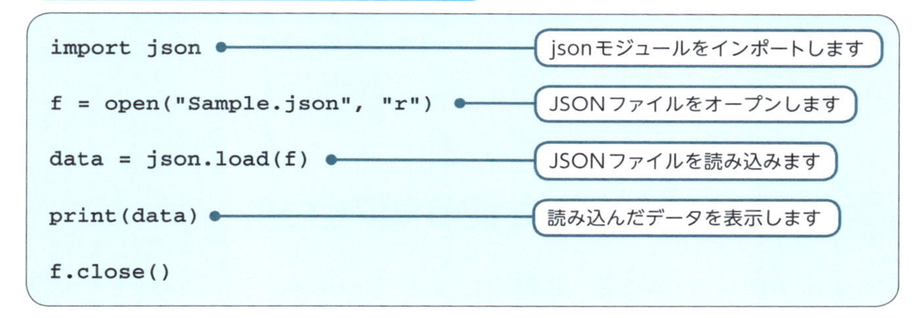

```
import json
f = open("Sample.json", "r")
data = json.load(f)
print(data)
f.close()
```


Sample4の実行画面

```
{'関東': {'東京': 50, '横浜': 40}, '関西': {'大阪': 30, '京都': 20}}
```


JSON形式のデータ全体は、Pythonではディクショナリとして取得されます。表示するとディクショナリとなっていることがわかります。

JSONファイルに書き込む

JSONファイルにデータを書き込むこともできます。書き込む際には、jsonモジュールのdump()関数を使います。書き出すデータ（ディクショナリ）とファイルを、引数として指定します。

```
json.dump({"東京":30, "大阪":20}, f)
```

ファイルにJSON形式で書き込みを行います

JSONファイルを読み込むには、load()関数を使う。
JSONファイルを書き込むには、dump()関数を使う。

表10-4：jsonモジュール

関数	内容
load(ファイル)	JSONファイルを読み込む
dump(オブジェクト, ファイル)	JSONファイルに書き込む

JSONファイルを使う際の注意

なお、JSONファイルを書き出す際に、キーワード引数として「**indent = 字下げ数**」を指定すると、データの字下げが行われるため、データが読みやすくなることがあります。

また、PythonでJSONデータを読み書きする際には、次のようにデータの値の種類の変換が行われます。JSONファイルを読み込んで、そのままJSONファイルに書き出したとしても、最初のファイルと異なる値となる場合がありますので注意してください。

JSON	Python
オブジェクト	ディクショナリ
配列	リスト
文字列	文字列
整数	整数
実数	浮動小数点数
true/false	True/False
null	None

pickleモジュール

ファイルにデータを読み書きするには、バイナリファイルを使用し、Pythonの変数やリストなどのオブジェクトをそのまま保存することもあります。これを**オブジェクトのシリアライゼーション**（**直列化**：serialization）といいます。

このファイルの読み書きには**pickle**モジュールを使います。バイナリファイルでファイルをオープンしたあと、**load()**関数で読み込みを、**dump()**関数で書き出しを行います。

Pythonでは、pickleモジュールによる書き出しを「pickle化」と呼ぶこともあります。pickleではオブジェクトをそのまま読み書きするため、JSONとは異なり、読み書きの前後で値が異なることはありません。

ただし、JSONファイルは、テキストファイルで人間が読めるものとなっています。一方、pickleを使った場合には、人間が読めないバイナリファイルとなります。このため、セキュリティ上、pickleで読み込んだファイルの値を確認せずに、そのままコードで使うことは行わないようにする必要があります。

10.4 例外処理

例外処理のしくみを知る

CSVファイルやJSONファイルなど、さまざまな形式のファイルを処理してきました。さて、こうしたファイルを読み書きするコードを実行したとき、各種のエラーが起きる可能性があります。たとえば、コードを実行した際に、読み込もうとするファイルが存在しなかった場合には、エラーが発生することになるでしょう。

このほかにも、コードを実行する際のエラーにはさまざまなものがあります。たとえば、リストやディクショナリを使う際には、存在しないインデックスやキーにアクセスしてしまうようなエラーも考えられます。

Pythonでは、こうした各種のエラーを処理するために、

例外処理（exception handling）

と呼ばれる処理を行うことができるようになっています。この節では、例外処理についてみていきましょう。

例外処理を記述する

Pythonでは、さまざまなエラーをあらわす例外（exception）と呼ばれる特殊なクラスを扱うことができます。例外を扱う例外処理は、次のように記述することになっています。

構文 例外処理

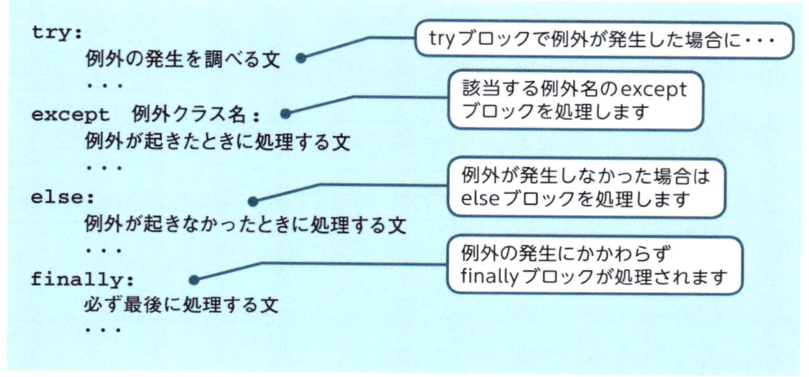

なお、elseブロックとfinallyブロックは省略することができます。この例外処理は、次のような手順で処理されることになっています。

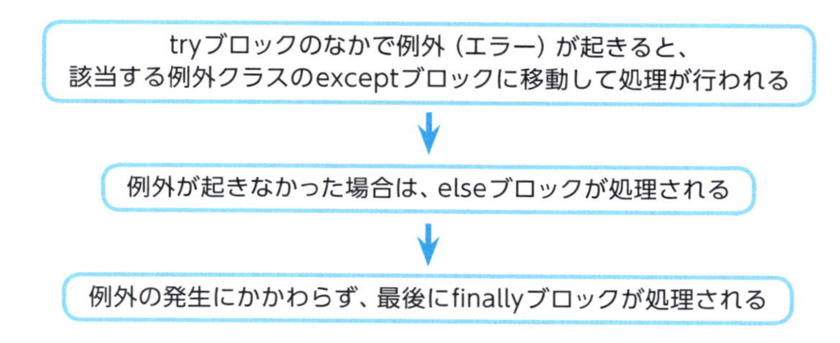

つまり、

例外（エラー）が発生する可能性があるコードをtryブロックにしておき、
例外が起きた場合の処理をexceptブロックに記述しておく

という方法で、エラーを処理するのです。finallyブロックには、エラーの発生にかかわらず処理したいコードを記述します。

このようすをみるために、例外処理を行うコードを記述してみることにしましょう。

Sample5.py ▶ 例外処理を行う

```
try:
    f = open("Sample.txt", "r")

except FileNotFoundError:
    print("ファイルをオープンできませんでした。")

else:
    lines = f.readlines()
    for line in lines:
        print(line, end="")
    f.close()

finally:
    print("処理を終了します。")
```


Sample5の実行画面（Sample.txtが存在しなかった場合）

```
ファイルをオープンできませんでした。
処理を終了します。
```

この例外処理では、例外が発生する可能性があるファイルのオープン処理をtryブロックとして記述しています（❶）。

さて、ファイルが存在しなかった場合の例外は、FileNotFoundErrorクラスという名前となっています。このため、コードを実行してファイルをオープンしようとしたとき、もしファイルが存在しなかった場合には、FileNotFoundErrorを指定したexceptブロックの処理が行われます（❷）。こうしてエラーを処理するようにしているのです。

一方、もしファイルが存在した場合には、elseブロックの処理が行われ、ファイルの読み込みが行われます（❸）。そして、どちらの場合にも、最後にfinallyブロックの処理が行われるようになっています（❹）。

```
try:                                                    例外
    f = open("Sample.txt", "r")

except FileNotFoundError:
    print("ファイルをオープンできませんでした。")

else:
    lines = f.readlines()
    ...

finally:
    print("処理を終了します。")
```

図10-1 例外処理
tryブロックで起きた例外を、exceptブロックで処理することができます。

tryブロックで起きた例外に対する処理を、exceptブロックで行うことができる。

例外処理を応用する

例外処理の応用を紹介しておきましょう。まず、例外処理のexceptブロックは複数書くことができます。つまり、複数の種類の例外（エラー）について、そのエラーに応じた異なる例外処理を行うことができるのです。

```
except FileNotFoundError:    ← ファイルが存在しなかったときのエラーを処理することができます
    ...
except FileExistsError:      ← ファイルが存在したときのエラーを処理することができます
    ...
```

また、exceptブロックで例外名を指定する際に、「,」（カンマ）で区切ったタプルとして例外名を並べることもできます。つまり、複数の例外を同じように処理することもできるのです。

```
except (FileNotFoundError, FileExistsError) :
    ...
```

2つの種類のエラーを同じように処理することができます

なお、「except 例外クラス as 変数:」として変数を指定しておくと、その変数を使って処理中の例外の情報を出力することができます。

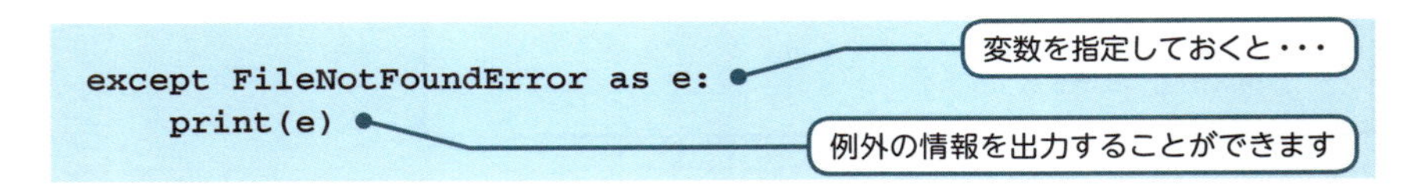

このように例外処理を応用することで、さまざまなエラー処理を行えるようになります。

組み込み例外の種類を知る

ところで、Sample5ではファイルがみつからない場合の例外として、FileNotFoundErrorクラスを処理しました。こうしたよく発生するプログラムのエラーをあらわす例外は、組み込み例外（built-in exception）としてコードのなかで利用できるようになっています。主な組み込み例外を次の表にまとめておきましょう。

表10-5：主な組み込み例外（――は派生クラス）

例外	内容
BaseException	すべての例外クラスの基底クラス
Exception	システム終了以外の例外クラスの基底クラス
RuntimeError	未分類のエラー
OSError ―― FileNotFoundError ―― FileExistsError	システム関連のエラー ファイルが存在しないエラー ファイルが存在するエラー
ArithmeticError ―― OverFlowError ―― ZeroDivisionError ―― FloatingPointError	算術エラー オーバーフローによるエラー ゼロによる除算エラー 浮動小数点数によるエラー
LookupError ―― IndexError ―― KeyError	インデックスやキーが無効である場合のエラー インデックスエラー キーエラー

例外	内容
ModuleNotFoundError	モジュールがみつからないエラー
ImportError	モジュールのインポート時のエラー
AttributeError	属性参照・代入時のエラー
ValueError ── UnicodeError	値エラー エンコード・デコードエラー
NameError	名前が見つからないエラー
SyntaxError ── TypeError ── IndentationError	構文エラー 型エラー インデントエラー

組み込み例外クラスには、基底クラスから拡張された派生クラスもあります。たとえばFileNotFoundErrorクラスは、より広い概念のエラーをあらわすOSErrorクラスを拡張した派生クラスです。このようなとき、基底クラスの例外を指定して処理することで、派生クラスの例外すべてを処理することもできるようになっています。

```
except OSError:
    ...
```

ファイルがみつからないエラーを含む、システム関連のエラーすべてを処理することができます

幅広い例外クラスの処理に注意する

except: に例外クラス名を指定しないでコードを記述すると、すべての例外の発生を処理することができます。

ただし、幅広い例外クラスを同じように処理することは、コード上の誤りをみつけにくくなるため、注意する必要があります。また、基底クラスの例外で処理を行うときにも、幅広い例外クラスを扱うことになるので、同様の注意が必要です。

例外クラスを定義する

さまざまな組み込み例外を紹介しました。ところでPythonでは、組み込み例外のほかに、自分で例外クラスを定義することもできます。この場合はシステムエラー以外のエラー全般をあらわすExceptionクラスか、そのサブクラスから拡張するようにします。

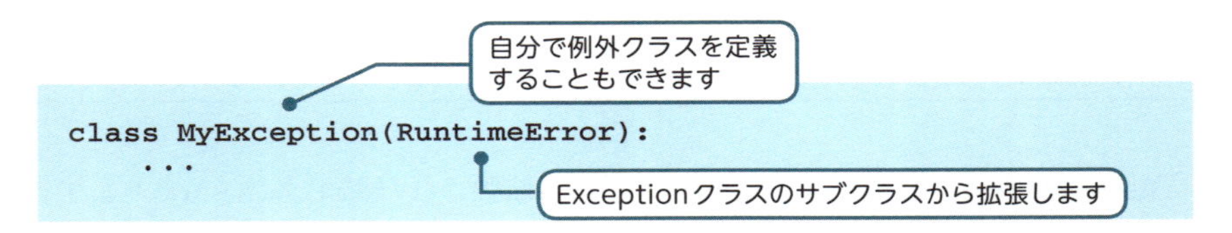


```
class MyException(RuntimeError):
    ...
```

コード中で例外を発生させるには**raise文**（raise statement）を使います。すると、このコード（モジュール）を利用するユーザーは、定義・発生させられた例外を指定して、組み込み例外と同様に、発生したエラーに応じた処理ができるようになります。

```
if a>10:
    raise MyException
```

こうした例外処理のしくみを利用することで、実行時のエラーに対して、きめこまかい処理を行っていくことができるのです。

10.5 システム処理

システムに関する処理を行う

この章では、さまざまなファイルの読み書きや、そのエラー処理を行ってきました。標準ライブラリのosモジュールを使うと、さらにファイル・フォルダに関するさまざまな処理ができるようになっています。

osモジュールの利用

```
import os
```

osモジュールをインポートします

osモジュールは各種システム処理を行うためのモジュールとなっています。osモジュールの関数によって、次の操作などを行うことができます。

Lesson 10

表10-6：osモジュール

関数	内容
stat(パス)	指定したファイルの情報を取得する
getcwd()	現在のディレクトリを取得する
remove(パス)	指定したファイルを削除する
mkdir(パス)	指定したディレクトリを作成する
rmdir(パス)	指定したディレクトリを削除する
rename(変更前の名前, 変更後の名前)	ファイル名を変更する
listdir(パス)	指定したパスのファイル名リストを取得する
access(パス, モード)	指定したパスのアクセス権限（モード）を調べる
chmode(パス, モード)	指定したパスのアクセス権限（モード）を変更する
getenv(環境変数名)	環境変数の値を取得する

ディレクトリの内容を表示する

ここでは例として、ファイル・フォルダに関する情報を表示してみましょう。ファイルを整理する概念として使われる「フォルダ」は、プログラミングの世界ではディレクトリ（directory）とも呼ばれています。また、階層型で整理されているディレクトリ・ファイルの場所をあらわす概念をパス（path）といいます。

osモジュールのlistdir()関数を使うと、指定したパスのディレクトリ内のファイル・ディレクトリのリストを得ることができます。

Sample6.py ▶ ディレクトリ情報を調べる

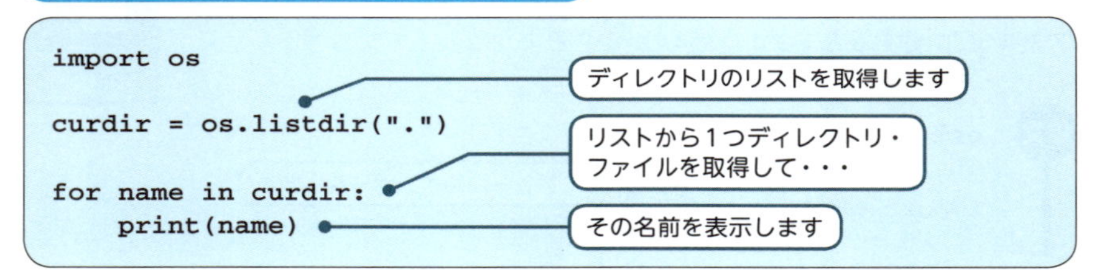

```
import os

curdir = os.listdir(".")

for name in curdir:
    print(name)
```


Sample6の実行画面

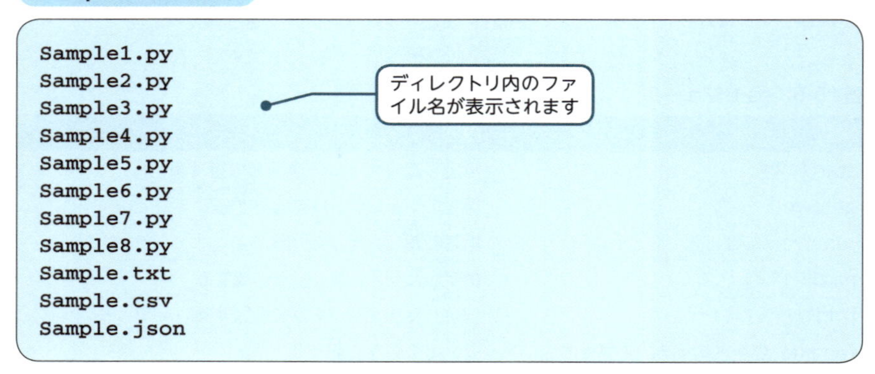

```
Sample1.py
Sample2.py
Sample3.py
Sample4.py
Sample5.py
Sample6.py
Sample7.py
Sample8.py
Sample.txt
Sample.csv
Sample.json
```


「.」は現在のディレクトリ（カレントディレクトリ）をあらわします。ここではこのコード（Sample6.py）が存在するディレクトリとなっています。つまりこのコードは、コードと同じディレクトリ内にあるファイル（またはディレクトリ）のリストを取得し、その名前をfor文で1つずつ表示しているのです。

パスを指定して情報を得る

ところで、パスを指定することで、ファイルやディレクトリに関する情報について、さらにくわしい情報を取得することができます。パスから情報を取得するためのモジュールとして、os.pathモジュールがあります。

os.pathモジュールの利用

```
import os.path
```
os.pathモジュールをインポートします

os.pathモジュールの関数によって、次の情報を取得することができます。

表10-7：os.pathモジュール

関数	内容
abspath(パス)	絶対パスを取得する
dirname(パス)	ディレクトリ名を取得する
basename(パス)	ファイル名を取得する
split(パス)	パスを分割する
splittext(パス)	パスを拡張子名部分と分割する
splitdrive(パス)	パスをドライブ名部分と分割する
commonprefix(シーケンス)	シーケンスのパスの先頭から共通部分を取得する
exists(パス)	パスが存在するか取得する
commonpath(パス名のリスト)	パス名のリストから共通する部分を取得する
isfile()	ファイルであるかを調べる
isdir()	ディレクトリであるかを調べる
getsize(パス)	ファイルサイズを取得する
getatime(パス)	最終アクセス時刻（秒）を取得する
getmtime(パス)	最終更新時刻（秒）を取得する
getctime(パス)	作成時刻（秒）を取得する

それでは、os.pathモジュールを使って、ファイルに関するくわしい情報を調べてみることにしましょう。

Lesson 10

Sample7.py ▶ ファイル情報を調べる

```
import os
import os.path

curdir = os.listdir(".")

for name in curdir:
    print(os.path.abspath(name), end=",")

    if(os.path.isfile(name)):
        print("ファイルです。")
    else:
        print("ディレクトリです。")
print()
```


Sample7の実行画面

```
C:¥ypsample¥10¥Sample.csv,ファイルです。
C:¥ypsample¥10¥Sample.json,ファイルです。
C:¥ypsample¥10¥Sample.txt,ファイルです。
C:¥ypsample¥10¥Sample1.py,ファイルです。
C:¥ypsample¥10¥Sample2.py,ファイルです。
C:¥ypsample¥10¥Sample3.py,ファイルです。
C:¥ypsample¥10¥Sample4.py,ファイルです。
C:¥ypsample¥10¥Sample5.py,ファイルです。
C:¥ypsample¥10¥Sample6.py,ファイルです。
C:¥ypsample¥10¥Sample7.py,ファイルです。
C:¥ypsample¥10¥Sample8.py,ファイルです。
```

ここでは、os.pathモジュールの関数を利用して、ファイルの情報を取得しています。まず、abspath()関数で絶対パス名を表示しています（❶）。絶対パス名は、ファイルが整理されているディレクトリの階層を上から順に省略せずに記述したものです。

また、isfile()関数でファイルであるかどうかを調べています（❷）。isfile()関数は、ファイルであればTrue、ディレクトリ（フォルダ）であればFalseを返すようになっています。ファイルであるかどうかを調べてその情報を表示するようにしています。

10.6 日付と時刻

日時情報を扱う

プログラムのなかでは、日時情報を扱うことがよくあります。たとえば、前節のようにファイルに関する情報を得る際にも、作成日時・更新日時などの日時情報を扱うことがあります。

Pythonで日時情報を利用するには、標準ライブラリのdatetimeモジュールを使うことができます。

構文 日時情報の利用

```
import datetime
```

datetimeモジュールをインポートします

datetimeモジュールに含まれるdatetimeクラスを利用すると、日時情報を扱うことができます。

たとえば、datetimeクラスのクラスメソッドであるnow()メソッドを利用すると、現在の日時をdatetimeクラスのインスタンスとして取得できます。このインスタンスのデータ属性によって、年・月・日などの値を表示することもできます。

また、datetimeモジュールに含まれるtimedeltaクラスを利用すると、日時の計算をすることができます。実際に確認してみましょう。

Sample8.py ▶ 日時を扱う

```
import datetime

dt = datetime.datetime.now()
print("現在は", dt, "です。")
print("年：", dt.year)
print("月：", dt.month)
print("日：", dt.day)
```

- import datetime：datetimeモジュールをインポートします
- ❶ 現在の日時を取得します
- ❷ 日時をあらわすデータ属性を取得します

Lesson 10

```
dt = dt + datetime.timedelta(days=1)
print("1日後は", dt, "です。")
```

❸日時の加算を行うことができます

Sample8の実行画面

```
現在は 2018-04-01 17:54:40.070853 です。
年： 2018
月： 04
日： 01
1日後は 2018-04-02 17:54:40.070853 です。
```

ここでは、now()メソッドで現在の日時を取得し（❶）、年・月・日をあらわすデータ属性を表示しています（❷）。

now()メソッドはクラスメソッドであるため、モジュール名datetimeに続けてクラス名datetimeもつけて呼び出していることに注意してください。一方、コード中のほかのメソッドやデータ属性は、作成された日時ごとに存在しますから、インスタンスごとの属性となっています。

日時の加算はtimedeltaクラスのインスタンスを作成して行っています（❸）。「days = 1」のように、キーワード引数として値を指定し、日時に加算することで、指定されたデータ属性の加算ができます。ここでは「1日」加算した日時を得ることができます。なお、マイナスの値を指定した場合は減算が行われます。

このほかにもdatetimeモジュールにはさまざまな機能があります。利用できる主な属性を紹介しておきましょう。

表10-8：datetimeモジュール

データ属性・メソッド	内容
datetime(年, 月, 日, 時, 分, 秒, マイクロ秒, タイムゾーン)	日時を作成・取得する（年・月・日のみの指定も可能）
datetime.now()	現在の日時のインスタンスを取得する
datetime.today()	現在の日付のインスタンスを取得する
datetime.fromtimestamp(タイムスタンプ)	タイムスタンプをあらわすインスタンスを取得する
datetime.strptime(日時文字列, フォーマット)	指定したフォーマットの日時文字列からインスタンスを取得する

データ属性・メソッド	内容
日時.date()	同じ日時のdateインスタンスを取得する
日時.time()	同じ日時のtimeインスタンスを取得する
日時.weekday()	曜日（0～6）を取得する
日時.strftime(フォーマット)	指定したフォーマットの日時文字列を取得する
日時.year	年
日時.month	月
日時.day	日
日時.hour	時
日時.minute	分
日時.second	秒
日時.microsecond	マイクロ秒
日時.tzinfo	タイムゾーン
timedelta(属性=値)	日時（属性で指定）の加減算をする

日時情報をフォーマットする

最後に、日時を扱う際によく使われるdatetimeクラスのstrftime()メソッドを紹介しておきましょう。

strftime()メソッドの引数に書式を含んだ文字列を指定することで、指定した書式にフォーマットされた文字列を取得することができます。

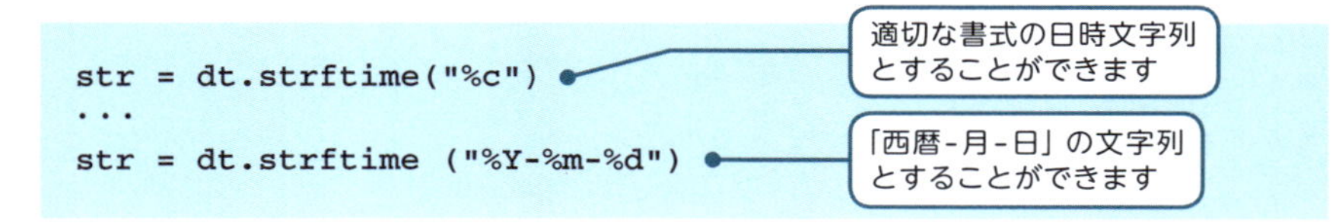

フォーマットした文字列を実際に確認してみましょう。

Sample9.py ▶ 日時をフォーマットする

```
import datetime

dt = datetime.datetime.now()
str = dt.strftime("%c")
```

```
print("現在は", str, "です。")

dt = dt + datetime.timedelta(days=1)
str = dt.strftime("%Y-%m-%d")
print("1日後は", str, "です。")
```

Sample9の実行画面

```
現在は Sun Apr  1 17:48:04 2018 です。
1日後は 2018-04-02 です。
```

strftime()メソッドを使って日時情報から文字列を取得することができました。strftime()メソッドで指定できる書式には次のようなものがあります。さまざまな方法で表示してみてください。

表10-9：日時に関する書式

書式	意味	範囲または例
%c	日時	
%x	日付	
%X	時間	
%H	時（24時間、0つき）	00～23
%I	時（12時間、0つき）	01～12
%M	分（0つき）	00～59
%S	秒（0つき）	00～59
%Y	年（4けた）	2007など
%y	年（2けた）	07など
%B	月（英字）	January～December
%b	月（英字略称）	Jan～Dec
%m	月（0つき）	01～12
%d	日（0つき）	01～31
%w	曜日（数値）	0（日曜日）～6（土曜日）
%Z	タイムゾーン	UTCなど
%p	AM/PM	AM/PM
%A	曜日（英字）	Sunday～Saturday
%a	曜日（英字略称）	Sun～Sat

書式	意味	範囲または例
%j	日番号	001 ～ 366
%U	週番号（月曜始まり）	00 ～ 53
%W	週番号（日曜始まり）	00 ～ 53

また、これとは逆に、文字列から日時情報を取得するために、datetimeクラスのクラスメソッドであるstrptime()を使用することができます。指定した書式で文字列を解釈し、datetimeインスタンスを作成します。文字列と日時の変換に利用すると便利でしょう。

```
dt = datetime.datetime.strptime("2018-01-04", "%Y-%m-%d")
```

「西暦-月-日」で解釈したインスタンスを作成します

日時情報を扱うモジュール

datetimeモジュールには、日時を扱うdatetimeクラスのほかに、日付だけを扱うdateクラスや時刻だけを扱うtimeクラスが用意されています。

また、Pythonの標準ライブラリには、ほかに日時を扱うモジュールとして、時刻を扱うtimeモジュールや、第8章でも紹介したカレンダーを扱うcalendarモジュールがあります。こうした便利なモジュールとそのクラスについても、巻末のAppendix Bの「リソース」からPythonのリファレンスを参照して利用してみるとよいでしょう。

10.7 レッスンのまとめ

この章では、次のようなことを学びました。

- open()関数を使って、ファイルのオープンができます。
- ファイルのclose()メソッドを使って、ファイルのクローズができます。
- ファイルのメソッドを使って、ファイルの読み書きができます。
- csvモジュールを使って、CSVファイルの読み書きができます。
- jsonモジュールを使って、JSONファイルの読み書きができます。
- osモジュールを使って、ファイル・ディレクトリ情報を取得・操作できます。
- os.pathモジュールを使って、パスによる情報を取得できます。
- datetimeモジュールを使って、日時情報を調べることができます。

この章では、ファイルに関する機能を学びました。ファイルを操作できれば、さまざまなデータを利用する処理を行うことができます。テキストファイル・CSV・JSONファイルなど、適切なファイルを利用することが大切です。ファイル・ディレクトリ・日時に関する情報を取得する方法もおぼえておくと便利です。

1. 下の例のように、現在のディレクトリ内のファイルについて、情報を出力してください。なお、次の関数・メソッドを利用することができます。

- os.path.getsize () ……… ファイルサイズを取得する

```
名前           サイズ
Sample.txt    174 バイト
Sample1.py    201 バイト
Sample2.py    620 バイト
```

2. 下の例のように、現在のディレクトリ内のファイルについて、日時情報を出力してください。なお、次の関数・メソッドを利用できます。

- os.path.getatime() ……… 最終アクセス時刻のタイムスタンプを取得する
- datetime.datetime.fromtimestamp() ……… タイムスタンプからdatetimeインスタンスに変換する

```
名前           最終アクセス時刻
Sample.txt    2017-12-29 18:22:37.217012
Sample1.py    2018-02-10 18:02:57.499201
Sample2.py    2018-03-20 22:12:06.356804
```

Lesson 11

データベースとネットワーク

大量のデータを処理する際に、データベースが使われることがあります。データベースは大量のデータを効率よく管理するシステムです。多くの有用なデータがデータベースによって管理されています。データ分析などの用途で、データベースを利用する機会もあるでしょう。また、Webなどの情報を取得するには、ネットワークに関する知識も必要となります。この章では、データベースとネットワークを利用する方法について学びましょう。

Check Point!

- データベース
- SQL文
- SQLite
- 表の作成・更新・削除
- SELECT文
- データの並べ替え
- ネットワーク
- URLのオープン
- HTMLの解析

11.1 データベース

データベースを使うコードを作成する

Pythonでデータ分析などを行うにあたっては、大量のデータを取り扱う場合があります。こうしたデータは、データを管理するために特化した各種のデータベース製品で管理されていることも多くなっています。この章では、データベースを扱うコードを作成していくことにしましょう。

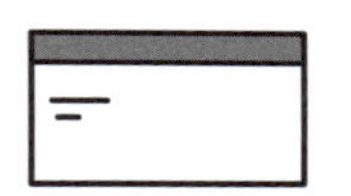

データベースのしくみを知る

現在、企業などで利用されているデータベース製品は、リレーショナルデータベース（relational database）と呼ばれる種類が主流となっています。リレーショナルデータベースは、データを表の形式で扱うことができるデータベースです。たとえば、商品に関するデータを、次のような表のかたちで扱うことができるようになっています。

product表

name	price
鉛筆	80
消しゴム	50
定規	200
コンパス	300
ボールペン	100

データを表形式で扱うことができます

SQL文のしくみを知る

リレーショナルデータベースは、SQL（構造化問い合わせ言語）と呼ばれる言語によって、かんたんにデータの操作や問い合わせができるようになっています。たとえば、

「price」列の値が「300」である商品

をデータベースに問い合わせて、条件にしたがったデータを取り出すことができるようになっているのです。

name	price
コンパス	300

データを取り出すことができます

SQLでは、文と呼ばれる単位によって、1つの問い合わせを行うようになっています。これから、かんたんなSQL文を紹介しながらデータベースを利用していくことにしましょう。

リレーショナルデータベースに問い合わせを行うにはSQL文を使う。

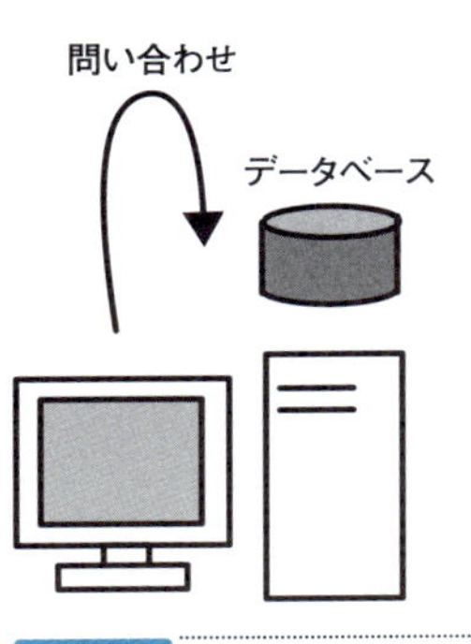

図11-1　データベース
データベースを利用するコードを作成することができます。

Lesson 11

11.2 データベースの利用

表を作成する

リレーショナルデータベースを利用するには、まずデータベース内にデータを格納するための表（table）を作成することが必要になります。そこでこの節では、表を作成する方法からみていきましょう。

表の作成などに関連するSQL文は、次のようになっています。表の作成・更新・削除に関するSQL文が定められています。

表11-1：表の作成・更新・削除

データ操作	SQL文
表を作成する	CREATE TABLE 表名(列名　型,・・・)
表を更新する	ALTER TABLE 表名(ADD　列名　型,・・・)
表を削除する	DROP TABLE 表名

たとえば、表を作成する際には、次のようにCREATE TABLE文を使うことができます。

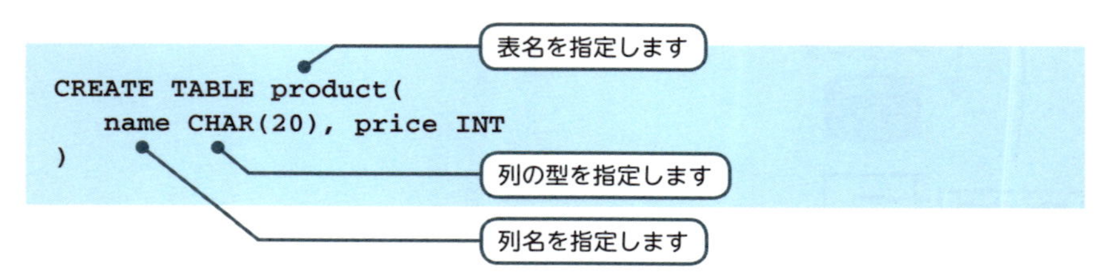

```
CREATE TABLE product(
   name CHAR(20), price INT
)
```


このSQL文によって、「product」という名前の表を作成することができます。ここでは、product表内に、文字を格納できるname列と、整数を格納できるprice列を作成しています。

product表

name	price

表を作成することができます

SQL文を使って表の作成・更新・削除を行うことができる。

表にデータを追加する

表を作成したら、表にデータを格納することが必要となります。不要なデータが存在する場合には、変更・削除することも必要となるでしょう。こうしたデータの追加・更新・削除に関するSQL文は、次のようになっています。

表11-2：データの追加・更新・削除

データ操作	SQL文
データを追加する	INSERT INTO 表名 VALUES(値, 値・・・)
データを更新する	UPDATE 表名 SET 列名=値 WHERE 条件
データを削除する	DELETE FROM 表名 WHERE 条件

たとえば、さきほどのproduct表に、「鉛筆,80」というデータを追加する場合にはINSERT文を指定します。

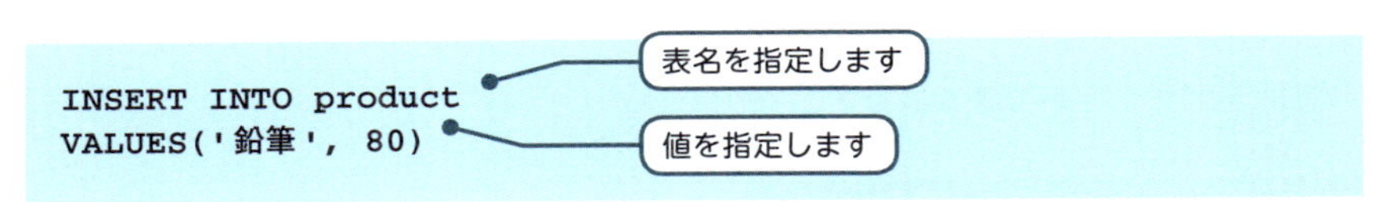

この文によって、name列に「鉛筆」が、price列に「80」が、順に格納されます。この方法を使えば、必要なデータを表に格納できることになります。

product表

name	price
鉛筆	80

データを追加することができます

SQL文を使ってデータの追加・更新・削除を行うことができる。

表からデータを問い合わせる

表とデータの準備ができたら、必要なデータを問い合わせ、表から抽出することになります。表の問い合わせを行うには、次のSELECT文を使います。

表11-3：データの問い合わせ

データ操作	SQL文
データを問い合わせる	SELECT 列名 FROM 表名 WHERE 条件

たとえば、product表のすべてのデータを指定して抽出する場合には、次のSELECT文を使います。

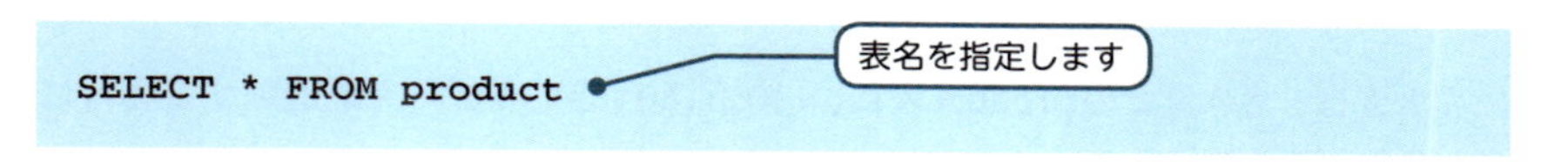

```
SELECT * FROM product
```


product表に5件のデータが存在する場合は、このSQL文で5件すべてのデータを取り出すことができるのです。

name	price
鉛筆	80
消しゴム	50
定規	200
コンパス	300
ボールペン	100

データを取り出すことができます

SELECT文に指定した「*」という記号はすべての列をあらわす指定です。表中の列名を指定することもできます。

SQL文であるSELECT文を使って、データの問い合わせができる。

表全体を表示する

それでは、ここまでに紹介したSQL文を使って、データベースを操作するコードを作成してみましょう。

Pythonの環境には、シンプルなデータベースである**SQLite**が標準で含まれています。標準ライブラリのsqlite3モジュールを使うと、データベースを操作することができるようになります。

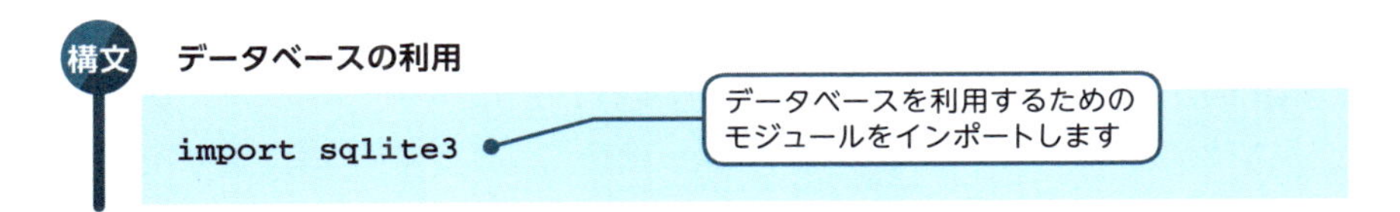

さっそくsqlite3モジュールを使ってみることにしましょう。

Sample1.py ▶ 表を表示する

```
import sqlite3                                    # データベースを利用するためのモジュールをインポートします

conn = sqlite3.connect("pdb.db")                  # ❶データベースに接続します

c = conn.cursor()                                 # ❷カーソルを取得します

c.execute("DROP TABLE IF EXISTS product")
                                                  # ❸表を作成します
c.execute("CREATE TABLE product(name CHAR(20), price INT)")
c.execute("INSERT INTO product VALUES('鉛筆', 80)")
c.execute("INSERT INTO product VALUES('消しゴム', 50)")
c.execute("INSERT INTO product VALUES('定規', 200)")
```

Lesson 11

```
c.execute("INSERT INTO product VALUES('コンパス', 300)")
c.execute("INSERT INTO product VALUES('ボールペン', 100)")

conn.commit()

itr = c.execute("SELECT * FROM product")

for row in itr:
    print(row)

conn.close()
```

データを追加します

❹コミットします

表のデータをすべて取り出します

取り出したデータを表示します

❺データベースをクローズします

Sample1の実行画面

SQLiteを使うためには、次の順序で操作を行います。

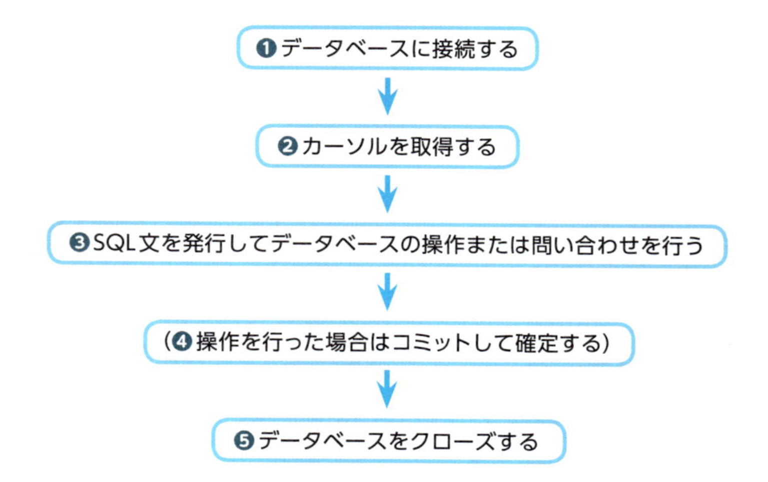

まず、connect()関数を使ってデータベースに接続する処理を行います。ここでは「pdb.db」という名前のデータベースに接続しています。この名前のデータベースが存在しない場合はデータベースが新規作成されます。データベースに接続すると、Connectionクラスのインスタンスが返されます(❶)。

次に、Connectionクラスのcursor()メソッドを使って、Cursorクラスのインスタンスを取得します(❷)。Cursorクラスは、カーソル(cursor)と呼ばれる概念をあらわすためのものです。カーソルは、データを1行ずつ操作をするために必要なしくみとなっています。

カーソルを取得したら、SQL文を発行することができるようになります。SQLを発行するにはCursorクラスのexecute()メソッドを使います。

ここでは、まず表が存在する場合に表の削除を行います。このときSQL文のなかで「IF EXISTS」という表現を使うことができます。この表現はSQLの拡張表現となっており、表の存在を調べることができるようになっています。

そしてCREATE TABLE文を使ってproduct表を作成しています(❸)。作成した表には、INSERT文でデータを追加しています。

さて、こうしたデータベースの更新操作を行った場合には、更新を確定させる処理が必要です。この処理をコミット(commit)といいます。コミットを行うには、Connectionクラスのcommit()メソッドを使います(❹)。

そして、SELECT文でデータを問い合わせています。問い合わせの結果として、結果データを順に処理するイテレータが返されます。

最後に、Connectionクラスのclose()メソッドを使って、データベースとの接続をクローズしています(❺)。こうした手順でデータベースからデータを取り出すことができるのです。

次の表で、データベースの操作にあたって必要となる機能をまとめておきましょう。

表11-4：sqlite3モジュール

関数・メソッド	内容
connect(ファイル名)	ファイル名を指定してデータベースに接続する
コネクション.commit()	更新をコミットする
コネクション.close()	データベースをクローズする
カーソル.execute(SQL文)	データベースにSQL文を実行する

データベースへのアクセス

リレーショナルデータベースにはさまざまな種類があります。標準として提供されているSQLiteのほかにも、インターネットで公開されている各種モジュールを利用することで、MySQLやPostgreSQLなどのさまざまなデータベース製品にアクセスすることができます。これらのデータベース製品はどれもSQLによって操作をすることができます。

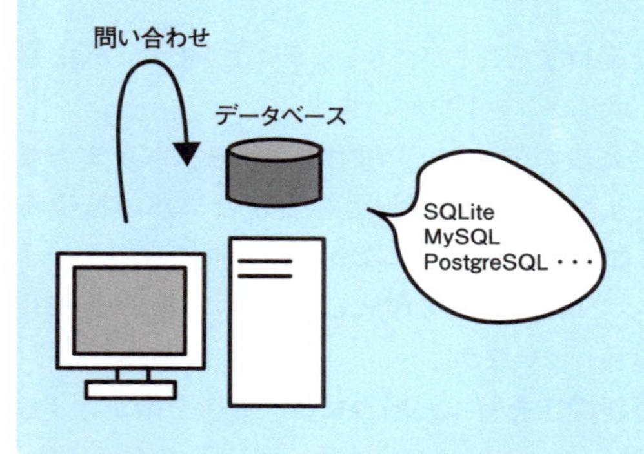

11.3 条件による検索

数値を検索する

前の節では、表に格納されているデータのすべてを取り出してみました。

データを問い合わせる際には、条件を指定して、条件に該当するデータだけを取り出すこともできます。このときには、SELECT文のなかで

WHERE　条件

という指定を行います。

たとえば、product表から単価が「200」以上のデータだけを取り出したいとしましょう。このとき次のように指定します。

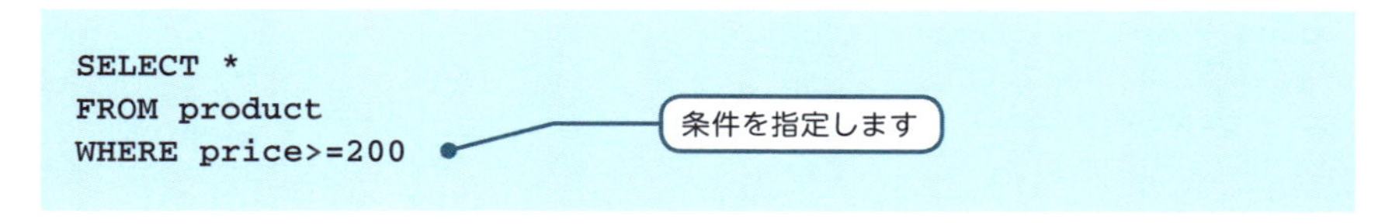

```
SELECT *
FROM product
WHERE price>=200
```


product表

name	price
鉛筆	80
消しゴム	50
定規	200
コンパス	300
ボールペン	100

→

name	price
定規	200
コンパス	300

SQLでは、条件を次の演算子によって作成することができます。

表11-5：SQLの条件をつくる演算子

演算子	式がTrueとなる場合
==	右辺が左辺に等しい
<>	右辺が左辺に等しくない
>	右辺より左辺が大きい
>=	右辺より左辺が大きいか等しい
<	右辺より左辺が小さい
<=	右辺より左辺が小さいか等しい
AND	右辺と左辺がともにTrue
OR	右辺または左辺のいずれかがTrue
NOT	右辺がTrueでないとき

実際に確認してみましょう。なお、本章のこの節以降のコードは、Sample1によってproduct表とデータを作成してから確認するようにしてください。

Sample2.py ▶ 条件をつけて絞り込む

```
import sqlite3

conn = sqlite3.connect("pdb.db")

c = conn.cursor()

itr = c.execute("SELECT * FROM product WHERE price>=200")

for row in itr:
    print(row)

conn.close()
```

条件をつけて取り出します

Sample2の実行画面

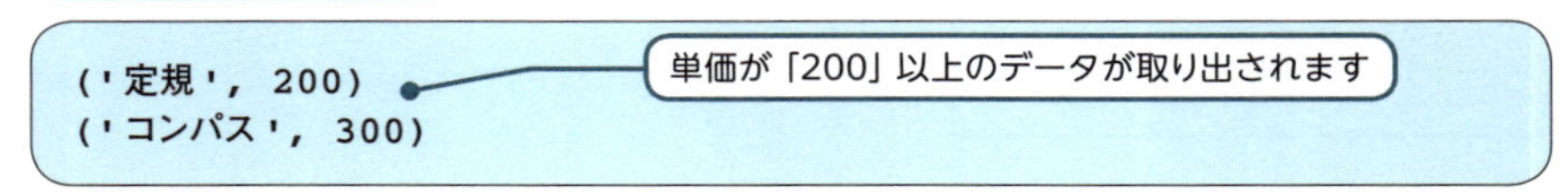

SQL文を変更するだけで、すべてを取り出す方法と同様に、データを取り出すことができています。単価が「200」以上である2件のデータだけが抽出されるこ

とになります。

文字列で検索する

もう1つ練習してみましょう。条件をつける際に文字列を指定して絞り込むことができます。name列が「鉛筆」である行を検索してみることにします。文字列はシングルクォーテーションで囲みます。

```
SELECT *
FROM product
WHERE name='鉛筆'
```


product表

name	price
鉛筆	80
消しゴム	50
定規	200
コンパス	300
ボールペン	100

→

name	price
鉛筆	80

文字列を指定して絞り込みます

コードを実行して確認してみてください。「鉛筆」データだけが抽出されることがわかるでしょう。

Sample3.py ▶ 文字列で検索する

```
import sqlite3

conn = sqlite3.connect("pdb.db")

c = conn.cursor()

itr = c.execute("SELECT * FROM product WHERE name='鉛筆'")

for row in itr:
```

Lesson 11

```
    print(row)

conn.close()
```

Sample3の実行画面

```
('鉛筆', 80)
```

「鉛筆」データが取り出されます

データの一部から検索する

文字列で検索をする場合、データの一部を指定して検索することもできます。このためには、

LIKE

という指定を使います。

たとえば、「ン」という文字を含む商品を検索してみることにしましょう。このとき、複数の文字列をあらわす「%」を「ン」の前後につけます。

```
SELECT *
FROM product
WHERE name LIKE '%ン%'
```

文字列の一部を指定して絞り込みます

コードを作成してみましょう。検索部分以外はSample2と同じです。

Sample4.py ▶ データの一部から検索する

```
import sqlite3

conn = sqlite3.connect("pdb.db")

c = conn.cursor()

itr = c.execute(
        "SELECT * FROM product WHERE name LIKE '%ン%'")
```

```
for row in itr:
    print(row)

conn.close()
```

Sample4の実行画面

```
('コンパス', 300)
('ボールペン', 100)
```

「ン」を含むデータが取り出されます

値の順に並べ替える

この節の最後に、取り出したデータを並べ替える方法を紹介しておきましょう。並べ替えを行うには、

ORDER BY 列名

で並べ替えの基準となる列名を指定します。たとえば、次のSQL文によってprice列の値が小さい順に並べ替えられます。

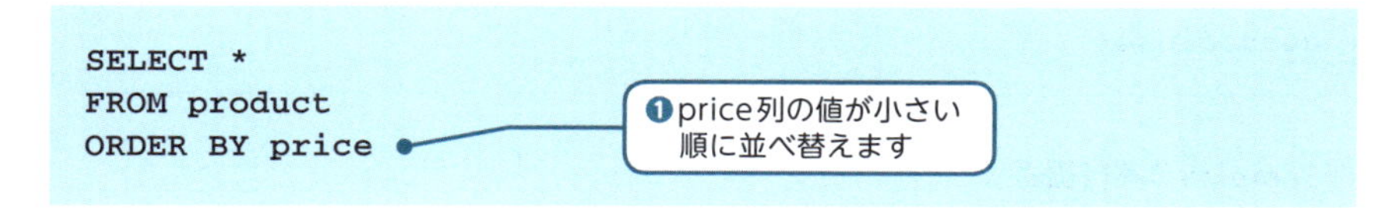


```
SELECT *
FROM product
ORDER BY price
```

なお、大きい順に並べ替えたい場合は最後にDESCをつけます。

```
SELECT *
FROM product
ORDER BY price DESC
```

❷price列の値が大きい順に並べ替えます

❶ price列の値が小さい順に並べ替えます

name	price
消しゴム	50
鉛筆	80
ボールペン	100
定規	200
コンパス	300

❷ price列の値が大きい順に並べ替えます

name	price
コンパス	300
定規	200
ボールペン	100
鉛筆	80
消しゴム	50

そこで、ここでは単価の高い順に並べ替えてみましょう。問い合わせの部分以外はこれまでと同じです。

Sample5.py ▶ 並べ替える

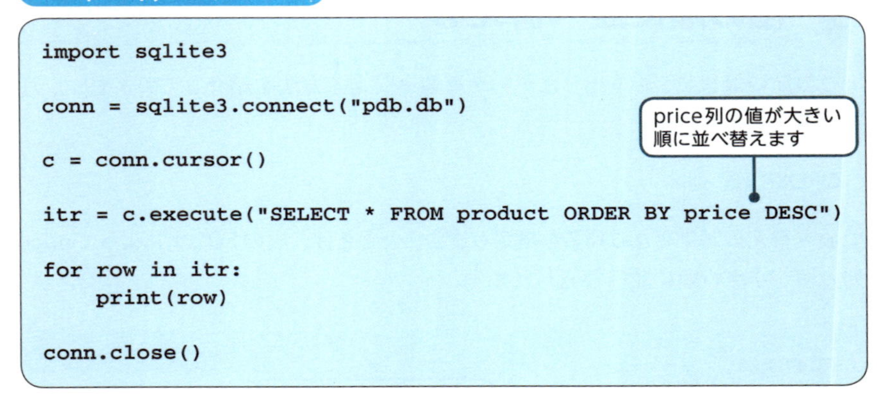

```
import sqlite3

conn = sqlite3.connect("pdb.db")

c = conn.cursor()

itr = c.execute("SELECT * FROM product ORDER BY price DESC")

for row in itr:
    print(row)

conn.close()
```


Sample5の実行画面

```
('コンパス', 300)
('定規', 200)
('ボールペン', 100)
('鉛筆', 80)
('消しゴム', 50)
```


単価の高い順にデータを並べることができました。データベースの情報を活用することができています。

データベースのセキュリティに気をつける

さてこの章では、SQL文を使って、さまざまな検索を行ってきました。ただし、プログラムの利用者が、検索データを指定して入力するようなプログラムを作成する場合には、注意しなければならないことがあります。たとえば、次のようなSQL文で、検索を行う場合を考えてみましょう。

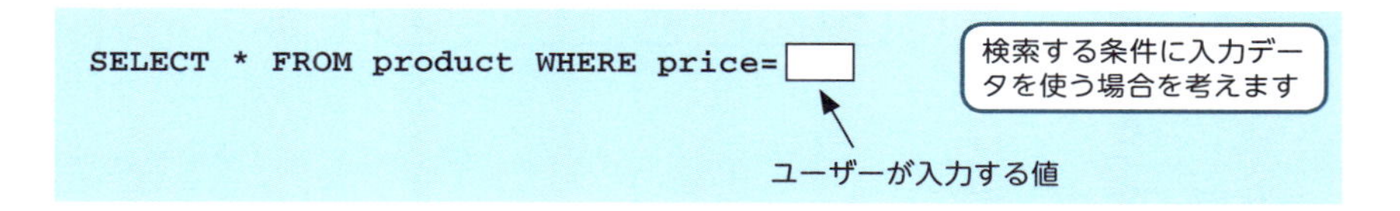

このとき、ユーザーが次のようなSQL文を含む文を入力すると、検索を実行する際に、データベース中のデータが削除されてしまうことになります。

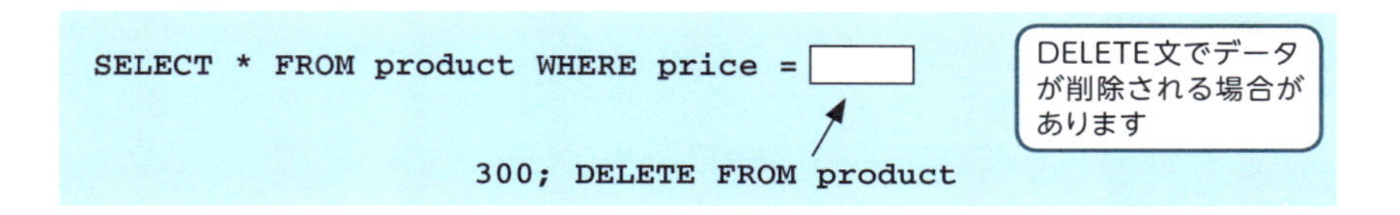

このように不正なSQL文を入力されることによって、データベースが不正に操作されてしまうことをSQLインジェクションといいます。ユーザーに検索条件を入力させる場合には、データベースのセキュリティに注意しなければならないのです。

こうした状況を防ぐためには、SQL文中の検索条件を、プレースホルダと呼ばれるしくみとして作成しておきます。プレースホルダはSQL文中の特殊な意味をもつ文字をとりのぞき、不正なSQL文が実行されないようにするものです。

Pythonでは、プレースホルダを「?」という記号で記述します（❶）。すると、このプレースホルダと、入力値が記憶される変数とを、関連づける（バインドする）作業が行われます（❷）。

こうしてSQL文が実行されるときに、プレースホルダと入力値が置きかえられ（❸）、不正なSQL文を実行されにくくすることができるようになっています。

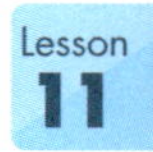

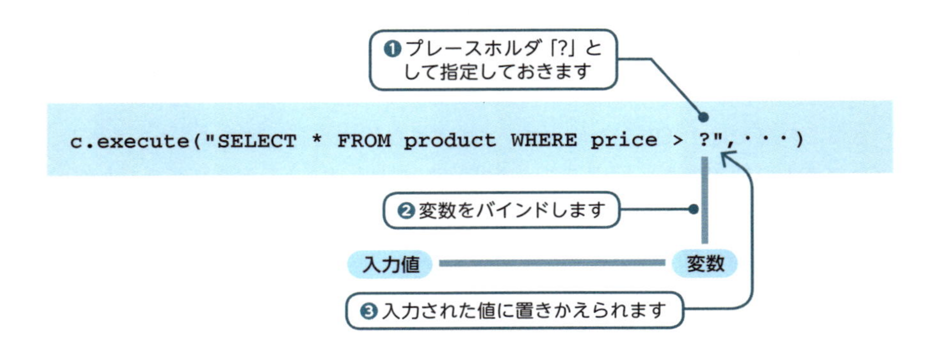

データベースの活用

SQL文には、ここで紹介した方法のほかにも、さまざまな文が用意されています。たとえば、複数の表を結合したり、同じデータをグループ化したりすることもできるようになっています。さまざまなSQL文を使って、データベースから自在にデータを取り出すことができます。

本書では基本の構文に限定してSQL文を紹介しています。データベースを活用する際には、さらに高度なSQLの操作に挑戦してみてください。

11.4 ネットワークの利用

URLをオープンする

データベースで管理されたデータを利用する方法についてみてきました。データを利用するにあたっては、データがネットワーク上に存在する場合もあります。そこでこの節では、ネットワークの利用方法を紹介しましょう。

標準ライブラリのurllibパッケージのモジュールを利用すると、URLを指定してネットワーク上のデータを利用することができるようになります。

ここでは、URLを指定して読み込むための、urllib.requestモジュールを利用してみましょう。

URLを読み込むモジュール

```
import urllib.request
```

urllib.requestモジュールを使用します

Sample6.py ▶ URLをオープンする

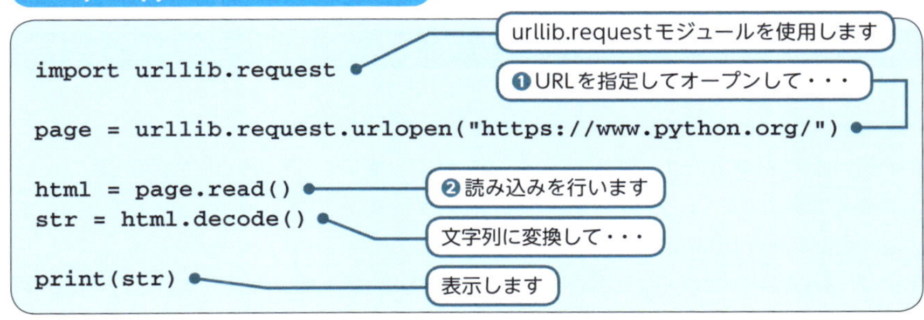

```
import urllib.request

page = urllib.request.urlopen("https://www.python.org/")

html = page.read()
str = html.decode()

print(str)
```


Sample6の実行画面

```
<!doctype html>
・・・(省略)
```

HTMLが表示されます

Lesson 11

urllib.requestモジュールのurlopen()関数を使うと、URLにアクセスすることができます（❶）。

Webページにアクセスした場合には、http.clientモジュールのHTTPResponseクラスのインスタンスが返されます。そこで、このクラスのread()メソッドで、ページを読み込むことができます（❷）。なお、読み込んだデータはバイト列になっているので、バイト列をあらわすbytesクラスのdecode()メソッドを使って文字列に変換し、表示を行っています。

HTMLを解析する

URLを指定してWebページを取得し、そこで取得したHTMLを解析することが必要になる場合があります。そのようなときには、html.parserモジュールのHTMLParserクラスを使います。

```
from html.parser import HTMLParser
```

HTMLParserクラスをインポートします

このクラスは、HTMLの解析を行うメソッドをもっています。HTMLを読み込んで解析する際、HTML中にタグやデータがあらわれると、それらを解析するために、次の名前のメソッドが呼び出されるようになっています。

表11-6：HTMLParserクラスのメソッド

メソッド	呼び出されるタイミング
handle_starttag(tag, attrs)	開始タグの出現
handle_endtag(tag)	終了タグの出現
handle_startendtag(tag, attrs)	開始タグと終了タグをまとめたタグの出現
handle_data(data)	データの出現
handle_comment(data)	コメントの出現
handle_entityref(name)	実体参照の出現
handle_charref(name)	文字参照の出現

そこで、HTMLの解析を行いたい場合には、HTMLParserクラスの派生クラスを定義します。そして、表11-6の必要なメソッドを定義し、オーバーライドを行

うことで、必要な解析が行われるようにします。

たとえば、開始タグや、タグの下などにあるデータを処理したい場合には、次のメソッドをオーバーライドするのです。

```
class SampleHTMLParser(HTMLParser):
    ...
    def handle_starttag(self, tag, attrs):
        ...
    def handle_data(self, data):
        ...
```

HTMLParserクラスの派生クラスを定義します

開始タグを処理するメソッドをオーバーライドします

データを処理するメソッドをオーバーライドします

実際に解析を行うには、定義したクラスのインスタンスを作成し、読み込んだデータをfeed()メソッドに指定します。

```
html = page.read()
str = html.decode()

p = SampleHTMLParser()
p.feed(str)
```

定義したクラスのインスタンスを作成し・・・

読み込んだページを解析します

すると、実際にページが読み込まれ、ページ中に開始タグや、タグの下などにあるデータがあらわれたときに、オーバーライドしたメソッドの処理が呼び出されることになります。こうしてHTMLの解析が行われるのです。

このようすをさっそくコードでみてみることにしましょう。

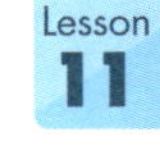

Sample7.py ▶ HTMLを解析する

```
import urllib.request
from html.parser import HTMLParser

class SampleHTMLParser(HTMLParser):
    def __init__(self):
        HTMLParser.__init__(self)
        self.title = False

    def handle_starttag(self, tag, attrs):
        if tag == "title":
            self.title = True
```

html.parserモジュールのHTMLParserクラスをインポートします

HTMLParserクラスを基底クラスとした派生クラスを定義します

❶コンストラクタを定義しています

❷HTMLの開始タグを解析するメソッドを定義します

```
    def handle_data(self, data):
        if self.title is True:
            print("タイトル：", data)
            self.title = False

page = urllib.request.urlopen("https://www.python.org/")

html = page.read()
str = html.decode()

p = SampleHTMLParser()
p.feed(str)

p.close()
```

❸HTML中のデータを取得するメソッドを定義します

定義したクラスのインスタンスを作成し・・・

読み込んだページを解析します

Sample7の実行画面

```
タイトル：Welcome to Python.org
```

ここでは、コンストラクタ内でself.titleというデータ属性を作成し、Falseとしています（❶）。また、開始タグを解析するメソッド内で、開始タグとして<title>があらわれたとき、self.titleをTrueとしています（❷）。そして、データを処理するメソッド内で、self.titleがTrueであったときにデータを出力しています（❸）。こうして、<title>開始タグの下にあるデータであるタイトルを出力しているのです。

このように、自分でHTMLParserクラスの派生クラスのメソッドの処理内容を定義し、オーバーライドすることによって、さまざまなHTMLの解析を行うことができるようになります。タイトル以外にも、さまざまなタグやデータを処理することができるでしょう。

ネットワークを扱うそのほかのモジュール

ネットワークを扱うには、ここで紹介したモジュールを利用する以外にもさまざまな方法があります。特に、かんたんにWebページを利用しようとする際には、Anacondaでもインストールされる Requestsモジュールが利用されています。

11.5 レッスンのまとめ

この章では、次のようなことを学びました。

- リレーショナルデータベースでは、表によってデータを管理します。
- リレーショナルデータベースを操作するためには、SQL文を使用します。
- SQL文によって、表を作成・更新・削除することができます。
- SQL文によって、データの追加・削除・更新を行うことができます。
- SQL文によって、データの問い合わせを行うことができます。
- SQL文によって、条件を指定して問い合わせを行うことができます。
- SQL文によって、データの並べ替えを行うことができます。
- URLをオープンすることができます。
- HTMLの解析を行うことができます。

データベースは、大量のデータを管理する際に不可欠な存在です。データベースのデータを利用することによって、多様なデータ分析を行うことができるでしょう。

また、ネットワークを扱うライブラリを利用することで、ネットワーク上のデータも扱うことができるようになります。ここでは、データベースやネットワークを利用するための基本をおさえておくことにしましょう。

練習

1. 次のデータベースを作成して、すべての行を表示してください。

product表

name（商品名）	num（在庫）
みかん	80
いちご	60
りんご	22
もも	50
くり	75

```
('みかん', 80)
('いちご', 60)
('りんご', 22)
('もも', 50)
('くり', 75)
```

2. 1.のデータベースで、在庫が30以下の行を表示してください。

```
('りんご', 22)
```

機械学習の基礎

コンピュータの発展によって大量のデータを取り扱うことが可能となっている今日、機械学習が注目されています。この章では機械学習を行うコードを作成する際に必要な知識を学びましょう。
機械学習では、統計学・数学分野の知識を応用します。Pythonでも多くの統計・数学関連の指標を各種モジュールによって得ることができます。また、機械学習ではデータの可視化を行うことも必要です。さまざまなグラフの描き方を学びましょう。

Check Point!

- 統計指標
- statistics
- math
- random
- データの可視化
- Matplotlib
- NumPy

12.1 機械学習とは

機械学習を知る

コンピュータの発展によって大量のデータを高速に処理することが可能になっている現在、コンピュータを駆使したさまざまな手法が注目されています。

機械学習（machine learning）は、人間と同様の思考をコンピュータを利用して行わせ、役立てようとする手法です。観測されたデータを学習し、あてはまるモデルから将来の予測を行ったり、データの規則をみつけだしたりすることなどを目標としています。

Pythonは、高度なデータ処理が可能であり、それらをかんたんに実現するパッケージ・モジュールが数多く公開されていることから、機械学習での利用が大変さかんになっています。そこでこの章では、機械学習のために必要な知識を学ぶことにしましょう。

機械学習にはさまざまな手法が知られています。たとえば、データや基準を学習事例として与えてモデルを導き、そのモデルをもとに予測などを行う手法として、**分類**（classification）や**回帰**（regression）と呼ばれる手法があります。こうした手法は基準を与えて学習を行うことから、**教師あり学習**と呼ばれています。

一方、データを与え、基準自体をみつけだそうとする手法として、**クラスタリング**（clustering）などの手法が知られています。こうした手法は、**教師なし学習**と呼ばれています。

こうした機械学習の各種の手法（アルゴリズム）を身につけるには、これまで学んできたデータ処理の方法などに加えて、基礎的な統計の知識や、グラフなどを使ったデータの可視化の手法などについて広く知っておく必要があります。この章では機械学習の基礎を学んでいきましょう。

12.2 統計指標

統計指標を扱うモジュール

この節ではまず、大量のデータから基本的な統計指標を得る手法について学びましょう。Pythonの標準ライブラリには、統計指標を取得するためのstatisticsモジュールが存在します。

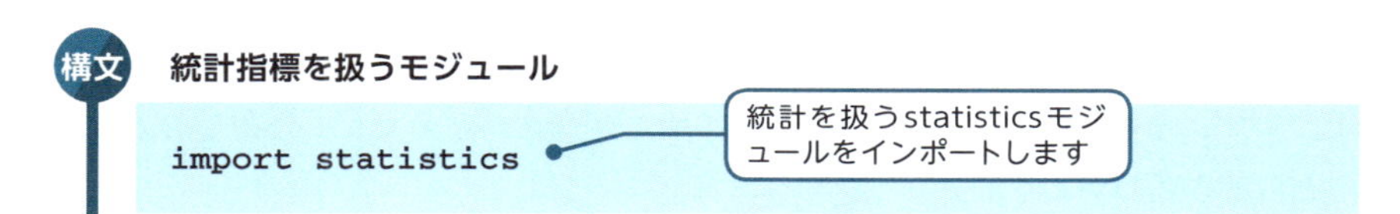

statisticsモジュールでは、データ分布の中央や散らばりをあらわす一般的な各種統計指標を取得することができます。さっそく確認してみましょう。

Sample1.py ▶ 統計指標を得る

```
import statistics

data = [8, 17, 0, 11, 6, 21, 16, 6, 17, 11,
        7, 9, 6, 13, 12, 16, 3, 14, 13, 12]

print("平均値は", statistics.mean(data), "です。")
print("中央値は", statistics.median(data), "です。")
print("最頻値は", statistics.mode(data), "です。")
print("分散は", statistics.pvariance(data), "です。")
print("標準偏差は", statistics.pstdev(data), "です。")
```

統計を扱うstatisticsモジュールをインポートします

分析対象のデータを準備します

各種統計指標を取得します

Sample1の実行画面

```
平均値は 10.9 です。
中央値は 11.5 です。
最頻値は 6 です。
分散は 26.49 です。
標準偏差は 5.146843692983108 です。
```

各種統計指標を求めることができます

ここではリストで用意した分析対象のデータについて、一般的な統計指標である平均値・中央値・最頻値・分散・標準偏差を取得しています。

中央をあらわす指標を知る

こうして得られる統計指標について少し説明しておきましょう。大量のデータについて、その全体の特徴を知るためには、データがどのように分布しているかをとらえる必要があります。

まず、分布の中央をあらわす指標として、平均値・中央値・最頻値があります。

平均値（mean）は、すべてのデータを足し合わせた値を、データの個数で割ったものです。「x_1, x_2, ・・・ x_{n-1}, x_n」のn個のデータがあるとすると、平均は次の式であらわされます。平均は、データ全体の中央をあらわす概念として、一般的にもよく使用されている指標となっています。

$$\text{平均値} \quad \frac{\sum x_i}{n}$$

中央値（median）は、データを値順に並べたとき、中央に位置するデータの値をさします。データが偶数個の場合には、中央の2つの平均をとることが行われます。

最頻値（mode）は、データのなかで最も多く存在する値です。なお、statisticsモジュールでは、最頻値が1つに定まらない場合にはStatisticsError例外が送出されますので注意してください。

散らばりをあらわす指標を知る

また、分布の散らばりをあらわす指標として、分散や標準偏差がよく使われています。

分散（variance）は、各データと平均との差の二乗を平均した値となっており、データが平均からどのくらい散らばっているかをあらわす指標とすることができます。データを「x_1, x_2,・・・x_{n-1}, x_n」、平均を「μ」とすると、分散は次の式であらわされます。

$$\text{分散} \quad \frac{\Sigma(x_i-\mu)^2}{n}$$

標準偏差（standard deviation）は、分散の正の平方根で、次の式であらわすことができます。標準偏差はデータの値と同じ単位であらわすことができるので、散らばりをあらわす直観的な指標として用いられています。

$$\text{標準偏差} \quad \sqrt{\frac{\Sigma(x_i-\mu)^2}{n}}$$

statisticsモジュールで取得できるこれらの代表的な指標についてまとめておきましょう。

表12-1：statisticsモジュールの主な関数

関数	内容
mean(データ系列)	平均値を取得する
median(データ系列)	中央値を取得する
mode(データ系列)	最頻値を取得する
pstdev(データ系列)	母集団としての標準偏差（母標準偏差）を取得する
pvariance(データ系列)	母集団としての分散（母分散）を取得する
stdev(データ系列)	不偏標準偏差（標本標準偏差）を取得する
variance(データ系列)	不偏分散（標本分散）を取得する

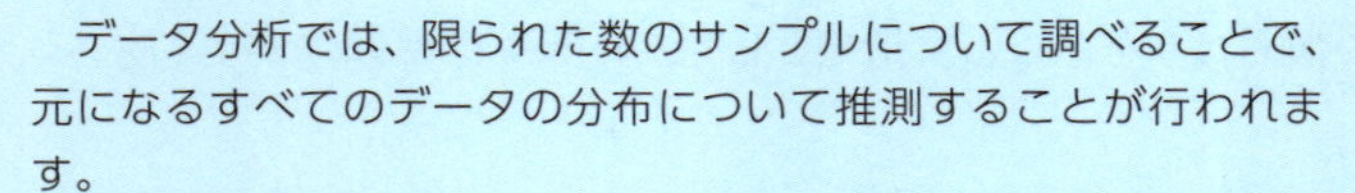

母集団と標本

データ分析では、限られた数のサンプルについて調べることで、元になるすべてのデータの分布について推測することが行われます。

このとき、もとになるすべてのデータを構成する集団を**母集団**（population）といいます。データから採取されたサンプルは**標本**（sample）といいます。

一般的に、標本データの散らばりは、母集団データの散らばりよりも小さくなると考えられます。このため、標本データとして扱う際には、「データの個数」ではなく、「データの個数－1」で割った分散・標準偏差を用いて、母標準偏差・母分散のよい推定値とすることが行われます。このような指標を**不偏標準偏差・不偏分散**といいます。

statisticsモジュールでも、データをサンプルとみなして、不偏標準偏差・不偏分散を求めることができるようになっています。

12.3 ヒストグラム

データの可視化を行う

機械学習では、グラフなどを描画することでデータの可視化を行うことがあります。Pythonでグラフの描画を行うには、Matplotlibのmatplotlib.pyplotモジュールを使うと便利です。本書では、MatplotlibがAnacondaによってインストールされるものとして扱うことにしています。

matplotlib.pyplotモジュールには、「plt」という名前をつけてインポートすることが慣習となっています。

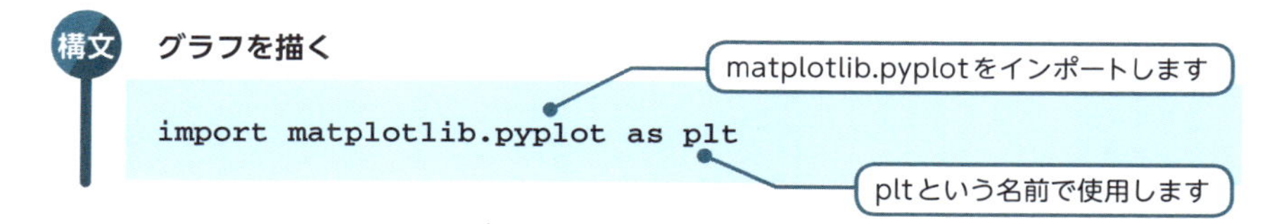

ここではSample1で使用したデータを使い、データがあらわれる回数を記録するグラフを描画してみましょう。実行結果でグラフ表示されたら、画面右上の「X」(閉じる)ボタンで終了します。

Sample2.py ▶ ヒストグラムを描く

```
import matplotlib.pyplot as plt

data = [8, 17, 0, 11, 6, 21, 16, 6, 17, 11,
        7, 9, 6, 13, 12, 16, 3, 14, 13, 12]

plt.title("Histogram")

plt.xlabel("value")
plt.ylabel("frequency")
```

- import matplotlib.pyplot as plt：matplotlib.pyplotをインポートします
- plt.title("Histogram")：グラフのタイトルをつけます
- plt.xlabel("value")：x軸にラベルをつけます
- plt.ylabel("frequency")：y軸にラベルをつけます

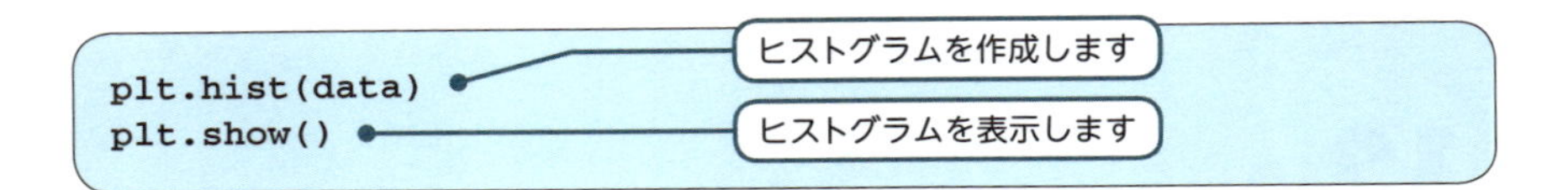

Sample2の実行画面

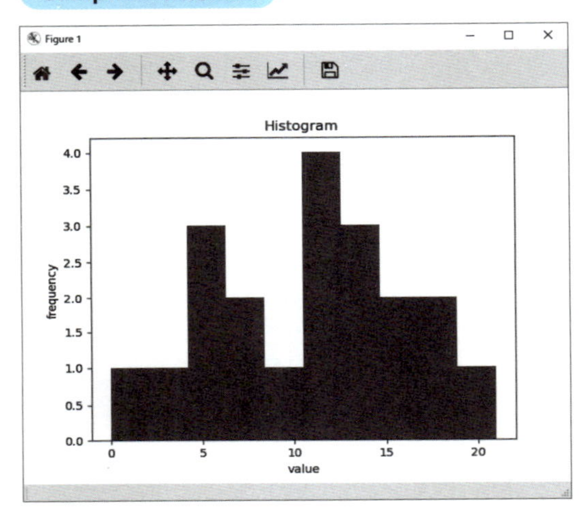

ヒストグラムを描く

上のグラムは、データの値をx軸に、データがあらわれる回数をy軸に記録したグラフとなっています。このように、データがあらわれる頻度をあらわしたグラフを、

ヒストグラム（histogram）

と呼んでいます。

matplotlib.pyplotモジュールでは、hist()関数にデータのリストを指定することで、ヒストグラムを作成できます。

なお、matplotlib.pyplotモジュールでは、作成したグラフを実際に表示する際

に、show()関数を使う必要があります。ここでも、最後にshow()メソッドを呼び出して表示を行っています。

```
plt.show()
```
ヒストグラムを表示します

さて、ヒストグラムを使うと、データの分布を視覚的につかみやすくなります。ヒストグラムでは、データの値を階級（class）と呼ばれる範囲ごとに分け、各範囲のデータ数をカウントします。各階級に属するデータ数は、度数（frequency）と呼ばれます。

階級の個数を階級数（class number）といいます。つまり、ヒストグラムにあらわれる棒の数が階級数となります。各階級の値の範囲は階級幅（class width）と呼ばれます。

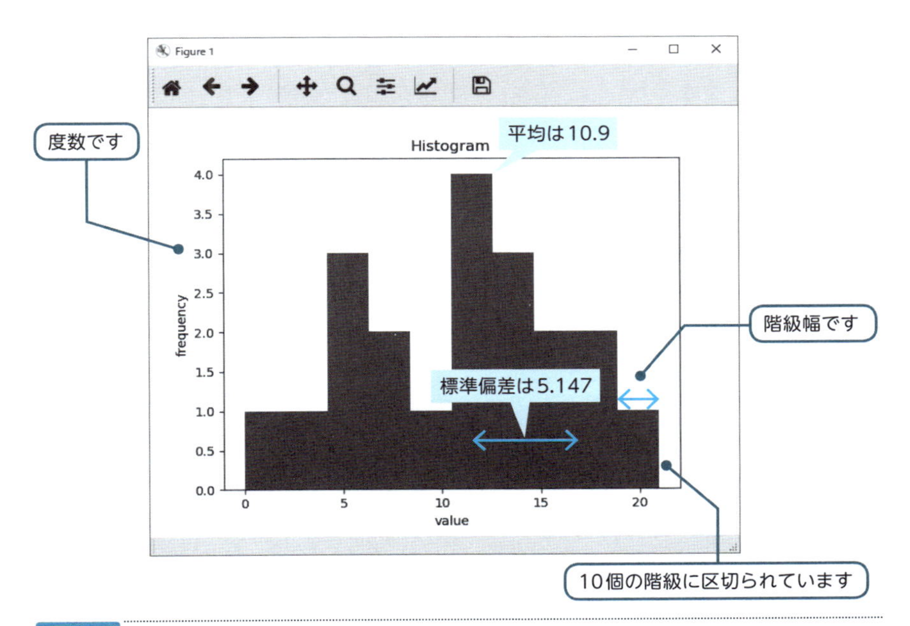

図12-1 ヒストグラムの名称

Sample1で取得した統計指標が、x軸上のどこに位置するのか、グラフ上で確認してみてください。統計指標についての理解を深めることができるでしょう。平均はデータの中央をあらわす概念の1つとなっています。また、標準偏差は平均からのデータの散らばりの指標となっています。

なお、hist()関数にはデータ以外にも、キーワード引数を使ってさまざま指定を行うことができます。主な引数は次のようになっていますので、さまざまなグラフを描いてみてください。

表12-2：hist()関数の主な引数

引数	内容	デフォルト値	ほかの指定など
x	データ系列		必須
bins	階級数	規定値	
range	範囲	None	
cumulative	累積	False	True (累積)
bottom	下端	None	
histtype	ヒストグラムの種類	"bar" (棒)	"barstacked" (積み上げ) "step" (枠線) "stepfilled" (枠線塗りつぶし)
align	位置	"mid" (中央)	"left" (左) "right" (右)
orientation	向き	"vertical" (垂直)	"horizontal" (水平)
rwidth	階級幅に対する棒の相対幅	None	
log	対数表示	False	True (対数表示)
color	色	None	表12-8参照
label	凡例	None	
stacked	積み上げ	False	True (積み上げ表示)

グラフを描くための関数を知る

ところでmatplotlib.pyplotモジュールには、グラフを描くために、さまざまな関数が用意されています。Sample2でも、各種関数を使用して、グラフのタイトル、x軸、y軸のラベルを指定しています。

```
plt.title("Histogram")
```
グラフにタイトルをつけます

```
plt.xlabel("value")
plt.ylabel("frequency")
```

x軸にラベルをつけます
y軸にラベルをつけます

matplotlib.pyplotモジュールでは、このほかにも、グラフの各種設定を行う関数が多数用意されていますので、次の表にまとめておきましょう。

なお、各関数にはさまざまな引数を指定できるので、この表にあげているのは主な指定のみとなっています。くわしくは巻末のAppendix Bの「リソース」で紹介しているMatplotlibのリファレンスを参照してください。必要な情報を使用するグラフを描くことができるようになるとよいでしょう。

表12-3：matplotlib.pyplotモジュールの主な関数

関数の例	内容
axis([x最小値, x最大値, y最小値, y最大値])	軸を設定する
xlim(x最小値, x最大値)	x軸の範囲を設定する
ylim(y最小値, y最大値)	y軸の範囲を設定する
xlabel(x軸名)	x軸名を設定する
ylabel(y軸名)	y軸名を設定する
xticks(位置列)	位置列に目盛を設定する
yticks(位置列)	位置列に目盛を設定する
title(タイトル)	タイトルを設定する
text(x, y, 文字列)	x, yに文字列を描く
plot(データ系列)	データ系列をプロットする
plot(x, y)	(x, y)にプロットする
arrow(x, y, dx, dy)	(x, y)-(dx, dy)に矢印を描く
legend()	凡例表示
imread(ファイル)	画像を読み込む
imsave(ファイル)	画像として保存する
imshow(x)	xに画像を表示する
hist(データ系列)	ヒストグラムを描く
scatter(データ系列1, データ系列2)	散布図を描く
cla()	クリアする
show()	グラフを表示する

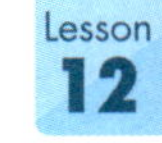

日本語の表示

本書ではグラフのラベルなどに英数字を使っています。なお、Matplotlibで日本語を表示するには、rcParams属性に日本語フォントの名前を指定する必要があります。お使いのPC環境にインストールされている日本語フォントを指定してください。

```
plt.rcParams["font.family"] = "Noto Sans CJK JP"
plt.title("ヒストグラム")
...
```

日本語フォントを指定します

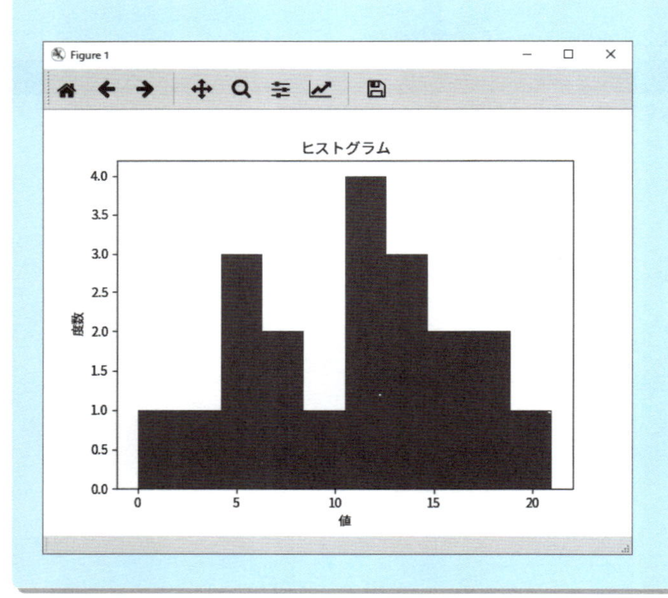

12.4 散布図

散布図を描く

ヒストグラムに続いて、もう1つグラフを作成してみましょう。ヒストグラムと同様によく利用される図として、

散布図（scatter plot）

があります。

散布図は、組になったデータ項目間の関係をあらわすことができます。最もかんたんな散布図では、x座標とy座標の交点となる（x,y）にプロットを行い、xとyの関係をあらわします。

ここでは、ランダムな値をとるxとyの値を作成して、散布図を描画してみましょう。

Sample3.py ▶ 散布図を描く

```
import random
import matplotlib.pyplot as plt

x = []
y = []

for i in range(100):
    x.append(random.uniform(0, 50))
    y.append(random.uniform(0, 50))

plt.scatter(x, y)
plt.show()
```

- `x.append(random.uniform(0, 50))`：0～50のランダムなxの値を取得します
- `y.append(random.uniform(0, 50))`：0～50のランダムなyの値を取得します
- `plt.scatter(x, y)`：散布図を作成します

Sample3の実行画面

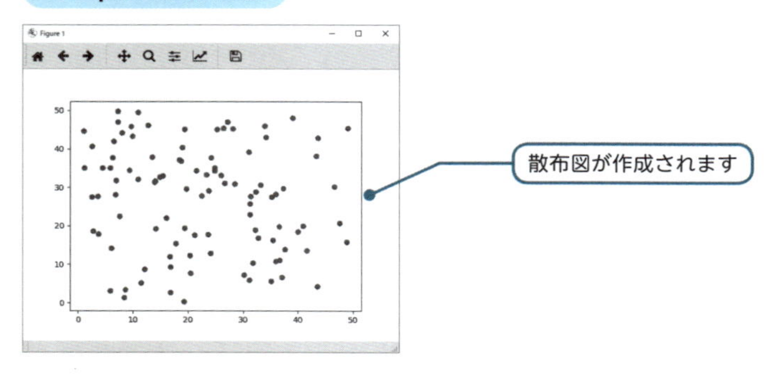

散布図を作成するには、scatter()関数を使います。引数にxとyのデータ系列を指定します。

ここでは、まずfor文を使い、xとyの0 ～ 50のランダムな値を100個作成しています。この値によって、グラフ上の座標（x, y）に100個のプロットを行います。

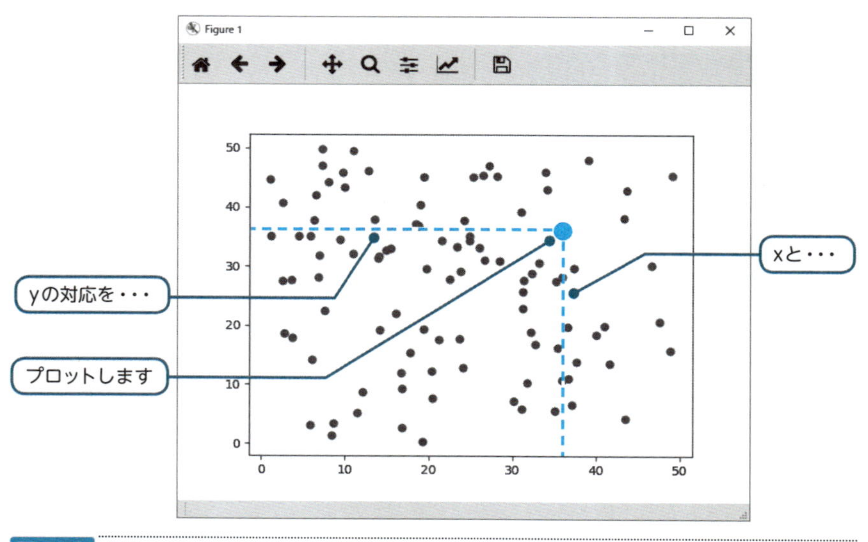

図12-2 散布図

散布図を描くためのscatter()関数には、次の引数などがあります。

表12-4：scatter()関数の主な引数

引数	内容	デフォルト値	ほかの指定
x	x		必須
y	y		必須
s	サイズ	規定値	
c	色	"b"（青）	表12-8参照
marker	マーカー	"o"	表12-9参照
cmap	カラーマップ	None	
alpha	透明度	None	0.0（透明）～1.0（不透明）
linewidths	線の太さ	None	
edgecolors	境界色	None	表12-8参照

ランダムな値を扱う

ところでこのサンプルでは、xとyを作成するためにランダムな数を作成しています。こうしたランダムな数（乱数）を作成するには、標準ライブラリのrandomモジュールを使います。

randomモジュールの利用

```
import random
```

乱数関連を扱うrandomモジュールをインポートします

randomモジュールのuniform()関数を使うと、指定範囲のランダムな浮動小数点数を取得できます。つまり、ここでみたように、0～50のランダムな値を100個作成することができるのです。

```
for i in range(100):
    x.append(random.uniform(0, 50))
    y.append(random.uniform(0, 50))
```

100個分繰り返し・・・

0～50のランダムな値を取得します

randomモジュールには、ほかにも次の機能などが用意されています。

表12-5：randomモジュールの主な関数

関数	内容
seed()	乱数の初期化を行う
choice(シーケンス)	シーケンスから1つ要素を返す
random()	0.0 ～ 1.0の浮動小数点数の乱数を返す
uniform(a, b)	a ～ bの浮動小数点数の乱数を返す
randint(a, b)	a ～ bの整数の乱数を返す
shuffle(シーケンス)	シーケンスをシャッフルする
sample(母集団, 個数)	母集団から指定された個数のサンプルをリストで返す
normalvariate(平均, 標準偏差)	正規分布を返す

データの関係

ここでは、xとyにランダムな値を使用しているため、散布図上にまんべんなくプロットが行われていることに注意してください。しかし、実際の世界でさまざまなデータを観測してみると、「xが増えるとyも増える」というように、xとyの間に一定の関係が読み取れることがあります。

こうした関係がどのようなものであるかを求めることは、**回帰**（regression）と呼ばれます。機械学習では、回帰モデルを求め、予測を行うことがあります。次章では散布図を使い、回帰について紹介しましょう。

12.5 そのほかのグラフ

数学関連のグラフを描く

matplotlib.pyplotモジュールを使えば、さらにさまざまなグラフを描くことができます。今度は、標準ライブラリの数学関連の機能をあわせて利用し、数学関連のグラフを描いてみましょう。Pythonの標準ライブラリには、数学関連のモジュールとして、mathモジュールがあります。

mathモジュールの利用

```
import math
```

数学関連機能を扱うmathモジュールをインポートします

mathモジュールには、次の数学関連の機能などがあります。

表12-6：mathモジュールの主な関数・変数

関数・変数	内容
ceil(x)	x以上の最小の整数を求める
floor(x)	x以下の最大の整数を求める
gcd(a, b)	aとbの最大公約数を求める
log(x[, base])	baseを底とするxの対数を求める
loglp(x)	自然対数を求める
log2(x)	2を底とするxの対数を求める
log10(x)	10を底とするxの対数を求める
pow(x, y)	xのy乗を求める
sqrt(x)	xの平方根を求める
sin(x)	xのサイン値を求める
cos(x)	xのコサイン値を求める
tan(x)	xのタンジェント値を求める

関数・変数	内容
degrees(x)	xをラジアンから度に変換する
radians(x)	xを度からラジアンに変換する
pi	円周率
e	自然対数の底

ここではこのうち、sin()関数、cos()関数を使用したグラフを描いてみましょう。

Sample4.py ▶ 数学関数のグラフを描く

```
import math
import matplotlib.pyplot as plt

x = []
s = []
c = []

for i in range(50):
    x.append(i*0.05*math.pi)
    s.append(math.sin(x[i]))
    c.append(math.cos(x[i]))

plt.title("sin/cos functions")
plt.xlabel("rad")
plt.ylabel("value")
plt.grid(True)

plt.plot(x, s, label="sin")
plt.plot(x, c, label="cos")
plt.legend()

plt.show()
```

- import math：数学関連機能を扱うmathモジュールをインポートします
- x.append(i*0.05*math.pi)：xの値を作成します
- s.append(math.sin(x[i]))：sin値を作成します
- c.append(math.cos(x[i]))：cos値を作成します
- plt.grid(True)：グリッドを表示します
- plt.plot(x, s, label="sin")：sin()関数のグラフをラベルつきで作成します
- plt.plot(x, c, label="cos")：cos()関数のグラフをラベルつきで作成します
- plt.legend()：ラベルから凡例を作成します

Sample4の実行画面

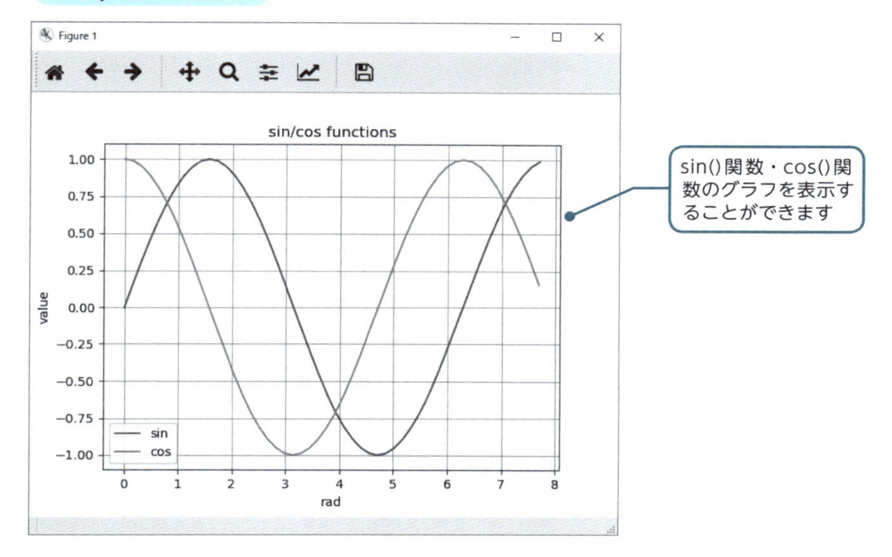

ここでは、0.05πごとに50個のsin()関数とcos()関数の値をそれぞれ作成しています。そして、この座標をplot()関数で描画したグラフをそれぞれ作成しています。

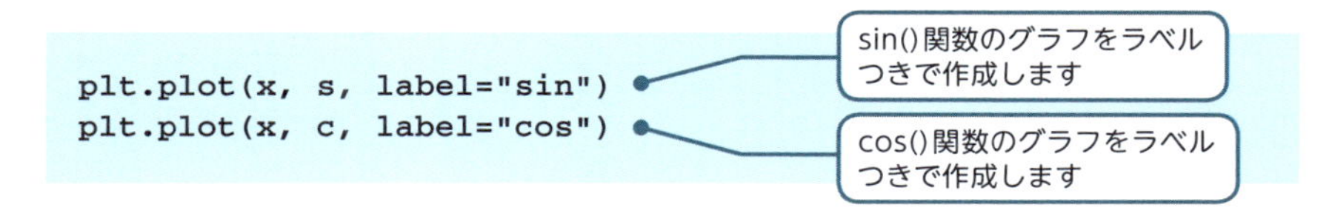

```
plt.plot(x, s, label="sin")
plt.plot(x, c, label="cos")
```


なお、この２つのグラフには、凡例を表示するために、ラベルをつけて作成しています。ラベル名をつけてからlegend()関数を呼び出すと、グラフ上に凡例としてラベル名を表示することができるようになっています。

また、このように複数のグラフを作成して表示すると、グラフは同じ座標面上に異なる色で描画されます。ここでも、sin()関数とcos()関数が、異なる色で表示されます。

plot()関数は可変長引数をもち、色の指定などもできるようになっています。さまざまな指定を行ってみるとよいでしょう。なお、色・マーカー・スタイルの指定などの文字の値の指定は、" "などで囲みます。

表12-7：plot()関数で指定できる引数（Line2D）

引数（( )内の省略形でもよい）	内容	例
alpha	透明度	0.0（透明）～ 1.0（不透明）
color　(c)	色	表12-8参照
marker	マーカー	表12-9参照
markeredgecolor　(mec)	マーカー境界色	表12-8参照
markeredgewidth　(mew)	マーカー境界幅	数値
markerfacecolor　(mfc)	マーカー色	表12-8参照
markersize　(mc)	マーカーサイズ	数値
linestyle　(ls)	線のスタイル	表12-10参照
linewidth　(lw)	線の太さ	数値

表12-8：色

文字	内容	文字	内容
b	青（blue）	m	マゼンタ（magenta）
g	緑（green）	y	黄（yellow）
r	赤（red）	k	黒（black）
c	シアン（cyan）	w	白（white）

表12-9：マーカー

文字	内容	文字	内容	文字	内容
.	ポイント	1	下	h	六角形1
,	ピクセル	2	上	H	六角形2
o	円	3	左	+	＋
v	三角形下	4	右	x	×
^	三角形上	s	四角形	d	ダイヤモンド
<	三角形左	p	五角形	|	垂直線
>	三角形右	*	星	-	水平線

表12-10：線のスタイル

文字	内容
-	通常（solid）
--	破線（dashed）
-.	破・点線（dashdot）
:	点線（dotted）

12.6 データの高度な取り扱い

NumPyモジュールを使う

最後のこの節では、高度なデータの取り扱いについて紹介しておきましょう。データを取り扱う際には、高度なデータ構造を扱うNumPy（numpyモジュール）が利用されています。本書では、Anacondaによってインストールされるモジュールとして扱います。

numpyモジュールは、「np」という名前で使用するのが一般的となっています。次のようにインポートすることにしましょう。

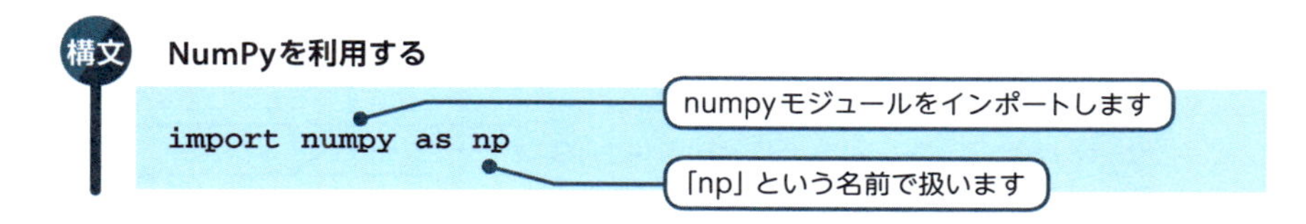

構文 **NumPyを利用する**

```
import numpy as np
```


さて、numpyモジュールでは、リストに似たデータ構造であるndarray（配列）を使ってデータを扱うことができます。ndarrayは、リストよりもさらに高度なデータの扱いができるデータ構造となっています。たとえば、ndarrayでは、これまでにも使ったrange()に似た指定であるarange()関数を使って、配列の要素を作成することができます。

arange()では、要素を作成する際の間隔に、浮動小数点数を指定できます。range()で値を作成する場合には、整数の間隔を指定しなければならないため、ndarrayではより高度なデータの取り扱いができるようになっています。

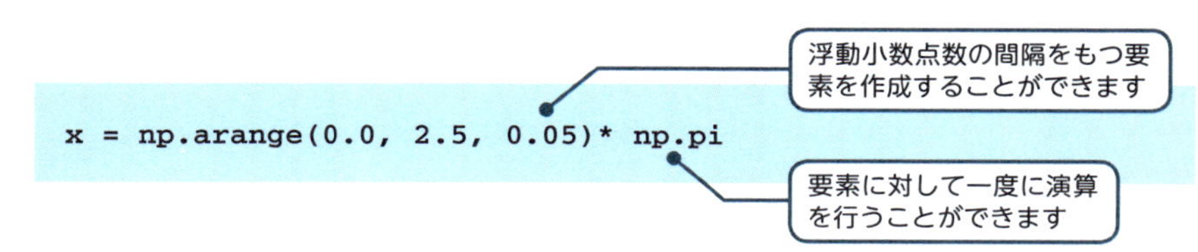

```
x = np.arange(0.0, 2.5, 0.05)* np.pi
```

さらに、ndarrayでは、演算子や関数を使って、各要素に一度で演算を行うことができます。要素に繰り返し処理を行う必要がないので、かんたんに高度な演算ができます。

また、numpyモジュールには、標準ライブラリと同様の数学関連の関数が用意されています。このため、高度な数学関連の処理も、各要素に対して一度で行えるようになっているのです。

そこで、ここでは例として、Sample4と同様のグラフをnumpyモジュールを用いて作成してみましょう。

Sample5.py ▶ numpyを使用したグラフの作成

```
import numpy as np
import matplotlib.pyplot as plt

x = np.arange(0.0, 2.5, 0.05)* np.pi
s = np.sin(x)
c = np.cos(x)

plt.title("sin/cos functions")
plt.xlabel("rad")
plt.ylabel("value")
plt.grid(True)

plt.plot(x, s, label="sin")
plt.plot(x, c, label="cos")
plt.legend()

plt.show()
```

❶浮動小数点数の間隔をもつ要素を作成することができます

❷要素に対して一度に演算を行うことができます

❸数学関連の高度な処理も一度に行うことができます

Sample5の実行画面

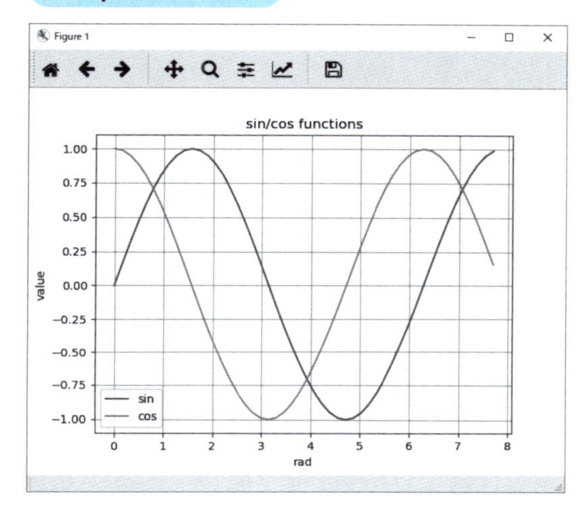

ここでは、arange()関数を使用し、浮動小数点数を指定した間隔で要素を作成しています（❶）。また、要素に対してpiを一度にかけ算しています（❷）。さらに、numpyモジュールのsin()関数とcos()関数による数学関連の高度な処理を、各要素に対して一度に行っています（❸）。このように、numpyを利用することで、よりかんたんに数学関連のグラフを作成することができるのです。

numpyモジュールには、ほかにもndarrayの結合・分割・変形などを行う各種の関数・メソッドが用意されています。

表12-11：numpyモジュールの主な関数

関数	内容
array()	配列を作成する
zeros(shape[, dtype, order])	要素がすべて0の配列を作成する
ones(shape[, dtype, order])	要素がすべて1の配列を作成する
full(shape, fill_value[, dtype, order])	要素がすべて指定値の配列を作成する
arange([start,] stop[, step][, dtype])	指定範囲・間隔の配列を作成する
linspace(start, stop[, num, endpoint, ...])	指定範囲・間隔の配列を作成する
loadtxt(fname[, dtype, comments, delimiter, ...])	テキストファイルから読み込む
savetxt(fname, X[, fmt, delimiter, newline, ...])	テキストファイルに保存する
mat(data[, dtype])	行列を取得する

関数	内容
insert(arr, obj, values, axis=None) [source]	要素を挿入する
append(arr, values[, axis])	要素を追加する
delete(arr, obj[, axis])	要素を削除する
reshape(arr, newshape[, order])	配列を変形する
ravel(arr[, order])	配列を一次元にする
stack(arrs[, axis])	配列を結合する
split(arr, indices_or_sections[, axis])	配列を分割する
flip(m, axis)	配列を指定軸で逆順にする
roll(arr, shift[, axis])	配列を回転する
sum(arr)	合計値を求める
mean(arr)	平均値を求める
std(arr)	標準偏差を求める
var(arr)	分散を求める
sin(arr)	サイン値を求める
cos(arr)	コサイン値を求める
tan(arr)	タンジェント値を求める

データを収集するには

機械学習に必要なさまざまな統計・グラフ関連の知識を紹介してきました。機械学習では、さらに学習に必要な各種データを収集・利用する方法を学ぶことが重要となっています。

本書でも、データの利用方法について、さまざまな方法を紹介してきました。たとえば、リストやタプル、ディクショナリなどさまざまなデータ構造を利用することができます。また、第10章で学んだファイルや、第11章で学んだデータベースのデータを利用することもできます。

機械学習では、Webを使ってデータを収集することもあります。この際にはクローリングやスクレイピングと呼ばれる手法が用いられます。

クローリング（crawling）は、Webページを巡回して必要なページを収集する手法です。クローリングにあたっては、第11章で紹介したURLへのアクセスやHTMLデータの解析が必要となることでしょう。

スクレイピング（scraping）は、必要なデータを取得するために収集したWebページのデータから、必要なものだけを切り出す手法です。スクレイピングにあたっては、第9章で紹介した文字列や正規表現を活用することになるでしょう。

ただし、クローリングやスクレイピングを行う際には、Webページの著作権などに注意する必要があります。機械学習ではこうしたさまざまな手法を用いて、データを収集・利用することになるのです。

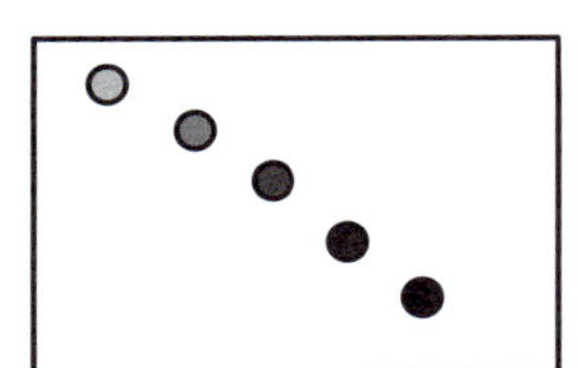

12.7 レッスンのまとめ

この章では、次のようなことを学びました。

- statisticsモジュールを使用して、各種統計指標を取得できます。
- データの可視化を行うにはMatplotlibを使用することができます。
- matplotlib.pyplotモジュールを使用して、ヒストグラムを描画できます。
- matplotlib.pyplotモジュールを使用して、散布図を描画できます。
- matplotlib.pyplotモジュールを使用して、各種グラフを描画できます。
- 数学関数を利用するにはmathモジュールを使います。
- 乱数を利用するにはrandomモジュールを使います。
- 高度な演算を行うためにNumPyを使用することができます。

各種の統計指標を取得することは、機械学習の基本として役立ちます。また、グラフを描画してデータの可視化を行う知識も大切です。各種データの扱い方も復習してみてください。

練習

1. Sample1のデータを使い、次のヒストグラムを作成してください。

- 階級数を8とする
- 色をマゼンタとする

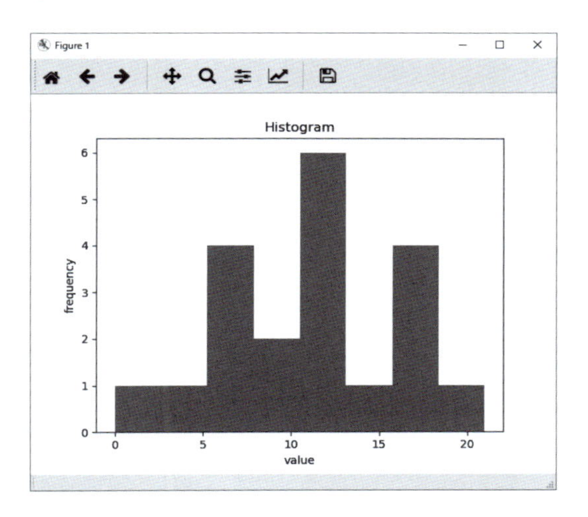

2. Sample3のデータを使い、次の散布図を作成してください。

- グラフの範囲を[-100,100,-100,100]とする
- マーカーを×印とする

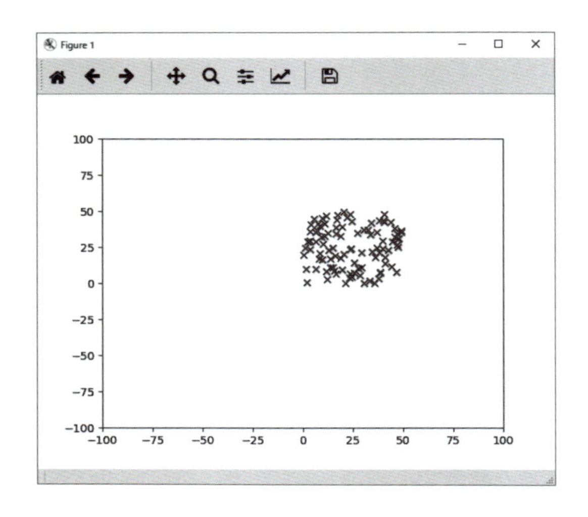

3. 次のヒストグラムを作成してください。なお、発生したデータによって下図とは異なる場合があります。

- 平均0、標準偏差10の正規分布にしたがう値を1000個発生させる (random.normalvariate(0, 10)を使う)
- 階級数を50とする

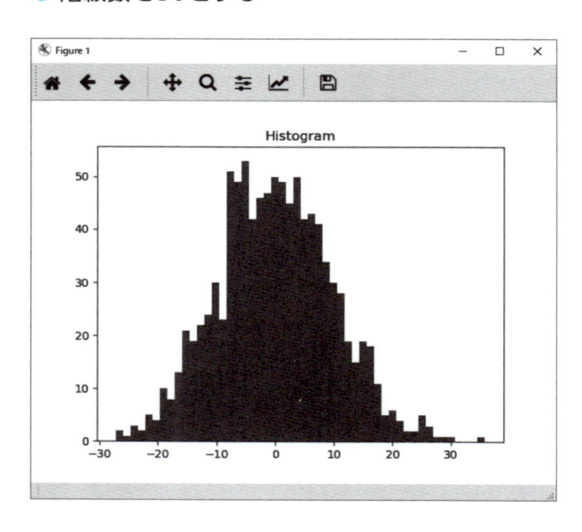

4. 次のグラフを作成してください。

$y=3x+5$
$y=x^2$
(なお、xはnp.arange(-8,8,0.01)で作成する)

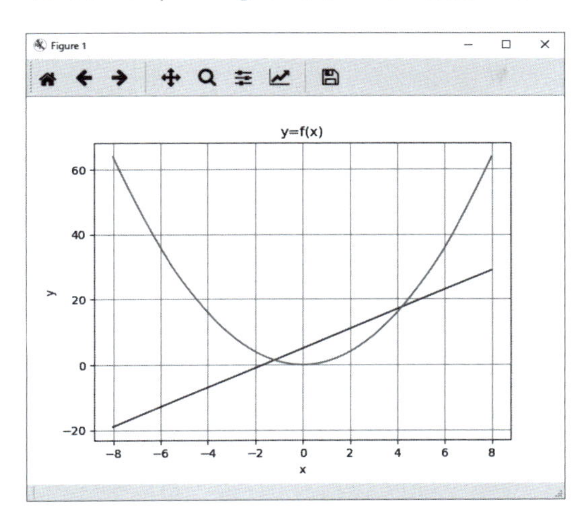

機械学習の応用

機械学習でよく用いられる手法として、回帰やクラスタリングがあります。これらの手法は教師あり学習・教師なし学習の代表的な手法となっています。この章では、機械学習の実践を学びましょう。
Pythonでは、機械学習を行う際に、scikit-learnパッケージがよく用いられています。この章でもscikit-learnを利用して機械学習を行います。

Check Point!

- scikit-learn
- モデル
- 予測
- 線形回帰
- 回帰係数
- 切片
- 決定係数
- クラスタリング
- k-means法

13.1 機械学習の種類

教師あり学習とは

この章では、機械学習の実践をみていくことにしましょう。さて、すでに紹介したように、機械学習にはさまざまな手法が知られています。たとえば、データや基準を学習事例として与えてモデルを導き出し、そのモデルをもとに予測などを行う手法は、**教師あり学習**として知られています。

そこで、よく行われる教師あり学習の手順について、ここでもう少しくわしくみていきましょう。

教師あり学習においてはまず、ある入力データxに対し、出力データyがどのようになるかということについて、あらかじめいくつかの事例を正しい基準として与えておきます（❶）。このデータは**学習データ**（train data）と呼ばれます。

次に、このデータ（x、y）を学習することで、データの関係がどのようになるかをモデルとして導き出します（❷）。

そして、新しいデータxが与えられたときに、求めたモデルを用いてyがどのようになるかを予測することなどを行います（❸）。この新しいデータは**テストデータ**（test data）とも呼ばれます。

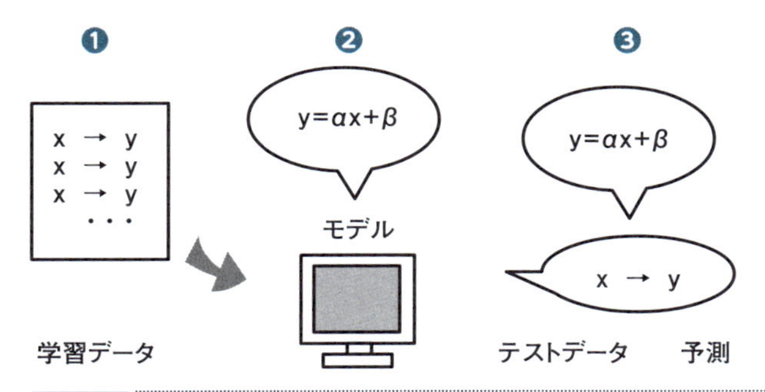

図13-1 教師あり学習
与えられた事例データ（学習データ）を基準とし（❶）、学習を行い、モデルを導き出します（❷）。このモデルから、新しいデータ（テストデータ）について予測などを行います（❸）。

教師あり学習の例 ―― 分類

yがxを分類するラベルとなっているとき、この手法は分類（classification）と呼ばれています。たとえば、分類の一例として、手書きの文字を読み取る手法があげられます。

この手法ではまず、いくつかの手書きのひらがな文字に対して、それがどのひらがなにあたるのか、「あ」「い」「う」・・・という正しい分類（ラベル）を基準として与えておきます（❶）。次に、それらの事例を学習することで、分類の規則を導き出します（❷）。そして、新しい手書きの文字のかたちが与えられたときに、導き出した規則によって、与えられた文字が何であるかを分類することができるようにするのです（❸）。

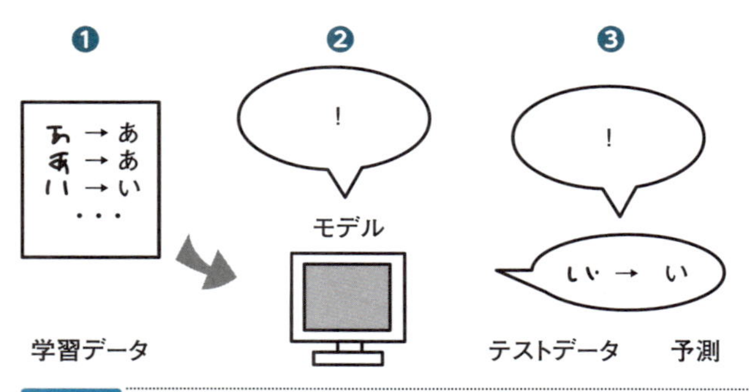

図13-2 教師あり学習の例（分類）
与えられた分類事例を基準とし（❶）、学習を行い、規則をみつけます（❷）。新しいデータについて、規則にもとづき、分類を行います（❸）。

教師あり学習の例 —— 回帰

また、yがxに対応する値として観測されるとき、この手法は回帰（regression）と呼ばれています。たとえば、回帰の例として、気温xから季節商品の売上yを予測する際の手法があげられます。

このとき、まず観測された気温xと売上yの値の対応を学習し（❶）、その関係をモデルとして導き出します（❷）。そして、そのモデルをもとに、将来の新しい気温xに対するその商品の売上yがどのようになるかを予測することになります（❸）。こうした手法は回帰の一例として考えられます。

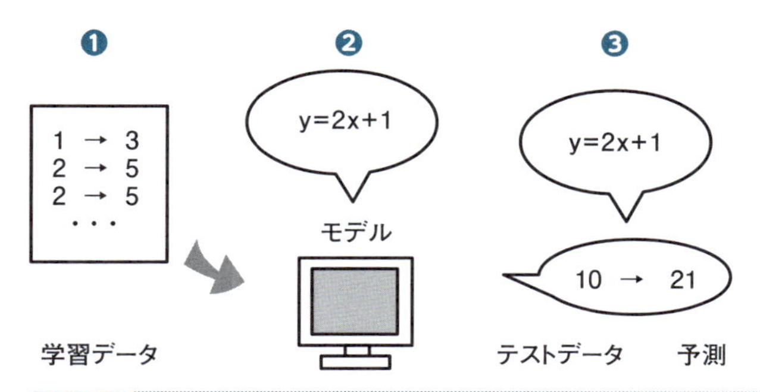

図13-3 **教師あり学習の例（回帰）**
与えられたデータの対応事例を基準とし（❶）、学習を行い、モデルをみつけます（❷）。新しいデータについて、モデルにもとづき、対応を予測します（❸）。

教師なし学習とは

一方、教師なし学習は、入力データのみで学習を行う方法です。「xがyにどのように対応することが正しいか」などという基準が与えられているわけではありません。教師なし学習では、与えられたデータ全体を学習して（❶）、その特徴から分類などを行うことになります（❷）。

与えられたデータ全体を学習し、各データの分類づけなどを行う手法は、クラスタリング（clustering）と呼ばれます。

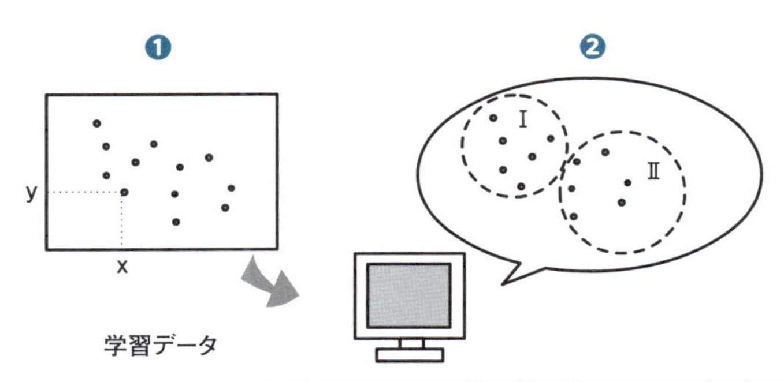

図13-4 **教師なし学習**
与えられたデータ全体から（❶）、分類などを行います（❷）。

Lesson 13

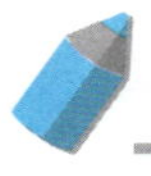

機械学習を行うパッケージ

こうした機械学習には、さまざまな手法が用いられています。Pythonでは、各種の機械学習を行うパッケージとして、scikit-learn（sklearnパッケージ）がよく利用されています。scikit-learnでは、さまざまな機械学習の手法を実践することができます。

表13-1：sklearnパッケージの主なモジュール

モジュール	内容
linear_regression	線形回帰
svm	サポートベクタマシン
neighbors	k近傍法
tree	決定木
ensemble	ランダムフォレスト
cluster	クラスタリング
decomposition	主成分分析による次元削減
neural_network	ニューラルネットワーク
naive_bayes	単純ベイズ分類器

なお、本書では、Anacondaによってインストールされたsklearnパッケージを用います。

この章では、機械学習の代表的な方法として、線形回帰とクラスタリングの手法を実践してみることにしましょう。

13.2 線形回帰

線形回帰のしくみを知る

線形回帰（linear regression）は、教師あり学習の代表的な手法となっています。線形回帰では、あるデータが、別のある目的のデータを説明する関係となっていると考え、その関係をあらわすモデルを構築する手法となっています。

たとえば、1つのデータxがもう1つのデータyを説明するようになっていると考えてみましょう。線形回帰では、xが、「$y=\alpha x+\beta$」という関係によってyを説明していると考えます。

「$y=\alpha x+\beta$」は、次の図のグラフのように、直線の式となっています。この関係は線形関係とも呼ばれています。

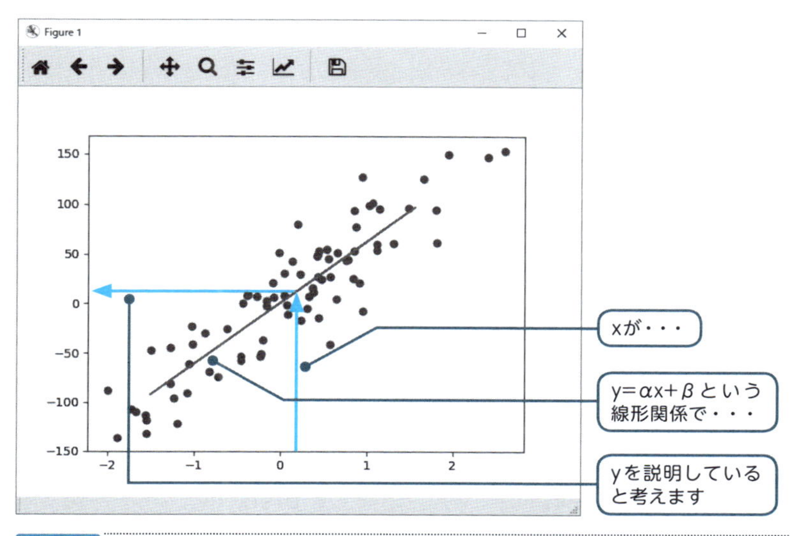

図13-5 線形回帰

線形回帰では、xとyの間に線形関係があると考えます。

Lesson 13

こうした線形関係の式は、一般的に、「$(y-(\alpha x+\beta))$」の二乗和を最小にすることで求めます。これを**最小二乗法**（least squares method）といいます。

xは**説明変数**（predictor variable）、yは**目的変数**（target variable）と呼ばれることがあります。求められた「$y=\alpha x+\beta$」は**回帰モデル**（regression model）、αは**（偏）回帰係数**（coefficient）、βは**切片**（intercept）と呼ばれます。

線形回帰による教師あり学習の例

さて、こうした線形回帰などの教師あり学習による機械学習では、まず観測されたデータx、yを学習データ（x_train、y_train）とテストデータ（x_test、y_test）の2つに分けておきます（❶）。学習データは、モデルを導き出すために使うデータとし、テストデータはモデルを使った予測のために用いるデータとします。

モデルは、学習データ（x_train、y_train）から求めます（❷）。ここでは最小二乗法によって式「$y=\alpha x+\beta$」中の、α・βの値を求めることになります。教師あり学習ではこうして学習データの事例からモデルを導き出すのです。

モデルが求められたら、今度はテストデータx（x_test）を使って、モデルの値（ここでは「$\alpha x+\beta$」）を計算します（❸）。こうしてモデルにあてはまるyの値（y_pred）を予測するのです（❹）。

予測がうまく行われているかどうかは、テストデータに対するモデルのあてはまり度を計算することによって評価することになります。この評価には、決定係数や平均二乗誤差という指標が用いられます。

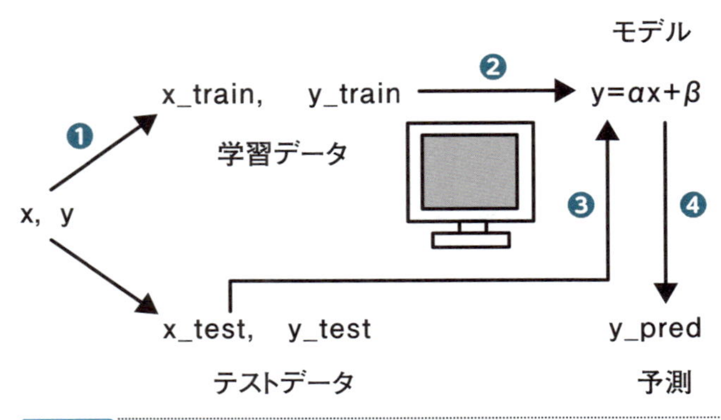

図13-6 線形回帰による教師あり学習

決定係数と平均二乗誤差

決定係数 (coefficient of determination) は、データに対するモデルのあてはまり度を評価する指標として用いられ、1に近いほうがあてはまりがよい指標となるものです。また、同様の目的で使われる指標に、平均二乗誤差 (mean square error) があります。平均二乗誤差は、小さいほうがあてはまりがよい指標となっています。

線形回帰のためのデータを準備する

ところでsklearnパッケージには、機械学習のためのデータを生成することができるdatasetsモジュールが提供されています。本書では、このモジュールを利用してデータを用意することにしましょう。

データを生成するモジュール

```
from sklearn import datasets
```

データを生成するモジュールを利用します

このモジュールのmake_regression()関数を使用すると、線形回帰のために有用なデータを作成することができるようになっています。次の表の引数を指定することで、さまざまなデータを作成できます。

表13-2：make_regression()関数の主な引数 (sklearn.datasetsモジュール)

引数	デフォルト	内容
n_samples	100	サンプル数
n_features	100	説明変数の数 (特徴量の数)
n_informative	10	モデルに入れられる説明変数の数
n_targets	1	目的変数の数
bias	0.0	定数 (バイアス) 項
noise	0.0	ノイズ
shuffle	True	シャッフルするか
coef	False	回帰係数を戻すか
random_state	None	乱数のシード

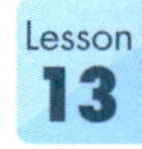

そこでこの節では、make_regression()関数を使って回帰を行うためのデータを作成してみることにしましょう。ここでは説明変数を「1」、ノイズを「30」としたデータを100個作成することにします。これで直線に近い位置にばらつくデータを入手することができます。

```
x, y = datasets.make_regression(n_samples=100, n_features=1,
noise=30)
```

線形回帰のデータを準備しておきます

次に、作成したデータを、学習データとテストデータに分割しましょう。学習データとテストデータをかんたんに分割するための関数が、model_selectionモジュールのtrain_test_split()関数として用意されています。ここでは、70%を学習データ、30%をテストデータとすることにします。

```
x_train, x_test, y_train, y_test = train_test_split(x, y,
test_size=0.3)
```

学習データとテストデータを分割します

乱数のシードの固定

ここで紹介した方法でコードを実行するたびに同じデータを得るためには、乱数の初期値（シード）を固定しておく必要があります。

本書では、numpyモジュールの乱数のseed()メソッドの引数を「0」とすることで、初期値を固定しました。ほかの値を設定すれば、異なるデータを作成することができます。また、シードの設定を行わなければ毎回異なるデータを作成することもできます。

```
import numpy as np
np.random.seed(0)
```

本書では乱数のシードを固定しています

なお、乱数のシードは、make_regression()関数の引数としても設定することもできるようになっています。

線形回帰を行う

それでは、実際に線形回帰を行ってみましょう。線形回帰を行うにはlinear_modelモジュールをインポートします。

線形回帰を行うモジュール

```
from sklearn import linear_model
```

線形回帰を行うモジュールです

Sample1.py ▶ 線形回帰を行う

```
from sklearn import datasets
from sklearn import linear_model
from sklearn.model_selection import train_test_split
import matplotlib.pyplot as plt
import numpy as np

np.random.seed(0)

x, y = datasets.make_regression(n_samples=100, n_features=1,
noise=30)

x_train, x_test, y_train, y_test = train_test_split(x, y,
test_size=0.3)

e = linear_model.LinearRegression()
e.fit(x_train, y_train)

print("回帰係数は", e.coef_, "です。")
print("切片は", e.intercept_, "です。")

y_pred = e.predict(x_test)


print("学習データによる決定係数は", e.score(x_train, y_train),
                                          "です。")
print("テストデータによる決定係数は", e.score(x_test, y_test),
                                          "です。")
```

- 乱数のシードを設定しています
- 線形回帰のデータを準備しておきます
- 学習データとテストデータを分割します
- ❶回帰を行うためのインスタンスを取得します
- ❷あてはめを行います
- ❸回帰モデルを取得します
- ❹テストデータから予測を行います
- ❺学習データに対するモデルのあてはまりを評価します
- ❻テストデータに対するモデルのあてはまりを評価します

Lesson 13

```
plt.scatter(x_train, y_train, label="train")
plt.scatter(x_test, y_test, label="test")
plt.plot(x_test, y_pred, color="magenta")
plt.legend()

plt.show()
```

❼学習データをプロットします
❽テストデータをプロットします
❾回帰直線をプロットします

Sample1の実行画面

```
回帰係数は [ 45.53155127] です。
切片は -5.42066939673 です。
学習データによる決定係数は 0.692007627069 です。
テストデータによる決定係数は 0.503344322434 です。
```

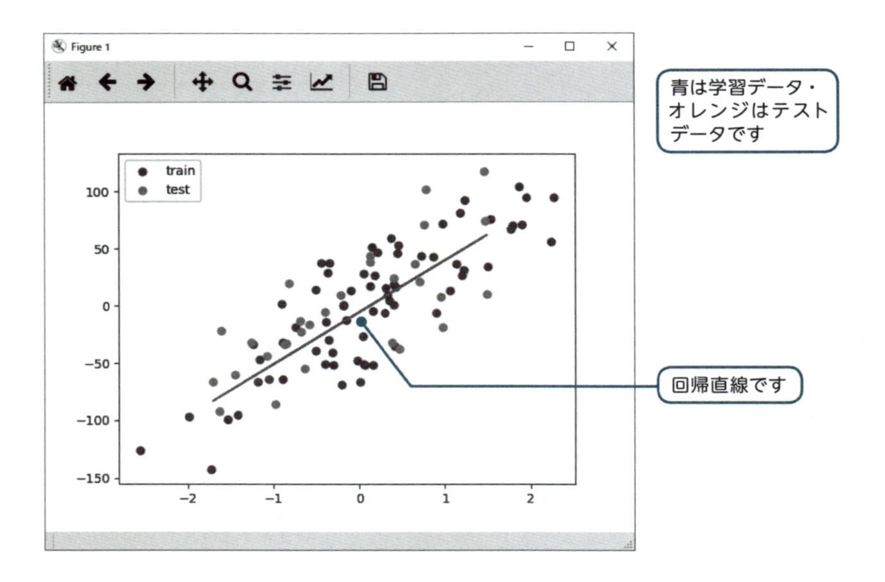

Sample1では、線形回帰を行うために、まず線形回帰モデルをあらわすLinear Regressionクラスのインスタンスを作成しています（❶）。そして、このインスタンスのfit()メソッドによって、学習データにあてはまる（フィットする）モデルを取得することができます。（❷）

```
e = linear_model.LinearRegression()
e.fit(x_train, y_train)
```

❶回帰を行うためのインスタンスを作成します
❷あてはめを行います

あてはめ（フィット）を行うと、インスタンスから、そのモデルの回帰係数（coef_）・切片（intercept_）などを出力できます（❸）。実行結果から、この回帰直線は「y=45.531x－5.421」と求められたことがわかります。

次に、モデルを使ってデータの予測を行っています。xのテストデータから、モデルを使ってyの予測を行います。予測はpredict()メソッドで行います（❹）。

```
y_pred = e.predict(x_test)
```

❹テストデータから予測を行います

データに対するモデルのあてはまりは、決定係数などで調べることができます。決定係数は、score()メソッドで計算できます（❺・❻）。

```
print("学習データによる決定係数は", e.score(x_train, y_train),
                                    "です。")
print("テストデータによる決定係数は", e.score(x_test, y_test),
                                    "です。")
```

❺学習データに対するモデルのあてはまりを評価します
❻テストデータに対するモデルのあてはまりを評価します

決定係数は、データに対するモデルのあてはまりの度合いを示す数値です。1に近いほどあてはまりがよいと考えられます。ここでは、学習データのあてはまり度に比較してテストデータのあてはまり度が低すぎないかなどを評価します。

最後に、データの可視化を行います。まず、学習データ（x_train,y_train）とテストデータ（x_test,y_test）を、ラベルをつけて散布図に描画しています（❼・❽）。また、予測データ(x_test,y_pred)をプロットすることで、回帰直線を描画しています（❾）。

表13-3：LinearRegressionクラス（sklearn.linear_modelモジュール）

データ属性・メソッド	内容
データ属性	
coef_	回帰係数
intercept_	切片
メソッド	
fit(x, y)	モデルへのあてはめ（フィット）を行う
predict(x)	モデルによるyの予測値を返す
score(x, y)	決定係数を返す

学習の評価

「学習データのモデルのあてはまり度」が高ければ、必ず予測の精度が高いといえるわけではありません。学習データが多ければ、学習データに対するモデルのあてはまり度はよくなるはずですが、さまざまな原因で、そのモデル自体が将来のデータをうまく予測できるものでない場合があります。

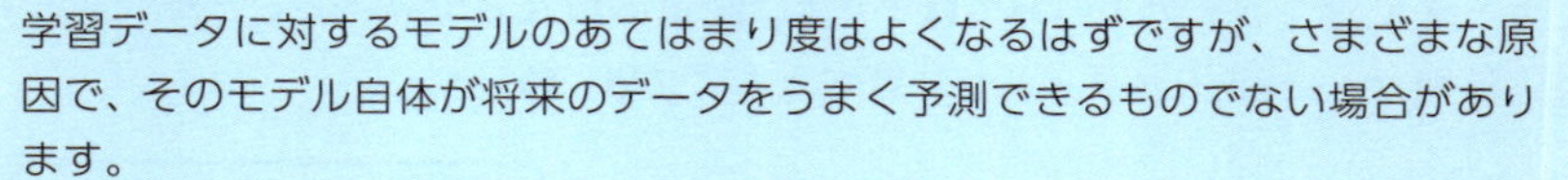

このため、予測の精度は、学習データとは異なる「『テストデータ』のモデルのあてはまり度」によって評価されます。学習データのあてはまりの評価がよくても、テストデータのあてはまりの評価が悪ければ、モデルとしてよいとはいえないことでしょう。このサンプルでも、学習データとテストデータのそれぞれについて決定係数を調べ、あてはまりを評価しました。

学習データを増やしているにもかかわらず、学習データのあてはまり度の高さに比較して、テストデータのあてはまり度が低くなる状態は、過学習（over fitting）と呼ばれています。

機械学習を行う際には、こうしたデータに対するモデルのあてはまりの評価などをもとに、学習の範囲を決めることが行われます。

scikit-learnパッケージを活用していく

scikit-learnパッケージでは、機械学習の各種の手法を統一的な手法で行えるようになっています。

たとえば、機械学習を行う手法をインスタンスとして取得し、そのfit()メソッドで学習を行います。また、学習結果は、インスタンスのデータ属性として取得することができます。将来のデータの予測は、predict()で行うことができます。こうした手順は、scikit-learnのほかのさまざまな手法を採用する場合に応用することができます。

本書でも、次の節のクラスタリングで同様の手順を行いますので、身につけておくとよいでしょう。

13.3 クラスタリング

クラスタリングのしくみを知る

クラスタリング（clustering）は、データから基準をみつけだす教師なし学習の代表的な手法です。与えられたデータのみを学習して基準をみつけだすものとなっています。

k-means法（**k-平均法**）は、最もシンプルなクラスタリングの手法です。データをk個のクラスタに分類するため、各クラスタ内のデータ平均（クラスタの中央）と、各データとの差の二乗和を最小化して、データを分類するクラスタをみつける手法となっています。

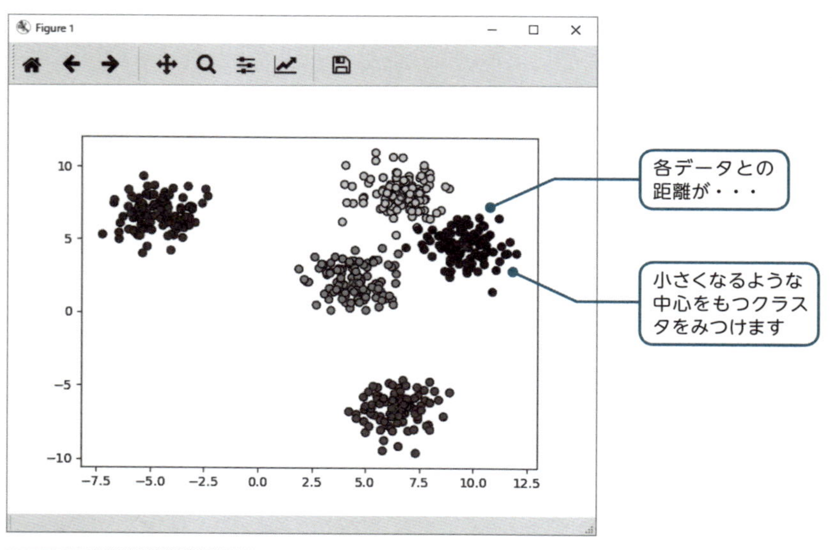

図13-7 クラスタリング
クラスタリングでは、各データが属するクラスタをみつけます。

k-means法によるクラスタリングによる機械学習では、

❶各データの初期クラスタを決める
❷各クラスタに属するデータの平均から各クラスタの中心を求める
❸各データとそのほかのクラスタの中心との距離を求める
❹より近いクラスタがあればデータが属するクラスタを修正する

という処理を行い、❷～❹の学習を繰り返して、クラスタの中心を求めることになります。与えられる初期値や繰り返しの回数によって、求められるクラスタが異なることがあります。

k-means法

k-means法は、教師なし学習の手法として一般的に用いられます。ただし、最初にk個のクラスタに分類することを与えるため、厳密にはデータ以外の基準が必要な手法となっています。

データのみからクラスタリングを行う手法としては、最短距離法・群平均法などがあります。これらの方法では、すべてのデータどうしの距離を計算してクラスタの中心をみつけるため、k-means法に比べて負荷のかかる手法となっています。

クラスタリングのためのデータを準備する

さて、datasetsモジュールのmake_blobs()関数を利用すると、クラスタリングを行うために有用なデータを生成できるようになっています。make_blobs()関数には、次の引数などを指定することができます。

表13-4：make_blobs()関数の主な引数（sklearn.datasetsモジュール）

引数	デフォルト値	内容
n_samples	100	サンプル数
n_features	2	説明変数の数
centers	3	作成されるクラスタの中央の数または中央の位置
cluster_std	1.0	クラスタの偏差

引数	デフォルト値	内容
center_box	(-10.0, 10.0)	クラスタの中央の範囲
shuffle	True	シャッフルするか
random_state	None	乱数のシード

そこでこの節では、make_blobs()関数を使ってデータを作成してみましょう。ここでは、サンプル数「500」とクラスタ数「5」を指定して、データを作成しておくことにします。なお、クラスタの偏差を大きくすると、クラスタの中心からより散らばったデータが得られることになります。

このmake_blobs()関数の戻り値には、(データ，各データが属するクラスタのラベル) のタプルが返されます。そこで、このうちのデータを使って、クラスタリングを行うことにします。

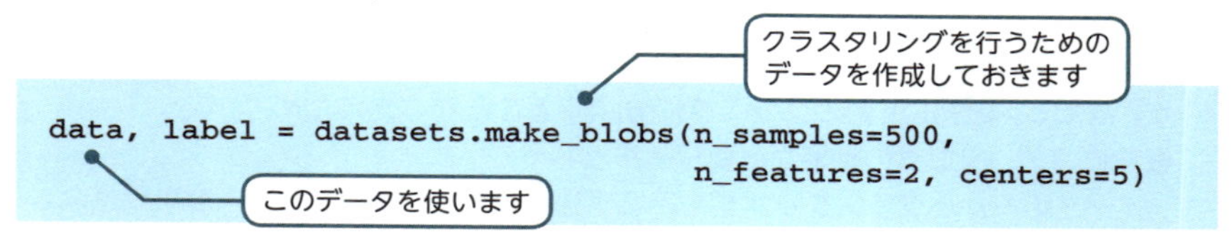

クラスタリングを行う

それではクラスタリングを行います。クラスタリングを行うためにはclusterモジュールをインポートします。

構文 クラスタリングを行うモジュール

```
from sklearn import cluster
```

クラスタリングを行うモジュールです

Sample2.py ▶ クラスタリングを行う

```
from sklearn import datasets
from sklearn import cluster
import matplotlib.pyplot as plt
```

```
data, label = datasets.make_blobs(n_samples=500,
n_features=2, centers=5)

e = cluster.KMeans(n_clusters=5)
e.fit(data)

print(e.labels_)
print(e.cluster_centers_)


plt.scatter(data[:, 0], data[:, 1], marker="o", c=e.labels_,
edgecolor="k")
plt.scatter(e.cluster_centers_[:, 0], e.cluster_centers_[:,
1], marker="x")

plt.show()
```

クラスタリングを行うためのデータを作成しておきます

❶k-means法を行うインスタンスを取得します

❷クラスタリングを行います

❸各データが属するクラスタ（ラベル）を取得します

❹クラスタの中心を取得します

❺データを散布図に作成します

❻クラスタの中心を散布図に作成します

Sample2の実行画面

```
[3 2 2 0 0 1 2 1 3 3 4 0 2 4 0 1 0 1 2 0 3 1 3 0 3 4 3 3 4 0
3 2 2 4 2 3 3 1 1 1 4 1 0 3 2 3 1 2 3 4 2 1 3 3 1 2 1 1 4 0
3 1 3 0 2 4 2 4 2 2 2 3 0 1 ・・・
（省略）
4 2 3 2 2 0 2 2 1 0 0 3 1 0 4 0 1 4 2 1 0 0 4 0 0 2 1 0 4 3
2 0 4 1 2 1 0 1 3 1 2 4 0 4 4 0 0 1 0 0 0 1 4 0 0 2]
[[-1.78783991  2.76785611]
 [ 9.30286933 -2.23802673]
 [ 0.867005    4.44991628]
 [ 1.87293451  0.78205068]
 [-1.33625465  7.73822965]]
```

各データが属するラベル（クラスタ）です

クラスタの中心です

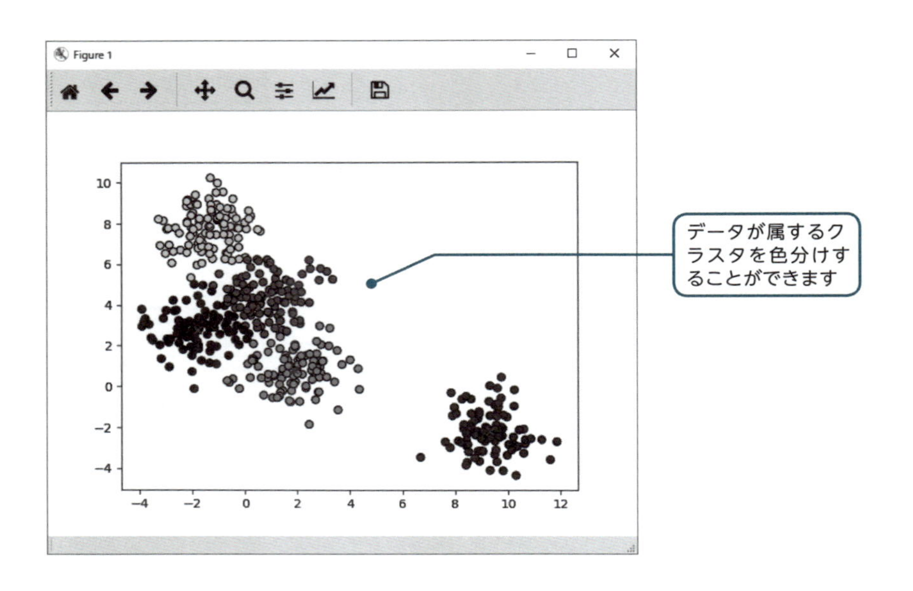

clusterモジュールのKMeansクラスのインスタンスを作成することで、k-means法によるクラスタリングを行うことができるようになります（❶）。fit()メソッドでクラスタリングが行われます（❷）。

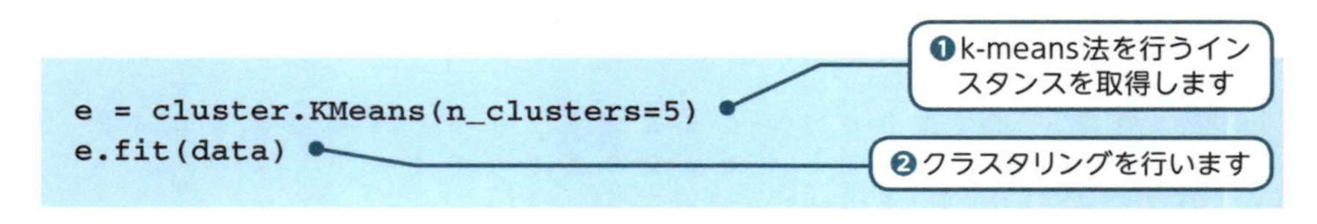


```
e = cluster.KMeans(n_clusters=5)
e.fit(data)
```

各データには、それぞれが属するクラスタごとのラベルづけ（分類）が行われます。labels_データ属性によって、各データが属するクラスタをあらわす配列を取得することができます（❸）。ここでは、500個のデータが属するクラスタの番号である「0」～「4」が、実行画面に表示されることになります。

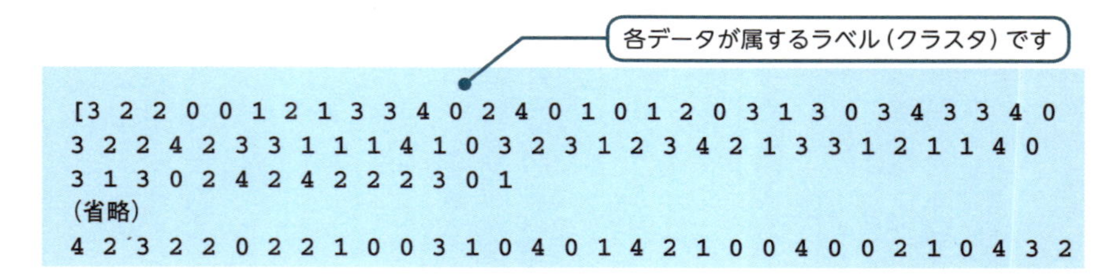


```
[3 2 2 0 0 1 2 1 3 3 4 0 2 4 0 1 0 1 2 0 3 1 3 0 3 4 3 3 4 0
3 2 2 4 2 3 3 1 1 1 4 1 0 3 2 3 1 2 3 4 2 1 3 3 1 2 1 1 4 0
3 1 3 0 2 4 2 4 2 2 2 3 0 1
（省略）
4 2 3 2 2 0 2 2 1 0 0 3 1 0 4 0 1 4 2 1 0 0 4 0 0 2 1 0 4 3 2
```

```
0 4 1 2 1 0 1 3 1 2 4 0 4 4 0 0 1 0 0 0 1 4 0 0 2]
```

また、cluster_centers_データ属性で、クラスタの中心をあらわす配列を取得することができます（❹）。ここでは、実行画面に5つのクラスタの中心をあらわす座標が表示されることになります。

```
[[-1.78783991  2.76785611]
 [ 9.30286933 -2.23802673]
 [ 0.867005    4.44991628]
 [ 1.87293451  0.78205068]
 [-1.33625465  7.73822965]]
```

クラスタの中心です

さらに、データのすべての行の0列目と1列目を取り出し、散布図に「○」のマーカーでプロットしています。このとき、データにつけられたラベルごとに色分けをしています（❺）。このため、グラフ上にデータが色分けされて表示されるのです。

❺データを散布図に作成します

```
plt.scatter(data[:, 0], data[:, 1], marker="o", c=e.labels_,
edgecolor="k")
```

また、クラスタの中心についても同様に、散布図上に「×」のマーカーでプロットしています（❻）。クラスタの中心として、グラフ上に5つの「×」が表示されることになります。

```
plt.scatter(e.cluster_centers_[:, 0], e.cluster_centers_[:,
1], marker="x")
```

❻クラスタの中心を散布図に作成します

最後に、k-means法を使ったクラスタリングに必要なクラスをまとめておきましょう。

表13-5：KMeansクラス（sklearn.clusterモジュール）

データ属性・メソッド	内容
データ属性	
labels_	各データにつけられたクラスタのラベルのリスト
cluster_centers_	クラスタの中央のリスト
inertia_	各データのクラスタへの偏差の二乗和の合計
メソッド	
fit(データ)	モデルへのフィットを行う

さらに機械学習を学ぶ

この章では、教師あり学習の線形回帰と、教師なし学習のクラスタリングを例にとりあげました。ここでみてきたように、scikit-learnを利用することで、機械学習のモデルのあてはめや予測などを、統一的な手法で行うことができます。

また、scikit-learnでは、この章でみたような各種のデータを準備する関数や各種のサンプルデータを含んだdatasetsモジュールも利用することができ、利用者にとって学びやすいパッケージとなっています。

本書で紹介したことを基礎に、さらなる機械学習の手法に挑戦してみてください。

13.4 レッスンのまとめ

この章では、次のようなことを学びました。

- scikit-learnによって、各種データ分析・機械学習を行うことができます。
- 機械学習には、教師あり学習や教師なし学習があります。
- 教師あり学習では、学習データとテストデータを分類することがあります。
- 教師あり学習では、学習データからモデルを求めます。
- 教師あり学習では、モデルとテストデータから予測を行います。
- 教師あり学習では、線形回帰を行うことがあります。
- 教師なし学習では、クラスタリングを行うことがあります。

代表的な機械学習の手法である線形回帰・クラスタリングについて紹介しました。機械学習にはさまざま手法が知られています。各種の機械学習にも挑戦していくとよいでしょう。

練習

1. Sample1で、異なるサンプル数（n_samples）、異なるノイズ（noise）のデータを作成し、線形回帰を可視化してください。

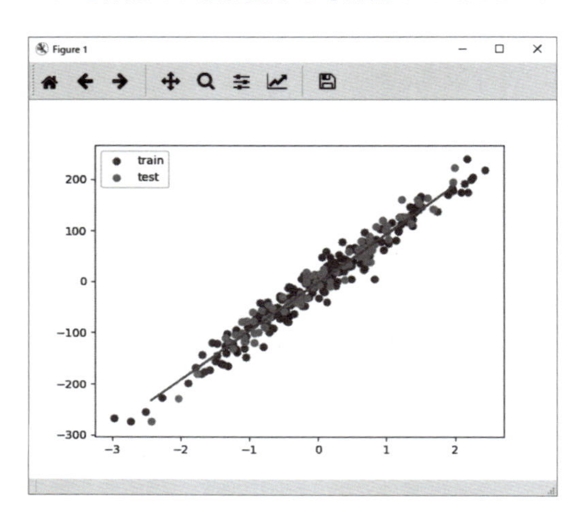

2. Sample2で、異なるサンプル数（n_samples）、異なるクラスタ数（centers）、クラスタの偏差（cluster_std）を指定したデータを作成し、クラスタリングを可視化してください。

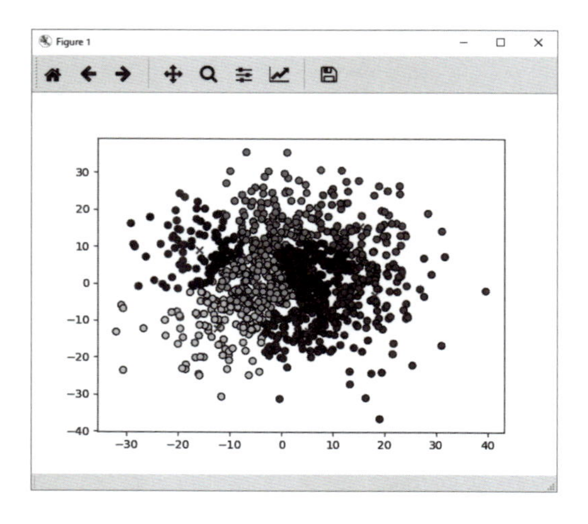

Appendix A

練習の解答

Lesson 1 はじめの一歩

1. ① ×　　② ×

2. 3. （省略）

Lesson 2 Pythonの基本

1.

```
#数値を出力する
print(1)
print(3.14)
```

2.

```
print(123)
print("¥¥", 100, "もらった")
print("またあした")
```

3.

```
print(1,"¥t",2,"¥t",3,"¥t",4,"¥t",5,"¥t",6)
```

Lesson 3 変数

1.

```
num = int(input("あなたは何才ですか？"))
print("あなたは", num, "才です。")
```

2.

```
height = float(input("身長を入力してください。"))
weight = float(input("体重を入力してください。"))
print("身長は", height, "です。")
print("体重は", weight, "です。")
```

Lesson 4 さまざまな処理

1.

```
print("1から10までの偶数を表示します。")

for i in range(10):
    if (i+1) % 2 == 0:
        print(i+1)
```

2.

```
print("1から10までの偶数を表示します。")

for i in range(2, 11, 2):
    print(i)
```

3.

```
for i in range(1, 10):
    for j in range(1, 10):
        print(i*j, "¥t", end="")
    print()
```

4.

```
for i in range(1, 6):
    for j in range(i):
        print("*", end="")
    print()
```

Lesson 5 リスト

1.

```
test = [74, 85, 69, 77, 81]

avg = sum(test)/len(test)

print("テストの点は", test, "です。")
print("最高点は", max(test), "です。")
print("最低点は", min(test), "です。")
print("平均点は", avg, "です。")
```

2.

```
test = [74, 85, 69, 77, 81]

print("テストの点は", test, "です。")
print("昇順は", sorted(test, reverse=False), "です。")
print("降順は", sorted(test, reverse=True), "です。")
```

3.

```
test = [74, 85, 69, 77, 81]

high = [t for t in test if t>=80]

print("テストの点は", test, "です。")
print("80点以上は", high, "です。")
print("80点以上の人数は", len(high), "人です。")
```

4.

```
city = ["東京", "名古屋", "大阪", "京都", "福岡"]
tm1 = [32, 28, 27, 26, 27]
tm2 = [25, 21, 20, 19, 22]

print("都市名データは", city, "です。")
print("最高気温データは", tm1, "です。")
print("最低気温データは", tm2, "です。")

for c, t1, t2 in zip(city, tm1, tm2):
    print(c, "の最高気温は", t1, "最低気温は", t2, "です。")
```

Lesson 6 コレクション

1. ① c（ディクショナリ）
② d（セット）
③ c（ディクショナリ）
④ b（タプル）
⑤ a（リスト）

2. ① 存在しないキーのデータを表示することはできません。
② タプルには追加できません。
③ 存在しないインデックスのデータを表示することはできません。

④ dataはセットであるため、キーを指定することはできません。

Lesson 7 関数

1.

```
def rpast(num):
    print("*" * num)

n = int(input("個数を入力してください。"))

rpast(n)
```

2.

```
def rpstr(num, str="*"):
    print(str * num)

s = input("文字列を入力してください。")
n = int(input("個数を入力してください。"))

print("文字列あり---")
rpstr(n, s)

print("文字列なし---")
rpstr(n)
```

3.

```
def makex(x):
    while True:
        yield x
        x = x+1

start = int(input("開始値（整数）を入力してください。"))
stop = int(input("停止値（整数）を入力してください。"))

for n in makex(start):
    if n >= stop:
        break
    print(n)
```

Lesson 8 クラス

1.

```
class Car():

    def __init__(self, num, gas):
        self.num = num
        self.gas = gas
    def getNumber(self):
        return self.num

    def getGas(self):
       return self.gas

cr1 = Car(1234, 25.5)
n1 = cr1.getNumber()
g1 = cr1.getGas()

cr2 = Car(2345, 30.5)
n2 = cr2.getNumber()
g2 = cr2.getGas()

print("ナンバーは", n1, "ガソリン量は", g1, "です。")
print("ナンバーは", n2, "ガソリン量は", g2, "です。")
```

Lesson 9 文字列と正規表現

1.

```
str = ["Sample.csv", "Sample.exe",
       "Sample1.py", "Sample2.py",
       "Sample1.txt","index.html"
      ]
file = []

print("ファイルのリストは以下です。")

for s in str:
    print(s)

suf = input("拡張子を入力してください。")

for s in str:
    res = s.endswith(suf)
```

```
    if res is True:
        file.append(s)

print("該当するファイルのリストは以下です。")

for f in file:
    print(f)
```

2. ① × ② ○ ③ × ④ × ⑤ ○ ⑥ × ⑦ × ⑧ ○

3. ① `^[0-7]{3}$`

② `^[0-9]{3}-[0-9]{4}-[0-9]{4}$`

Lesson 10 ファイルと例外処理

1.

```
import os
import os.path

curdir = os.listdir(".")

print("名前", end="¥t")
print("サイズ")

for name in curdir:
    print(name, end="¥t")
    print(os.path.getsize(name), "バイト")
```

2.

```
import os
import os.path
import datetime

curdir = os.listdir(".")

print("名前", end="¥t")
print("最終アクセス時刻")

for name in curdir:
    atime = os.path.getatime(name)

    print(name, end="¥t")
    print(datetime.datetime.fromtimestamp(atime))
```

Lesson 11 データベースとネットワーク

1.

```
import sqlite3

conn = sqlite3.connect("pdb.db")

c = conn.cursor()

c.execute("DROP TABLE IF EXISTS product")

c.execute("CREATE TABLE product(name CHAR(20), num INT)")
c.execute("INSERT INTO product VALUES('みかん', 80)")
c.execute("INSERT INTO product VALUES('いちご', 60)")
c.execute("INSERT INTO product VALUES('りんご', 22)")
c.execute("INSERT INTO product VALUES('もも', 50)")
c.execute("INSERT INTO product VALUES('くり', 75)")

conn.commit()

itr = c.execute("SELECT * FROM product")

for row in itr:
    print(row)

conn.close()
```

2.

```
import sqlite3

conn = sqlite3.connect("pdb.db")

c = conn.cursor()

c.execute("DROP TABLE IF EXISTS product")

c.execute("CREATE TABLE product(name CHAR(20), num INT)")
c.execute("INSERT INTO product VALUES('みかん', 80)")
c.execute("INSERT INTO product VALUES('いちご', 60)")
c.execute("INSERT INTO product VALUES('りんご', 22)")
c.execute("INSERT INTO product VALUES('もも', 50)")
c.execute("INSERT INTO product VALUES('くり', 75)")

conn.commit()
```

```
itr = c.execute("SELECT * FROM product WHERE num <= 30")

for row in itr:
    print(row)

conn.close()
```

Lesson 12 機械学習の基礎

1.

```
import matplotlib.pyplot as plt

data = [8, 17, 0, 11, 6, 21, 16, 6, 17, 11,
        7, 9, 6, 13, 12, 16, 3, 14, 13, 12]

plt.title("Histogram")

plt.xlabel("value")
plt.ylabel("frequency")

plt.hist(data, bins=8, color="magenta")
plt.show()
```

2.

```
import random
import matplotlib.pyplot as plt

x = []
y = []

for i in range(100):
    x.append(random.uniform(0, 50))
    y.append(random.uniform(0, 50))

v = [-100, 100, -100, 100]
plt.axis(v)

plt.scatter(x, y, marker="x")
plt.show()
```

3.

```
import random
import matplotlib.pyplot as plt

data = []

for i in range(1000):
    data.append(random.normalvariate(0, 10))

plt.title("Histogram")

plt.hist(data, bins=50)
plt.show()
```

4.

```
import numpy as np
import matplotlib.pyplot as plt

x = np.arange(-8, 8, 0.01)
y1 = 3*x+5
y2 = x**2

plt.title("y=f(x)")
plt.xlabel("x")
plt.ylabel("y")
plt.grid(True)

plt.plot(x, y1)
plt.plot(x, y2)

plt.show()
```

Lesson 13 機械学習の応用

1. 2.とも乱数のシードを固定していないため、結果が異なる場合があります。

1.

```
from sklearn import datasets
from sklearn import linear_model
from sklearn.model_selection import train_test_split
import matplotlib.pyplot as plt

x, y = datasets.make_regression(n_samples=300, n_features=1,
```

```
noise=20)

x_train, x_test, y_train, y_test = train_test_split(x, y,
test_size=0.3)

e = linear_model.LinearRegression()
e.fit(x_train, y_train)

print("回帰係数は", e.coef_, "です。")
print("切片は", e.intercept_, "です。")

y_pred = e.predict(x_test)

print("学習データによる決定係数は",
e.score(x_train, y_train), "です。")
print("テストデータによる決定係数は",
e.score(x_test, y_test), "です。")

plt.scatter(x_train, y_train, label="train")
plt.scatter(x_test, y_test, label="test")
plt.plot(x_test, y_pred, color="magenta")
plt.legend()

plt.show()
```

2.

```
from sklearn import datasets
from sklearn import cluster
import matplotlib.pyplot as plt

data, label = datasets.make_blobs(n_samples=1000,
n_features=2, centers=8, cluster_std=10)

e = cluster.KMeans(n_clusters=8)
e.fit(data)

print(e.labels_)
print(e.cluster_centers_)

plt.scatter(data[:, 0], data[:, 1], marker="o", c=e.labels_,
edgecolor="k")
plt.scatter(e.cluster_centers_[:, 0], e.cluster_centers_[:,
1], marker="x")

plt.show()
```

Appendix

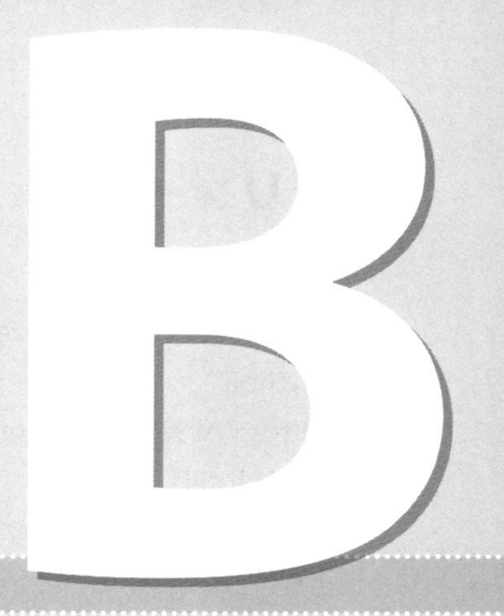

Quick Reference

リソース

- Anaconda
  https://www.anaconda.com/
- Python
  https://www.python.org/
- Matplotlib
  https://matplotlib.org/
- NumPy
  http://www.numpy.org/
- scikit-learn
  http://scikit-learn.org/
- PyPI
  https://pypi.python.org/

主な組み込み関数・クラス

主な組み込み関数

関数	内容
print()	標準出力への出力を行う
input()	標準入力からの入力を行う
len()	シーケンス・コレクションの長さを取得する
max()	最大値を取得する
min()	最小値を取得する
sum()	合計値を取得する
sorted()	ソートを行う
reversed()	逆順を取得する
iter()	イテレータを取得する
repr()	式の評価としての文字列を取得する
next()	イテレータの次の要素を取得する
enumerate()	イテラブルの列挙を取得する
zip()	イテラブルの要素を集めたイテラブルを取得する

関数	内容
map()	イテラブルに関数を処理した結果を取得する
any()	イテラブルのいずれかの要素がTrueであればTrue
all()	イテラブルのすべての要素がTrueであればTrue
open()	ファイルをオープンする
dir()	ローカルな名前を取得する
int()	整数に変換する（整数コンストラクタ）
float()	浮動小数点数に変換する（浮動小数点数コンストラクタ）
str()	文字列に変換する（文字列コンストラクタ）
range()	rangeを作成する（rangeコンストラクタ）

リスト

メソッド	内容
list([イテラブル])	イテラブルからリストを作成する
リスト.append(要素)	要素を追加する
リスト.insert(位置, 要素)	位置に要素を挿入する
リスト.remove(要素)	要素を削除する
リスト.extend(イテラブル)	イテラブルの要素を追加する
リスト.sort(key=None, reverse=False)	ソートする
リスト.reverse()	逆順にする
リスト.copy()	コピーしたリストを返す
リスト.pop([位置])	末尾または指定位置の要素を削除して返す
リスト.clear()	すべての要素を削除する
リスト.count(要素)	要素の出現回数を数える

タプル

メソッド	内容
tuple([イテラブル])	イテラブルからタプルを作成する

ディクショナリ

メソッド	内容
dict(**kwarg)	キーワード引数からディクショナリを作成する
ディクショナリ.get(キー [, デフォルト])	キーの値かまたはキーがなければデフォルトを返す
ディクショナリ.update([他])	他を追加更新する

メソッド	内容
ディクショナリ.pop(キー [, デフォルト])	キーの値を削除して返す（キーがなければデフォルトを返す）
ディクショナリ.popitem()	任意の対を削除して返す
ディクショナリ.clear()	要素をすべて削除する
ディクショナリ.items()	項目のビューを返す
ディクショナリ.keys()	キーのビューを返す
ディクショナリ.values()	値のビューを返す

セット

メソッド	内容
set([イテラブル])	イテラブルからセットを作成する
frozenset([イテラブル])	イテラブルからフローズンセットを作成する
セット.add(要素)	要素を追加する
セット.remove(要素)	要素を削除する
セット.discard(要素)	要素があれば要素を削除する
セット.pop()	要素を削除してその要素を返す
セット.clear()	要素をすべて削除する
セット.update(他)	他を更新する
セット.union(他)	他との共通をとる
セット.difference(他)	他の差をとる
セット.symmetric_difference(他)	他の対称差をとる
セット.issubset(他)	他の部分集合かを返す
セット.issuperset(他)	他を包含するかを返す
セット.copy()	コピーを返す

文字列

メソッド	内容
文字列.upper()	大文字に変換した文字列を取得する
文字列.lower()	小文字に変換した文字列を取得する
文字列.swapcase()	大文字を小文字に、小文字を大文字に変換した文字列を取得する
文字列.capitalize()	先頭を大文字に、残りを小文字に変換した文字列を取得する
文字列.title()	タイトル文字（単語ごとの大文字）を取得する

メソッド	内容
文字列.center(幅[, 文字])	指定幅で中央揃えにした文字列を取得する（埋める文字を指定可能）
文字列.ljust(幅[, 文字])	指定幅で左寄せにした文字列を取得する（埋める文字を指定可能）
文字列.rjust(幅[, 文字])	指定幅で右寄せにした文字列を取得する（埋める文字を指定可能）
文字列.strip([文字])	空白文字または指定文字を除去した文字列を取得する
文字列.lstrip([文字])	先頭の空白文字または指定文字を除去した文字列を取得する
文字列.rstrip([文字])	末尾の空白文字または指定文字を除去した文字列を取得する
文字列.split(sep=None, maxsplit=-1)	文字列を分割した各単語のリストを取得する（区切り文字と分割回数を指定可能）
文字列.splitlines(改行有無)	文字列を行で分割した各行のリストを取得する（改行を含めるか指定可能）
文字列.join(イテレータ)	イテレータで返される文字列を結合した文字列を取得する
文字列.format(埋め込み文字列)	文字列を指定書式で埋め込む
文字列.find(部分文字列[, 開始[, 終了]])	部分文字列を検索する（開始位置と終了位置を指定可能）
文字列.rfind(部分文字列[, 開始[, 終了]])	部分文字列を逆順に検索する（開始位置と終了位置を指定可能）
文字列.index(部分文字列[, 開始[, 終了]])	find()メソッドと同じ処理で例外を送出する
文字列.replace(old, new[, 回数])	oldをnewで置換した文字列を取得する（置換回数を指定可能）
文字列.count(部分文字列[, 開始[, 終了]])	部分文字列が何回出現するかを返す（開始位置と終了位置を指定可能）
文字列.startswith(検索文字列[, 開始[, 終了]])	先頭が検索文字列で始まればTrueを返す
文字列.endswith(検索文字列[, 開始[, 終了]])	末尾が検索文字列で終わればTrueを返す

ファイル

メソッド	内容
ファイル.write(文字列)	ファイルに文字列を書き込む
ファイル.writelines(リスト)	ファイルに複数行を書き込む

メソッド	内容
ファイル.readline()	ファイルから1行読み込んで文字列を返す
ファイル.readlines()	ファイルから複数行を読み込んでリストを返す
ファイル.read(サイズ)	ファイルからサイズ分読み込んでバイト列を返す（指定しない場合はすべて読み込む）
ファイル.seek(位置)	読み書き位置を移動する
ファイル.tell()	現在の読み書き位置を取得する
ファイル.close()	ファイルをクローズする

主な標準ライブラリ

正規表現（re）

メソッド	内容
正規表現.search(検索対象文字列[, 開始[, 終了]])	正規表現で検索する
正規表現.match(検索対象文字列[, 開始[, 終了]])	正規表現で検索する（先頭のみ）
正規表現.findall(検索対象文字列[, 開始[, 終了]])	正規表現で検索する（マッチ部分すべてをリストで返す）
正規表現.sub(置換後文字列, 置換対象文字列[, 回数])	正規表現にマッチした部分を置換する
正規表現.split(分割対象文字列[, 開始[, 終了]])	正規表現にマッチした部分で分割する

CSV（csv）

関数・メソッド	内容
writer(ファイル)	ライタを取得する
reader(ファイル)	リーダを取得する
ライタ.writerow(シーケンス)	CSVファイルに1行で書き込む
ライタ.writerows(シーケンス)	CSVファイルに複数行で書き込む

JSON（json）

関数	内容
load(ファイル)	JSONファイルを読み込む
dump(オブジェクト, ファイル)	JSONファイルに書き込む

OS (os)

関数	内容
stat(パス)	指定したファイルの情報を取得する
getcwd()	現在のディレクトリを取得する
remove(パス)	指定したファイルを削除する
mkdir(パス)	指定したディレクトリを作成する
rmdir(パス)	指定したディレクトリを削除する
rename(変更前の名前, 変更後の名前)	ファイル名を変更する
listdir(パス)	指定したパスのファイル名リストを取得する
access(パス, モード)	指定したパスのアクセス権限（モード）を調べる
chmode(パス, モード)	指定したパスのアクセス権限（モード）を変更する
getenv(環境変数名)	環境変数の値を取得する

パス (os.path)

関数	内容
abspath(パス)	絶対パスを取得する
dirname(パス)	ディレクトリ名を取得する
basename(パス)	ファイル名を取得する
split(パス)	パスを分割する
splittext(パス)	パスを拡張子名部分と分割する
splitdrive(パス)	パスをドライブ名部分と分割する
commonprefix(シーケンス)	シーケンスのパスの先頭から共通部分を取得する
exists(パス)	パスが存在するか取得する
commonpath(パス名のリスト)	パス名のリストから共通する部分を取得する
isfile()	ファイルであるかを調べる
isdir()	ディレクトリであるかを調べる
getsize(パス)	ファイルサイズを取得する
getatime(パス)	最終アクセス時刻（秒）を取得する
getmtime(パス)	最終更新時刻（秒）を取得する
getctime(パス)	作成時刻（秒）を取得する

日時情報 (datetime)

データ属性・メソッド	内容
datetime(年, 月, 日, 時, 分, 秒, マイクロ秒, タイムゾーン)	日時を作成・取得する (年・月・日のみの指定も可能)
datetime.now()	現在の日時のインスタンスを取得する
datetime.today()	現在の日付のインスタンスを取得する
datetime.fromtimestamp(タイムスタンプ)	タイムスタンプをあらわすインスタンスを取得する
datetime.strptime(日時文字列, フォーマット)	指定したフォーマットの日時文字列からインスタンスを取得する
日時.date()	同じ日時のdateインスタンスを取得する
日時.time()	同じ日時のtimeインスタンスを取得する
日時.weekday()	曜日 (0 ～ 6) を取得する
日時.strftime(フォーマット)	指定したフォーマットの日時文字列を取得する
日時.year	年
日時.month	月
日時.day	日
日時.hour	時
日時.minute	分
日時.second	秒
日時.microsecond	マイクロ秒
日時.tzinfo	タイムゾーン
timedelta(属性=値)	日時 (属性で指定) の加減算をする

SQLiteデータベース (sqlite3)

関数・メソッド	内容
connect(ファイル名)	ファイル名を指定してデータベースに接続する
コネクション.commit()	更新をコミットする
コネクション.close()	データベースをクローズする
カーソル.execute(SQL文)	データベースにSQL文を実行する

URL (urllib.request)

関数	内容
urlopen(URL)	URLをオープンする

数学 (math)

関数・変数	内容
ceil(x)	x以上の最小の整数を求める
floor(x)	x以下の最大の整数を求める
gcd(a, b)	aとbの最大公約数を求める
log(x[, base])	baseを底とするxの対数を求める
loglp(x)	自然対数を求める
log2(x)	2を底とするxの対数を求める
log10(x)	10を底とするxの対数を求める
pow(x, y)	xのy乗を求める
sqrt(x)	xの平方根を求める
sin(x)	xのサイン値を求める
cos(x)	xのコサイン値を求める
tan(x)	xのタンジェント値を求める
degrees(x)	xをラジアンから度に変換する
radians(x)	xを度からラジアンに変換する
pi	円周率
e	自然対数の底

乱数 (random)

関数	内容
seed()	乱数の初期化を行う
choice(シーケンス)	シーケンスから1つ要素を返す
random()	0.0 ～ 1.0の浮動小数点数の乱数を返す
uniform(a, b)	a ～ bの浮動小数点数の乱数を返す
randint(a, b)	a ～ bの整数の乱数を返す
shuffle(シーケンス)	シーケンスをシャッフルする
sample(母集団, 個数)	母集団から指定された個数のサンプルをリストで返す
normalvariate(平均, 標準偏差)	正規分布を返す

統計 (statistics)

関数	内容
mean(データ系列)	平均値を取得する
median(データ系列)	中央値を取得する
mode(データ系列)	最頻値を取得する
pstdev(データ系列)	母集団としての標準偏差(母標準偏差)を取得する
pvariance(データ系列)	母集団としての分散(母分散)を取得する
stdev(データ系列)	不偏標準偏差(標本標準偏差)を取得する
variance(データ系列)	不偏分散(標本分散)を取得する

そのほかのモジュール

Matplotlib (matplotlib.pyplot)

関数の例	内容
axis([x最小値, x最大値, y最小値, y最大値])	軸を設定する
xlim(x最小値, x最大値)	x軸の範囲を設定する
ylim(y最小値, y最大値)	y軸の範囲を設定する
xlabel(x軸名)	x軸名を設定する
ylabel(y軸名)	y軸名を設定する
xticks(位置列)	位置列に目盛を設定する
yticks(位置列)	位置列に目盛を設定する
title(タイトル)	タイトルを設定する
text(x, y, "文字列")	x、yに文字列を描く
plot(データ系列)	データ系列をプロットする
plot(x, y)	(x, y)にプロットする
arrow(x, y, dx, dy)	(x, y)-(dx, dy)に矢印を描く
legend()	凡例表示
imread(ファイル)	画像を読み込む
imsave(ファイル)	画像として保存する
imshow(x)	xに画像を表示する
hist(データ系列)	ヒストグラムを描く
scatter(データ系列1, データ系列2)	散布図を描く
cla()	クリアする

関数の例	内容
show()	グラフを表示する

NumPy (numpy)

関数	内容
array()	配列を作成する
zeros(shape[, dtype, order])	要素がすべて0の配列を作成する
ones(shape[, dtype, order])	要素がすべて1の配列を作成する
full(shape, fill_value[, dtype, order])	要素がすべて指定値の配列を作成する
arange([start,] stop[, step][, dtype])	指定範囲・間隔の配列を作成する
linspace(start, stop[, num, endpoint, ...])	指定範囲・間隔の配列を作成する
loadtxt(fname[, dtype, comments, delimiter, ...])	テキストファイルから読み込む
savetxt(fname, X[, fmt, delimiter, newline, ...])	テキストファイルに保存する
mat(data[, dtype])	行列を取得する
insert(arr, obj, values, axis=None) [source]	要素を挿入する
append(arr, values[, axis])	要素を追加する
delete(arr, obj[, axis])	要素を削除する
reshape(arr, newshape[, order])	配列を変形する
ravel(arr[, order])	配列を一次元にする
stack(arrs[, axis])	配列を結合する
split(arr, indices_or_sections[, axis])	配列を分割する
flip(m, axis)	配列を指定軸で逆順にする
roll(arr, shift[, axis])	回転する
sum(arr)	合計値を求める
mean(arr)	平均値を求める
std(arr)	標準偏差を求める
var(a)	分散を求める
sin(a)	サイン値を求める
cos(a)	コサイン値を求める
tan(a)	タンジェント値を求める

Index

記号

数字

A

B

C

N

O

P

R

S

●著者略歴

高橋 麻奈

1971年東京生まれ。東京大学経済学部卒業。主な著作に『やさしいC』『やさしいC++』『やさしいC#』『やさしいC アルゴリズム編』『やさしいJava』『やさしいJava 活用編』『やさしいXML』『やさしいPHP』『やさしいJava オブジェクト指向編』『やさしいAndroidプログラミング』『やさしいiOSプログラミング』『やさしいWebアプリプログラミング』『やさしいITパスポート講座』『やさしい基本情報技術者講座』『応用情報技術者 徹底合格テキスト』『やさしい情報セキュリティスペシャリスト講座』『マンガで学ぶネットワークのきほん』『やさしいJavaScriptのきほん』(SBクリエイティブ)、『入門テクニカルライティング』『ここからはじめる統計学の教科書』(朝倉書店)、『心くばりの文章術』(文藝春秋)、『親切ガイドで迷わない統計学』『親切ガイドで迷わない大学の微分積分』(技術評論社) などがある。

本書のサポートページ(サンプルコードダウンロード)
http://mana.on.coocan.jp/yasapy.html

本書のご意見、ご感想はこちらからお寄せください。
https://isbn.sbcr.jp/96027/

やさしいPython(パイソン)

2018年 5月 1日 初版第1刷発行
2025年 5月 8日 初版第17刷発行

著　者	高橋(たかはし) 麻奈(まな)
制　作	風工舎
発行者	出井 貴完
発行所	SBクリエイティブ株式会社 〒105-0001　東京都港区虎ノ門2-2-1
印　刷	株式会社シナノ
カバーデザイン	新井 大輔
帯・扉イラスト	コバヤシヨシノリ

落丁本、乱丁本は小社営業部にてお取り替えします。
定価はカバーに記載されています。

Printed in Japan　　ISBN978-4-7973-9602-7